"十四五"职业教育国家规划教材

数学文化

（第二版）

THE CULTURE OF MATHEMATICS

刘志勇 主编

王新华 梁兵 罗葵 副主编

商务印书馆
创于1897 The Commercial Press

《职业院校通识教育课程系列教材》
编辑委员会成员名单

序

课程和课堂教学是职业院校人才培养的主渠道，也是文化育人的主战场。近年来，伴随着我国职业教育改革的不断深化，各职业院校纷纷开设形式多样的文化育人课程，对于促进职业院校文化育人，提高学生的文化素质和人才培养质量，发挥了积极作用。然而，从整体来看，职业院校文化育人课堂教学的实际效果还很不理想。究其原因，除了课程设置还不够合理和科学之外，缺乏适应职业院校学生特点、契合职业院校文化育人目标需要的教材是其中一个非常重要的原因。

教材是实施教学计划的主要载体。它既不同于学术专著，也不同于一般的科普读物，既是教师教学的重要依据，又是学生学习的重要资料，是“教”与“学”之间的重要桥梁。因此，教材建设是课程建设的重要基础工程，教材建设的好坏，直接影响到课堂教学的效果和学生的学习效果。我们认为，职业院校文化育人课程教材应该具备体现课程本质和精髓、引导学生学习、激发学习兴趣、提高思维能力、提升职业素养等功能和作用。因此，职业院校文化育人课程教材必须贴近生活、贴近实际、贴近学生，融思想性、科学性、新颖性、启发性和可读性于一体，才能发挥教材应有的作用。然而，目前出版的职业院校文化育人相关课程教材，普遍存在内容空洞陈旧，脱离职业院校学生思想实际；结构体例单一呆板，语言枯燥无味，不适应当代职业院校学生阅读特点；知识理论灌输过多，缺乏启发互动环节等弊端，很难引起学生的阅读兴趣和学习兴趣，也大大影响其育人的效果。

作为中国高职教育改革发展的排头兵，近年来，深圳职业技术学院（以下简称学院）以高度的文化自觉，担当起引领职业院校文化育人的重任，出台《文化育人实施纲要》，对学院文化育人进行了全面系统的顶层设计，构建了全方位、多层次的文化育人体系，在全国职业院校率先全面推进文化育人。学院高度重视课堂教学作为文化育人主战场的作用，始终把提高育人的实际效果作为文化育人的重点来抓。为此，学院以"基础性、文化性、非职业、非专业、非工具"为原则，精心甄选并科学构建了必修课和选修课并行的"6 +2 +1 +4"文化育人课程体系。其中"6"是指文化素质必修课程，包括毛泽东思想和中国特色社会主义理论体系概论、思想道德修养与法律基础、形势与政策、大学语文、心理健康教育、体育与健康等课程；"2"是指要求文理交叉选课的校级通识选修课程，每个学生必须选修 2 个学分；"1"是指各专业作为限选课开设的"专业 + 行业"文化课程；"4"是指从语言与文学、历史与地理、艺术与美学、科技与社会、哲学与人生、环境与资源、经济与管理、心理与健康、政治与法律等文化素质公共选修课模块中选修至少覆盖 4 个模块的课程。根据学院文化育人的整体设计和培养目标的需要，我们精心设计了一系列文化育人课程，其中《物理学之美》、《数学文化》、《科技改变世界》等科学素养课程作为全院文科学生的通识选修课；《生活中的经济学》、《中国历史文化》等人文素养课程作为全院理工科学生的通识选修课；《计算机思维与专业文化素养》、《酒店文化》等专业文化课程作为各专业学生的限选课。同时，我们举全院之力，聘请行业相关专家，组织全院相关专业和其他协作院校的优秀教师，组成各课程教学团队，开展课程教学研究，编写系列课程教材。

本套教材是学院倾力打造的通识教育课程系列教材。为了使这套教材能够达到体现学科（专业）精髓、引导学生学习、激发学习兴趣、提高思维能力、提升职业素养的目标，更好地适应全国各职业院校的教学需要，教材编写过程中，各编写组在坚持科学性、思想性和可读性的前提下，特别注意突出如下特点：

一是力求用学生能够理解的语言充分体现学科（专业）最基本的思想和精髓。什么是文化？什么是素质？著名科学家爱因斯坦说过："当我们把学校里学习的知识都忘掉后，剩下来的就是素质。"我认为，这种在知识忘掉之后能保留下来的东西就是蕴含在知识之中的文化。因此，从文化育人角度来说，一门课程的文化最核心的就是蕴含在课程相关知识之中的最基本的思想和精髓。专业知识是有门槛的，是进阶式的，没有学会和掌握前面的知识，就不可能学会和掌握后面的知识。但思想是没有门槛的，只要深入发掘和准确表述，只要能够以合适的方式进行传播，人人都可以理解和掌握。而且一旦掌握了这门学科（专业）的思想和精髓，对于学生提高对这门学科（专业）的认识，理解和掌握学科（专业）的知识（技能）是大有帮助的。正因为如此，作为通识教育课程教材，必须尽量用公众理解的非专业语言来揭示和讲清楚学科（专业）或者课程最基本的思想和最核心的精髓。如数学文化的精髓是什么？数学文化最基本的是计算文化，离开了计算文化，一切数学都无从谈起。因此，作为通识教育课程教材的《数学文化》，就应该用非数学专业的学生都能理解的语言，讲清楚计算文化的演变和作用，讲清支撑数学这门学科最基本的思想和精髓，然后再去展现数学定理的发现故事和数学的文化魅力。教材的思想性和科学性也就全部体现其中了。

二是力求最大限度地激发学生的学习兴趣。兴趣是最好的老师。只有充分激发学生的学习兴趣，才能充分调动学生学习的积极性和主动性。怎样激发学生的学习兴趣？作为通识教育课程教材，在内容上切忌为兴趣而趣味，而要贴近生活、贴近学生，要充分考虑到学生的需要和兴趣，要贴近学生日常生活的实际。从价值学的角度来说，“客体有什么价值，实际上取决于主体，价值总是因人（主体）而异的。”[①]因此，对于通识教育课程教材的编写者来说，什么内容是有价值的？并不是我们教材编写者空想出来的，也不是我们认为最好的、最先进的、最完美的东西就是有价值的，而是学生成长过程中真正需要的东西，学生感兴趣的东西才是有价值的。只有把学生需要的、感兴趣的内容编写进去，才能激发学生对这门学科（专业）或课程的兴趣，达到育人的目的。为此，我们在教材编写过程中，在学生中进行广泛的调查，并通过课程讲授实践，广泛听取学生的意见，了解学生的兴趣和需要。如《生活中的经济学》，我们就从学生日常生活中经常遇到的经济现象入手，来分析和揭示经济学的文化和精髓，就能引起学生的共鸣和兴趣。《交际与礼仪》也是从人们最常遇到的社交礼仪出发，帮助学生提高社交修养和文化素质。要激发学生的学习兴趣，还在于我们的教材和课堂教学是否能够焕发学科（专业）和课程本身的魅力。任何学科（专业）和课程都有它自身的魅力，关键在于我们能不能充分发现和展示它的魅力，让学生感受到它的魅力。因此，焕发学科（专业）本身的魅力，是通识教育课程教材能不能激发学生兴趣的关键。如《科技改变世界》就应该讲清楚科技在人类社会发展的地位怎么样？在生活中的作用是什么？与学生自身成长有什么关系？如果课程能让学生明白上述问题，我相信一定能激发学生对于科技的浓厚兴趣。

三是注重培养学生独立思考的能力。培养学生独立思考的能力是职业院校文化育人的重要目标，通识教育课程教材也必须充分体现这一培养目标的要求。作为通识教育课程教材，必须让学生了解和掌握学科（专业）和课程最基本的思想方法和独特的思维模式，以提高学生的思维能力；如《数学文化》要让学生了解和掌握数学思维模式的严密性和逻辑性，《物理学之美》要让学生了解和掌握物理学科综合性和创新性的思维特点，学会从自然现象和日常生活中发现问题；《生活中的经济学》则让学生学会运用

---

① 李德顺，《价值观教育的哲学理路》，《中国德育》，2015 年第 9 期，27 页。

经济学的方法来分析和观察日常生活中的经济问题和社会问题等等。要改变单纯知识灌输教育模式，注重启发式教学，精心设计学生参与互动和讨论交流环节，调动学生学习的主动性和积极性，培养学生独立思考的能力。

四是力求突出职业院校学生的特点。由于种种原因，职业院校学生入学时文化成绩相对较低。因此，职业院校通识教育课程的教材，不能一味引经据典，而要适合职业院校学生的消化能力和文化水平，多采用贴近学生生活的经典案例、经典发现、经典图片来说明问题。在编写体例上，力求做到图文并茂、新颖活泼；在文字表述上，尽量少用专业术语，多用公众语言，力求做到深入浅出，简洁明了，适应职业院校学生的阅读特点。

可以说，这套教材的编写是深圳职业技术学院等职业院校在全国职业院校文化素质教育指导委员会的指导下，根据新形势下职业教育发展的需要，对职业院校文化育人课程改革和教材编写的一次重要探索，是文化育人理念的真正落地，充分体现了有关职业院校高度的使命意识和历史担当。我们衷心祝愿这套具有引领性、示范性的职业院校文化育人教材越编越好，充分满足各职业院校培养出更多具有较高文化素养、职业素养的技术技能型人才的需要，提升职业院校人才培养质量和水平。

陈秋明

导 言

数学是研究数量、结构、变化、空间以及信息等概念的一门科学，它是自然科学、工程技术等科学的基础，并在经济、社会、人文科学的发展中发挥着越来越大的作用。在社会高度信息化即数字化的今天，数学与计算机技术的结合更是极大地推动了社会生产力的发展。数学是一门语言，是上帝用来书写宇宙的文字，数学语言可分为抽象性语言和直观性语言，包括数学的概念、术语、符号、公式、图形等。数学语言以其准确、严密和简明的表达方式，描绘了宇宙万物的本质和共性，揭示了自然与社会的结构、模式与发展规律。数学也是一种工具，马克思曾说："一门科学只有在成功地运用数学时，才算达到了真正完善的地步"，在人类社会的各个领域，在人类生活的各个方面，在科学技术的各个分支，在社会发展的各个阶段，数学都扮演着极其重要、不可替代的角色。

"数学文化"一词的内涵，简单地说，是指数学的思想、精神、方法、观点，以及它们的形成和发展；广泛地说，除上述内涵以外，还包括数学家、数学史、数学美、数学教育、数学发展中的人文成分、数学与社会的关系、数学与各种文化的关系等等。目前，全国有100多所本科院校开设了数学文化类的课程，比如南开大学顾沛老师开设的"数学文化"、上海交通大学王维克老师开设的"数学之旅"、北京航空航天大学李尚志老师开设的"数学大观"和深圳大学张文俊老师开设的"数学欣赏"课程。这些课程内容新颖有趣，课堂气氛生动活泼，学生积极参与互动，受到了学生的热烈欢迎。

党的二十大报告指出，教育是国之大计、党之大计。培养什么人、怎么培养人、为谁培养人是教育的根本问题。育人的根本在于立德。全面贯彻党的教育方针，落实立德树人根本任务，培养德智体美劳全面发展的社会主义建设者和接班人。高职教育作为我国教育事业的重要组成部分，通过一段时间的发展，得到了很大的促进和提高，学生的专业技能和职业技能得到了很好的训练，但是，随着社会转型期的到来，道德诚信缺失、思想教育成效衰微、重技能轻文化等问题纷纷出现，高职教育急需彰显"立德树人"

之教育宗旨，倡导文化引领技能型人才培养，提升技能型人才培养品格，以适应社会和时代的迫切要求。高职教育培养高素质高技能人才，其中的高素质是其核心部分，只有高素质的技能型人才才能为社会创造更多的财富，而数学素养是文化素质的重要组成部分，对于提高高职学生人文素质、科学素质和创新素质都有极大的促进作用。因此，在高职院校开设"数学文化"类课程及编写一本教材就显得非常必要。虽然数学文化在本科院校开展得如火如荼，但是，高职院校开设数学文化类课程的较少，出版的高职类数学文化教材就更少。在没有前人经验可以借鉴的基础上，我们克服诸多困难，迎难而上，于 2014 年开设了数学文化课并组织编写高职数学文化教材，希望能够为全国的高职院校在这艰难的数学文化之路上先行一步，进行初步的探索，更希望后面有更多的高职院校能够跟进，共同促进我国高职数学文化的繁荣与发展，为我国的高职教育和高素质人才的培养贡献力量。

本教材的选材来自十位数学老师课堂中的教学实践，教材中的各章没有严格的顺序，各章之间几乎没有重复的内容。在编写中，我们没有规定具体的内容，因为数学文化范围之广、内涵之丰富是无法想象的，因此，由编者根据自己的专业特长和兴趣来自由选择编写内容；在呈现方式上也各有特点，有些章用了较多的图表，有些章用了一些数学公式和数学案例，有些章文字叙述较多等等，这些都是很好的方式，都是数学文化不可缺少的组成部分。但是，整体上，我们力争做到漫谈而不失严谨。同时，我们考虑到高职学生的特点，在选材上尽量浅显易懂，不过深涉及数学艰深的理论，对于一些较难较深的数学理论，我们略过具体的推导过程，转而挖掘其所蕴含的丰富的文化背景和底蕴，如这些理论产生的背景，涉及的历史人物，有什么深刻的含义和深远的影响等等。每一章开头我们都有一则名人名言，做到开卷有益；后面有一个拓展阅读部分，把与正文相关的一些内容移到此处，拓展学生的知识面；同时在每一章结尾，有一个趣味学习的版块，以提高每章甚至整本教材的趣味性，让学生在趣味中学习和感受数学文化。

本书共分十二章。第一章《数学的奇妙旅程》（康晓红），第二章《神奇的数学方法》（郑红），第三章《统计艺术》（王新华），第四章《数学与理财入门》（雷田礼），第五章《数学金融市场技术分析》（魏东平），第六章《数学与艺术》（罗葵），第七章《密码与数学》（梁兵），第八章《魔术与游戏中的数学》（齐松茹），第九章《数学猜想谈》（刘志勇），第十章《万物皆数》（王文智），第十一章《最美数学公式》（刘志勇），第十二章《数学与大国重器》（刘志勇）。其中，第一章从宏观上，对数学发展史以及数学的分支进行了介绍，让学生大致了解数学发展的轨迹。第二章介绍了数学中的三大经典方法——数学归纳法、抽屉原理、一笔画定理，让学生领会数学方法的奇妙之处和对人类的影响。第三章以趣味事例作为引导，在笑谈中介绍统计的基本知识及操作流程。从第四章到第八章，介绍了数学在理财、金融分析、艺术、密码学、魔术与游戏等各个方面的应用，让学生了解到数学无处不在，生活中处处皆数学。第九章让学生了解数学猜想，激发学生的学习兴趣，让他们明白只要保持对科学的好奇和不断钻研的精神，他们也可以攻克世界级的数学难题。第十章通过解读毕达哥拉斯学派万物皆数，试图说明科学的发展靠的是理性思维，数学是理性思维的最高标志。第十一章通过四个最美数学公式，让学生体会数学之美、数学之用，明白数字是描述宇宙的文字。第十二章通过介绍我国的重大科技成就，激发学生的民族自豪感和自信心，树立为中华崛起、为祖国更加强大而努力学习的精神。

数学文化博大精深，不可能面面俱到，我们只能从这茫茫数学大海中选取其中一些知识点来讲解，希望通过这些讲解，让学生见识到数学大海中的一些美丽浪花，只要有一朵浪花能够感动学生，激发学生对数学和数学文化的兴趣，那么我觉得本书就算成功了。同时，我们也希望，通过以后不断的教学实践，对该教材进行不断的修订和完善。

借教材出版之机，我们要感谢南开大学顾沛教授。为了推动我校数学文化课程的尽早开设，顾沛教授亲赴我校进行指导和讲座，提出了很多宝贵的意见和建议，为我校数学文化课程的建设提供了强有力的支持和帮助。

在高职院校开设数学文化课程及写好一本高职数学文化教材，我们深感难度很大。由于时间仓促和经验有限，书中难免会有不少错漏之处，恳请读者批评指正。

刘志勇

目　录

第一章　数学的奇妙旅程

从最简单和最容易明了的事物着手，渐渐地和逐步地达到对最复杂对象的认识，甚至那些原本无先后次序的事物，也假定为其排列层次。

——笛卡尔《方法论》

【学习目标】

1. 了解数学发展史。
2. 了解数学的分支。
3. 大致了解数学发展的轨迹。

【教学提示】

在讲解数学发展史过程中，可以穿插一些数学家的故事，一方面可以激励学习者，另一方面可以使课堂生动有趣。

数学美丽神奇。她打开了自然与社会的大门，她的美无处不在，她的奇无人不识。她掀开了自然与社会的神秘面纱，用各种有组织的符号、方程以及公式等，简洁而深刻地描绘了复杂的自然与社会现象的规律，揭示了其中的本质。数学，作为人类最早的学科，历经时代的变迁，如今已根粗秆壮、枝繁叶茂，已经形成自己的一个庞大的学科体系。回顾数学发展史，我们看到了新思想、新方法、新工具被创造的历史，是问题被解决的历史。

一、从纵向看数学

从历史看数学，数学可以分为四个阶段：古代数学阶段、变量数学阶段、近代数学阶段、现代数学阶段。

1. 古代数学阶段

这一时期又可以认为是“数学起源与早期发展时期”，人类建立最基本的数学概念。古代数学是指 17 世纪以前，主要是古希腊时期建立的欧几里得几何学，古代中国、古印度和古巴比伦时期建立的算术，欧洲文艺复兴时期发展起来的代数方程等，古代数学也称为初等数学。一般来说，我们国家中小学数学知识属于初等数学范畴。相对于以后时期的变量数学，初等数学又称为常量数学。

古希腊时期的数学与古希腊文化繁荣的时代一致，从公元前 6 世纪开始，到公元前 3 世纪前后，由最伟大的古代几何学家欧几里得、阿基米德、阿波罗尼奥斯推向顶峰，最辉煌的著作是欧几里得的《几何原本》。尽管这部书是两千多年以前写成的，但是它的一般内容和表述的特征，却与近代长期通用的几何教科书非常接近。

古代希腊的数学家不但把当时已有的几何知识总结和表述为一种完整的体系，还发展了许多新的重要的几何结果。例如，他们研究了圆锥曲线；证明了某些射影几何的定理；以天文学的需要为指南建立了球面几何；建立了初步的三角学，并计算出最初的正弦表；确定了许多复杂图形的面积和体积。

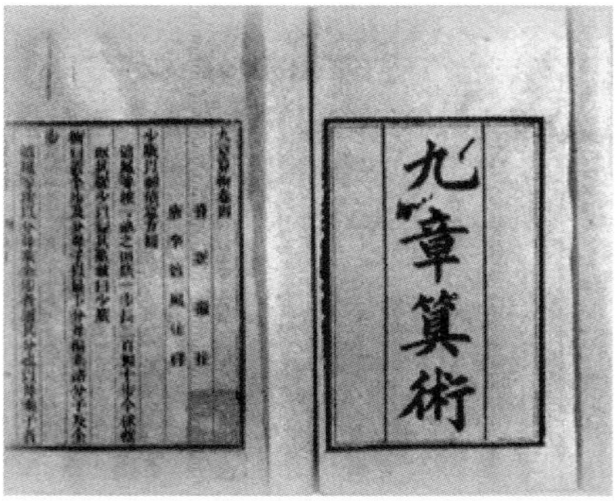

图 1－1　九章算术插图

《九章算术》是中国古代最重要的数学著作，成书年代最迟在公元前 1 世纪，其中有些内容可以追溯到周代。书中已给出了三元一次方程组的解法；同时在世界历史上第一次使用负数，叙述了对负数进行运算的规则；也给出了求平方根与立方根的方法。

拓展阅读：古代数学家赵爽

魏晋南北朝时期的中国数学有了突出的发展，进入到“论证数学”的阶段，代表人物是刘徽和祖冲之。公元 3 世纪的刘徽，是中国古代最杰出的数学家，他大量使用的“出入相补原理”是我国古代数学特有的推理论证方法。三国时期的赵爽运用“面积的出入相补方法”证明了勾股定理,是世界数学史上对勾股定理最早的证明之一。刘徽的另一重大贡献是发明了割圆术,并用割圆术计算圆周率 π。

祖冲之是南北朝时期的一个小官,在历法和数学上都有重大贡献。他计算出圆周率的上限为 3.141 5927,下限为 3.141 5926,已精确到小数点后 6 位。这一精确度 800 年以后才被阿拉伯数学家阿尔·卡西突破。祖冲之的另一成就是在刘徽工作的基础上给出了球体积的计算公式,其中不仅用到了“出入相补原理”,还用到了祖冲之、祖暅父子发现的“祖氏原理”,即“幂势既同,则积不容异”。“祖氏原理”在西方文献中被称为“卡瓦列里原理”,直到 1635 年才由意大利数学家卡瓦列里独立提出,对微积分的建立有重要的影响。

拓展阅读:圆周率 pai 之歌

古代印度数学受宗教的影响较大,但许多结果也对世界数学的发展做出了重大贡献。印度人发明了现代记数法,特别是发明了“0”。印度记数法后经阿拉伯人传至欧洲,所以后来被称为阿拉伯数字。印度人运用无理数像运用有理数一样,给出了表示各种代数运算包括求根运算的符号。由于他们没有对无理数与有理数的区别感到困惑,从而为代数的发展开辟了道路。

16 世纪欧洲文艺复兴时期到来时,欧洲的数学也从中世纪的黑暗中复苏。数学在认识自然及探索真理方面的作用,被文艺复兴的代表人物达·芬奇和伽利略等高度评价,伽利略认为“宇宙这本书是用数学的语言写成的”。

2. 变量数学阶段

变量数学指 17—19 世纪初建立与发展起来的数学。其突出特点是:实现了数形结合,可以研究运动。这一时期可以分为两个阶段:17 世纪的创建阶段与 18 世纪的发展阶段。创建阶段有两个决定性步骤:一是 1637 年法国数学家笛卡尔建立解析几何,二是 1680 年前后英国数学家牛顿(Isaac Newton,1643—1727)和德国数学家莱布尼兹(Gottfried Wilhelm Leibniz,1646—1716)分别独立建立的微积分学。

变量数学建立的第一个里程碑是 1637 年笛卡尔的著作《几何学》。这本书引进了“坐标”的概念,奠定了解析几何的基础。在这以前,常量是数学的主要研究对象,而这以后,数学转向研究变量。

变量数学发展的第二个里程碑是牛顿和莱布尼兹在 17 世纪后半叶分别独立创立了微积分。当然,在此之前许多数学家开展了大量的准备工作,特别是费马求极值的方法、巴罗的“微分三角形”、沃利斯的“无穷算术”,都已经在某种程度上敲开了微积分的大门。牛顿和莱布尼兹正是在这样的时刻出场,完成了微积分创立中最后也是最关键的步骤。

17 世纪的数学创作极其丰富,解析几何、微积分、概率论、射影几何等新学科陆续建立,近代数论也由此开始。18 世纪是数学分析蓬勃发展的时期,在这一时期,作为微积分的继续发展所产生的微分方程、变分法、级数理论等相继建立,形成数学分析学科体系，同时微分几何、高等代数也都处于萌芽状态。

微分方程论研究的是这样一种方程，方程中的未知项不是数，而是函数。变分法研究的是这样一种极值问题，所求的极值不是点或数，而是函数。微分几何是关于曲线和曲面的一般理论。

3. 近代数学阶段

近代数学是指 19 世纪的数学。19 世纪是数学全面发展与成熟阶段，数学的面貌在这一时期发生了深刻变化。概括起来这一时期的数学有三个特点：分析严密化、代数抽象化、几何非欧化。数学的绝大部分分支在这一时期都已经形成，整个数学呈现出全面繁荣的景象。

为了解决微积分方法的逻辑基础的问题，捷克数学家波尔查诺做了有益的工作，但未产生足够的影响。法国数学家柯西 1821 年的著作《分析教程》则向分析的严格化迈出了关键的一步。他对微积分的基本概念，如变量、函数、极限、连续、导数、微分、收敛等等，给出了明确的定义，并在此基础上重建了微积分。他的定义和论述已经相当接近现在微积分教科书中的表述。

在欧几里得几何中平行线公设的许多“证明”相继受挫以后，一些有眼光的数学家转而用其他公设替代平行线公设，推导出无矛盾的新几何，与人们熟知的欧几里得几何完全不同。高斯首先把它称为“非欧几何”，但始终没有公开发表自己的成果。第一次发表这方面论文的数学家是 1829 年俄罗斯的罗巴切夫斯基，之后还有匈牙利的波约及德国的黎曼。黎曼甚至表达了更多种非欧几何的可能性。

非欧几何揭示了空间的弯曲性质，将平直空间的欧式几何变成了一种特例。这激起法国数学家蒙日的学生庞斯列在艰苦的条件下专心研究的积极性，并于 1822 年出书，大大发展了射影几何。

4. 现代数学阶段

现代数学指 20 世纪的数学。1900 年德国著名数学家希尔伯特（David Hilbert，1862—1943）在国际数学家大会上发表了一个著名演讲，提出 23 个未解决的数学问题，拉开了 20 世纪现代数学的序幕。这一时期的数学有如下特点：一大基础、三大趋势和六大特征。

一大基础：德国数学家康托的集合论。它促进了数学的其他许多新分支的发展，对数学发展的一般进程产生了深刻的影响。

集合论还导致了数学领域的另一分支——数理逻辑的发展。一方面，数理逻辑可追溯到数学的起源和基础；另一方面，它又和计算技术的最新课题紧密相连，并得到许多深刻的结果，这些结果从一般认识论的观点来看也是十分重要的。

三大趋势：交错发展、高度综合、逐步走向统一；边缘、综合、交叉学科与日俱增；数学表现形式、对象和方法日益抽象化。

六大特征：从单变量到多变量，低维到高维；从线性到非线性；从局部到整体，简单到复杂;从连续到间断,稳定到分岔;从精确到模糊;计算机的应用。

同以前的数学相比,20 世纪的数学内容更加丰富,认识也更加深入。在集合论的基础上,诞生了抽象代数学、拓扑学、泛函分析与测度论;数理逻辑也蓬勃发展,成为数学有机整体的一部分;边缘、综合、交叉学科与日俱增,产生了代数拓扑、微分拓扑、代数几何等;早期的微分几何、复分析等已经推广到高维;代数理论的面貌也多次改变,变得越来越优美和完整;一系列经典问题得到圆满的解决,同时又产生了更多的新问题,特别是第二次世界大战之后,新成果层出不穷,数学呈现出无比兴旺发达的景象。

图 1-2　庞加莱

庞加莱是高斯和柯西之后无可争议的数学大师,他在微分方程自守函数、天体力学、拓扑学等方面的研究都有开创性的工作,甚至可以说他是一位“万能数学家”。由于数学学科各个分支的迅速发展,在庞加莱和希尔伯特之后,就不再有这样的万能数学家出现了。

拓展阅读:价值百万的数学猜想庞加莱猜想

二、从横向看数学

从横向看数学即是从数学学科的内部构成来讲,我们国家目前将数学划分为五大分支:基础数学、应用数学、计算数学、概率统计、运筹学与控制论。

1. 基础数学

基础数学(Pure Mathematics)又称为理论数学或纯粹数学,是数学的核心部分,包括代数、几何、分析三大分支,分别研究数、形和数形之间的关系。

2. 应用数学

简单地说,应用数学(Applied Mathematics)是指能够直接应用于实际的数学。从长远观点和广泛意义来看,数学都是有用的。因此,应用数学与基础数学的界限并没有那么分明。

3. 计算数学

计算数学(Computational Mathematics)研究诸如计算方法(数值分析)、数理逻辑、程序设计等方面的问题,它与计算机密切相关。

4. 概率统计

概率统计(Probability and Statistics)包括概率论与数理统计两大分支。概率论是研究随机现象的科学;数理统计主要研究如何收集、整理和分析实际问题的数据,使对所研究的问题做出有效的预测或评价。

5. 运筹学与控制论

运筹学(Operational Research)是利用数学方法，在建立模型的基础上，寻找解决形形色色实际问题的“最优解”。控制论(Cybernetics)主要研究系统各构成部分之间的信息传递规律和控制规律。

以上分类方法是按照中国几十年的惯例进行的，不同的国家有不同的分类方法。

三、浅谈数学分支

1. 几何学

经典数学的三大分支——代数学、几何学、分析学中，代数学和几何学的历史已经有三千多年，而研究数形关系的分析学则只有三百多年的历史。在数学的早期发展中，代数与几何是不分家的，古希腊时期的数学主要是几何学。

几何学是人类文明对空间本质的“认识论”。宇宙中的所有事物皆存在于空间之中，发生于空间之内。几何学的目的就是去研究、理解空间的本质，它是人类认识大自然、理解大自然的起点和基石，是种种科学思想和方法论的自然发祥地。

(1)几何学的发源——欧几里得几何学的建立

现在世界通行的几何学知识被公认为来源于西方，埃及是几何学的发源地。大约在四千年前，由于尼罗河流域经常发生洪水，土地被淹，洪水过后往往要重新测量、标记地界，由此产生了以测地为标志的几何学。

几何学的发展有一个长期、渐进的过程，由无意识几何学到实验几何学，再到推理几何学。此后三四百年间，经过毕达哥拉斯学派、诡辩学派、柏拉图学派等的艰苦努力，几何学陆续积累了异常丰富的知识。公元前3世纪，古希腊数学家欧几里得，对当时丰富但却繁杂和混乱的几何学知识，进行了大胆的、创造性的工作：筛选定义，选择公理，合理编排内容，精心组织方法，以公理化的思想写出一部科学巨著——《几何原本》，这就是欧几里得几何学。

图1-3　欧几里得

(2)几何学的划时代发展——坐标几何的建立

拓展阅读：笛卡尔

欧几里得几何学的形成标志着几何学达到辉煌时期，此后便无本质进展，直到1637年，法国数学家笛卡尔引入了坐标的观念，创立了解析几何，使人们可以用代数方法研究几何问题，建立了数学的两大分支——代数与几何的联系。笛卡尔坐标几何的建立具有划时代的科学意义，他的数形结合思想也为研究数学和其他科学提供了有效工具，在解决历史遗留的数学难题时发挥了重要作用。因此恩格斯说：“数学中的转折点是笛卡尔

图 1-4 笛卡尔

的变数，有了变数，运动进入了数学；有了变数，辩证法进入了数学。”

（3）绘画、建筑与射影几何

欧洲中世纪的绘画具有象征性，而文艺复兴时期的绘画则讲究现实性。所以，当时的许多画家也自觉地研究透视学，如布努雷契、柯尔比、迪勒、达·芬奇等人；同时也出现了一些研究透视学以及早期射影几何学的数学家，如阿尔贝蒂、德沙格、帕斯卡、拉伊尔等等。利用解析方法处理射影几何问题，做起来较容易，这段方法上的沿革，就像从平面欧式几何进展到解析几何一样，是方法上的一大进步。到 19 世纪后半叶，射影几何成了几何学的核心。

（4）向量几何

向量几何也叫向量代数，该学科产生于 19 世纪中叶，是由德国数学家哈密尔顿和格拉斯曼等创立的。向量几何是不依赖于坐标系的解析几何，是坐标几何的返璞归真和精益求精，它使几何与代数结合得更加真切自然、直截了当。

图 1-5 哈密尔顿

图 1-6 格拉斯曼

（5）微分几何

微分几何是以微积分为工具研究曲线和曲面性质及其推广应用的学科。它的奠基人是瑞士数学家欧拉，经法国数学家蒙日、德国数学家高斯等推广而发展起来。1809 年蒙日的《分析在几何学上的应用》是世界上第一本微分几何著作，1827 年高斯的《关于曲面的一般研究》是微分几何发展史上的又一个里程碑。

拓展阅读：三大数学家之三高斯

图1-7　蒙日

图1-8　高斯

(6)分形几何

自然与社会是错综复杂的,其精确的形态远没有欧几里得几何所研究的对象那样简单,如蜿蜒曲折的漫长海岸,起伏不平的叠嶂山脉,变幻无常的天空浮云,九曲回肠的江河小溪,千姿百态的花草树木,眼花缭乱的满天繁星,转瞬即逝的霹雳闪电等,这些对象都很难用欧式几何来描述。于是,人类认识领域呼唤一种新的、能够更好地描述自然图形的几何学,分形几何应运而生。分形几何的概念是美籍法国数学家曼德尔布罗特在 1975 年首先提出的,被誉为大自然的几何学。

2. 代数学

代数学是研究数的科学,起源于中国和古埃及。早期的代数学其实是研究数的运算技术的,因此也称作算术,代数学一词源自于拉丁文。

(1)代数学的符号化

在中文里,代数学是用符号来表示数字的科学。用符号代替数字与运算是一个难关,经历了漫长的时间,代数学的符号化具有划时代的意义,其发展分三个阶段。

第一阶段是文字代数学,其主要标志是代数书全部用文字表述。我国公元前 1 世纪出版的《九章算术》是文字代数学的代表。

第二阶段是简写代数学,其主要标志是采用以速记为目的的简写形式表示数量、关系与运算。古希腊数学家丢番都的巨著《算术》是这一阶段的第一部著作,他被尊称为"代数学鼻祖"。

第三阶段是符号代数学。法国数学家韦达对代数学符号化的发展做出了重要贡献。1591 年韦达出版了《分析方法入门》这本书,创造了符号代数。因此,韦达在欧洲被尊称为"代数学之父"。

图1-9　韦达

我们来回顾一下著名的韦达定理：

设一元二次方程 $ax^2+bx+c=0$（$a,b,c\in R,a\neq 0$）中，方程的两个根 x_1,x_2 有如下关系：

$$x_1+x_2=-\frac{b}{a},\ x_1x_2=\frac{c}{a}$$

（2）初等代数学

代数学的发展分为三个阶段：初等代数、高等代数和抽象代数。

图 1–10 欧拉

初等代数学是代数学的古典部分，是研究实数和复数以及它们为系数的多项式的代数运算理论和方法的数学分支。初等代数的中心问题是研究方程或方程组的解的存在性、解的个数、解的结构问题。因而，人们长期以来都把代数学理解成方程的科学。18 世纪 60 年代，欧拉的《代数学引论》是第一本完整的初等代数著作，是对初等代数的总结，也标志着初等代数的基本结束。

具体来说，初等代数的基本对象包括：三种数——有理数、无理数、复数；三种式——整式、分式、根式；中心对象是方程——整式方程、分式方程、根式方程和方程组。初等代数的基本内容是代数式的运算和方程的求解，其中代数运算的特点是只进行有限次的运算。

全部初等代数总共有十条规则：五条基本运算律，两条等式基本性质，三条指数律。

◆ 五条基本运算律

加法交换律；加法结合律；乘法交换律；乘法结合律；乘法对加法的分配律。

◆ 两条等式基本性质

等式两边同时加上一个数，等式不变；等式两边同时乘以一个非零数，等式不变。

◆ 三条指数律

同底数幂相乘，底数不变指数相加；指数的乘方等于底数不变指数相乘；积的乘方等于乘方的积。

初等代数的进一步发展指向两个方向，一是研究未知数更多的一次方程组，这就是线性代数；二是研究未知数次数更高的高次方程，这就是多项式代数。线性代数与多项式代数均属于高等代数的内容。

（3）高等代数学

1824 年，年仅 22 岁的挪威青年数学家阿贝尔发表了题为《论代数方程：证明一般五次方程的不可解性》的论文，证明了一般五次及五次以上的方程的根不能用方程的系数通过加、减、乘、除、乘方、开方这些代数运算表示出来，困扰世界两百多年的难题被攻克。从此人们开始摆脱对具体、特殊方程的考察，而集中精力于方程的一般理论，这就构成了以方程论为核心，以行列式、矩阵、二次型、线性空间与线性交换以及多项式理论等为主要内容的高等代数。高等代数是代数学发展到高级阶段的总称。

（4）抽象代数学

阿贝尔关于五次或五次以上方程不可能有公式解的论文，并没能够回答每一个具体的方程是否可以用代数方法求解的问题。后来法国青年数学家伽罗华彻底解决了这一问题，他给出了方程可解的判别标准。伽罗华 20 岁的时候，曾因积极参加法国资产阶级革命运动而两次被捕入狱。1832 年 4 月，他出狱不久，便在一次私人决斗中死去，年仅 21 岁。伽罗华在临死前预料自己难以摆脱死亡的命运，所以连夜给朋友舍瓦利叶写信，仓促地把自己平生的数学研究心得扼要写出，并附以论文手稿。伽罗华死后，按照他的遗愿，舍瓦利叶把他的信发表在《百科评论》中。随着时间的推移，伽罗华研究成果的重要意义为越来越多的人所认识。伽罗华在数学史上做出的贡献，不仅解决了几个世纪以来一直没有解决的高次方程代数解的问题，更重要的是他在解决这个问题中提出了“群”的概念，并由此发展了一套以研究群、环、域为基本内容的抽象代数理论，开辟了代数学的一个崭新的天地。

拓展阅读：死于决斗的数学家伽罗华

图 1 – 11　伽罗华

3. 分析学

分析学是指以微积分学为基本内容的数学分支的全称，包括微积分学、微分方程、复变函数、实变函数、泛函分析等。

（1）微积分学

拓展阅读：三大数学家之二牛顿

17 世纪后期，工业革命引出了许多实际问题需要解决。归结起来，这些问题包括瞬时速度问题、曲线切线问题、极值问题和求面积体积问题四类。为解决这些问题，在众多数学家、物理学家努力的基础上，英国科学家牛顿和德国数学家莱布尼兹分别独立地建立了微积分的知识体系。

简单来说，微积分学是微分学和积分学的总称，其研究对象是函数，研究工具是极限，研究内容包括函数的微分、积分，以及联系微分与积分的桥梁——微积分基本定理（又称微积分基本公式）。依据其研究对象——函数的自变量与因变量个数的不同，微积分学可以划分为一元微积分、多元微积分、向量值函数微积分等。其中一元微积分是最基本的。

图 1－12 牛顿

图 1－13 莱布尼兹

微积分学这门学科在数学发展乃至在整个现代科学技术中的地位都是十分重要的，它极大地推动了数学的发展，同时也极大地促进了天文学、力学、物理学、化学、生物学、工程学、经济学等自然科学和社会科学各个分支的发展，并在这些学科中有了广泛的应用。

(2)微分方程

在初等数学里，我们就见过各种各样的方程，这些方程都描述了所研究问题中的已知量和未知量之间的关系等式。但是，现实世界的物质运动和它的变化规律在数学上是用函数关系来描述的，因此，这类问题就是要去寻求满足某些变化条件的一个或者几个未知函数。把含有未知函数的导数(或微分)和自变量关系的方程称为微分方程。如果一个微分方程中出现的未知函数只含一个自变量，这样的方程称为常微分方程；如果一个微分方程中出现多元函数的偏导数，或者说如果未知函数和几个变量有关，而且方程中出现未知函数对几个变量的导数，那么这种方程就是偏微分方程。常微分方程与偏微分方程统称为微分方程。

微分方程在很多学科领域都有重要应用。比如，自动控制、弹道的计算、飞机和导弹飞行的稳定性研究、化学反应过程稳定性的研究、生命科学中的基因分析等等。从数学自身的角度看，微分方程也促进了函数论、变分法、级数展开、代数、微分几何等各分支的发展。

(3)复变函数

复数的概念起源于求方程的根，在二次、三次代数方程的求根公式中就出现了负数开平方的情况。很长时间里，人们对这类数不能理解。但随着数学的发展，这类数的重要性日益显现。

以复数作为自变量的函数称为复变函数，而与之相关的理论就是复变函数论。复变函数论主要研究复数域上的解析函数，因此通常也称为解析函数论。按照变量个数，复变函数论又分为单复变函数论和多复变函数论。

作为大学数学课程的复变函数论主要包括三大理论：柯西创立的柯西（Cauchy）积分理论、魏尔斯特拉斯创立的魏尔斯特拉斯（Weierstrass）级数理论和黎曼创立的黎曼（Riemann）几何（共形映射）理论。这三大理论分别从三个不同角度——积分、级数、几何，研究同一个对象——解析函数。复变函数在物理学的电场、磁场、流体力学、热力学、动力学等研究有大小和方向的问题时均有重要应用。

图 1－14　柯西

图 1－15　黎曼

4. 随机数学

在自然界和现实生活中，有一类现象是在一定条件下必定会导致某种确定结果，这类现象是确定性现象。比如，在标准大气压下，水加热到100℃就必然会沸腾。另一类是不确定性现象，这类现象在一定条件下其结果是不确定的。比如，我们抛出一枚硬币，正面与反面的出现就不是确定的，这种现象也叫作随机现象。

从表面上看，随机现象似乎是没有规律的现象，但实践证明，如果同类的随机现象大量重复出现，它的总体就呈现出一定的规律性，而且这种规律性随着观察次数的增多而越加明显。把这种由大量同类随机现象所呈现出来的集体规律性，称作统计规律性。概率论和数理统计就是研究大量同类随机现象的统计规律性的数学学科，统称为随机数学。

5. 模糊数学

在很长一段时间里，纯粹数学及随机数学在描述自然界多种事物的运动规律中具有显著效果。经典数学研究的是事物的确定数量关系和空间形式，康托建立的经典集合是其理论基础。经典集合描述的是事物的确定性概念，“是”“非”分明。然而，现实生活中的事物并非全都如此，有许多模糊现象，不能简单地谈论其“是”与“非”。比如，年轻、高个子、胖子、漂亮、远近等概念都属于模糊现象，经典集合无法刻画这些现象。于是，1965年美国控制论专家、数学家查德发表了论文《模糊集合》，在此基础上人们建立了模糊数学。

查德的功绩在于用模糊集合的理论找到了将模糊对象精确化的方法,使精确数学、随机数学的不足得到了弥补。模糊数学作为一门新兴学科,已初步应用于模糊控制、模糊识别、模糊聚类分析、模糊决策、模糊评判、系统理论、信息检索、医学、生物学等各个方面。但模糊数学还远没有成熟,有待实践进一步去检验。

四、数学发展的轨迹

在两千多年的数学发展过程中,数学是由无数次渐变和少数几次突变才形成目前如此庞大的科学体系的。

毫无疑问,数学发展的历史是用数学的语言提出问题、探索与解决的历史。这就产生了一个问题:数学家是如何发现问题、提出问题的呢？要想准确回答这个问题是有困难的,很难给出一个全面的答案。

但是,有一个基本的模式是贯穿始终的,那就是:具体—抽象—具体。就是说,从具体事物、现象出发,提炼出能够反映其本质的结构进行研究,研究的结果再返回到具体事物、对象中。

美国著名数学教育家波利亚认为,在数学发展中,以下几个基本思路是贯穿其中的:

1. 特殊的东西,加以推广以便适用更广。
2. 一般的东西,给予特殊化以求更好结果。
3. 复杂的东西,加以分解以求各个击破。
4. 零散的东西,加以组合以求全貌。
5. 陌生的东西,类比熟知,通过已知研究未知。

从本质上看,不论是推广、改进,还是完全创新,都在某种程度上依赖于这些思维方式。

【拓展阅读】

欧拉(Leonhard Euler,1707—1783)出生于1707年,他是18世纪最杰出的数学家之一,也是历史上最伟大的数学家之一。

欧拉1707年出生在瑞士的巴塞尔(Basel)城,他从小就喜欢数学,还不到10岁就自学《代数学》,在当时这本书没有几个人读过,可能连欧拉的老师都未曾读过。欧拉的父亲保罗·欧拉也是一个数学家,原希望小欧拉学神学,同时教他一点数学。由于小欧拉的聪明才智和异常勤奋,他13岁就进巴塞尔大学读书,小欧拉是这所大学、也是瑞士整个大学校园里年龄最小的学生,轰动了数学界,这在当时是个奇迹。当时最有名的数学家微积分权威约翰·伯努利(Johann Bernoulli,1667—1748)正好是这所大学的教授,对小欧拉非常赏识,给欧拉精心的指导,在学习生活中两个人建立了深厚的友谊。约翰·伯努利后来曾这样称赞欧拉:“我介绍高等分析时,它还是个孩子,而你将它带大成人。”欧拉在约翰·伯努利的特殊指导下,真是青出于蓝而胜于蓝。两年后的夏天,欧拉获得了巴塞尔大学的学士学位,次年,欧拉又获得巴塞尔大学的哲学硕士学位。1725年,欧拉开始了他的数学生涯。当他在19岁时写了一篇关于船桅的论文,获得巴黎科学院的奖金后,欧拉的父亲就不再反对他攻读数学了。

欧拉的记忆力和心算能力是罕见的,他能够复述年青时代笔记的内容,心算并不限于简单的运算,高等数学一样可以用心算去完成。有一个例子足以说明他的本领,欧拉的两个学生把一个复杂的收敛级数的17项加起来,算到第50位数字,两人相差一个单位,欧拉为了确定究竟谁对,用心算进行全部运算,最后把错误找了出来。

1725年欧拉的恩师约翰·伯努利的儿子丹尼尔·伯努利来到俄国,向沙皇喀德林一世推荐了欧拉。1727年5月17日欧拉来到了彼得堡。1733年,年仅26的欧拉成为彼得堡科学院的一名年轻的数学教授。1735年欧拉用自己发明的方法,仅用三天便解决了计算彗星轨道的问题,而这个问题也是几个著名数学家花了几个月的时间才得以解决。然而过度的工作使得年仅28岁的欧拉得了严重的眼疾,而且不幸右眼失明了。1741年欧拉应普鲁士彼德烈大帝的邀请,到柏林担任科学院物理数学所所长,直到1766年。后来在沙皇喀德林二世的诚恳邀请下又重新回到彼得堡,不料没有多久,左眼视力衰退,欧拉最后双目完全失明。福无双至,祸不单行,1771年彼得堡的大火灾殃及欧拉住宅,带病而失明的64岁的欧拉被围困在大火中,虽然他被别人从火海中救了出来,但他的书房和大量研究成果全部化为灰烬了。这样的打击对欧拉来说太沉重了,可是欧拉挺住了,他发誓要把损失夺回来。在他还能朦胧地看见东西之时,他抓紧这最后的时刻,在一块大黑板上奋笔疾书他发现的公式,他还将记着的内容口述,由他的学生特别是大儿子A.欧拉(数学家和物理学家)来做笔录。欧拉完全失明以后,仍然以惊人的毅力与黑暗搏斗,凭着记忆和心算进行研究,直到逝世,欧拉在失明的17年中,还解决了使牛顿头痛的月离问题和很多复杂的分析问题。欧拉生活、工作过的三个国家:瑞士、俄国、德国,都把欧拉作为自己的数学家,为有他而感到骄傲。

欧拉渊博的知识、无穷无尽的创作精力和空前丰富的著作,都是令人惊叹不已的。他从19岁开始发表论文,直到76岁,半个多世纪写下了浩如烟海的书籍和论文。可以说欧拉是科学史上最多产的一位杰出的数学家之一,据统计他一生共写下了886本书籍和论文,其中分析、代数、数论占40%,几何占18%,物理和力学占28%,天文学占11%,弹道学、航海学、建筑学等占3%,彼得堡科学院为了整理他的著作,足足忙碌了47年。至今几乎每一个数学领域都可以看到欧拉的名字,从初等几何的欧拉线,多面体的欧拉定理,立体解析几何的欧拉变换公式,四次方程的欧拉解法到数论中的欧拉函数,微分方程的欧拉方程,级数论的欧拉常数,变分学的欧拉方程,复变函数的欧拉公式等等,数也数不清。他对数学分析的贡献更独具匠心,《无穷小分析引论》一书便是他划时代的代表作，当时数学家们称他为“分析学的化身”。

欧拉著作的惊人多产并不是偶然的，他可以在任何不良的环境中工作，他常常抱着孩子在膝上完成论文，也不顾孩子在旁边喧哗。他那顽强的毅力和孜孜不倦的治学精神，使他在双目失明以后，也没有停止对数学的研究。在失明后的 17 年间，他还口述了几本书和 400 篇左右的论文。19 世纪伟大数学家高斯(Gauss，1777—1855)曾说：“研究欧拉的著作永远是了解数学的最好方法。”

欧拉是虚怀若谷的大数学家，拉格朗日是稍后于欧拉的大数学家，从 19 岁起和欧拉通信，讨论等周问题的一般解法，这样诞生了变分法。等周问题是欧拉多年来苦心考虑的问题，拉格朗日的解法，博得欧拉的高度赞扬与肯定，1759 年 10 月 2 日欧拉在回信中盛赞拉格朗日的成就，并谦虚地压下自己在这方面较不成熟的作品暂不发表，使年青的拉格朗日的工作得以发表和流传，并赢得巨大的声誉。欧拉晚年的时候，欧洲所有的数学家都把他当作老师，著名数学家拉普拉斯(Laplace)曾说过：“欧拉是我们的导师。”欧拉充沛的精力保持到最后一刻，1783 年 9 月 18 日下午，欧拉为了庆祝他计算气球上升定律的成功，请朋友们吃饭，那时天王星刚发现不久，欧拉写出了计算天王星轨道的要领，还和他的孙子逗笑，喝完茶后，突然疾病发作，烟斗从手中落下，口里喃喃地说：“我死了”，欧拉终于停止了生命和计算，享年 76 岁。

欧拉的一生是为数学的发展而奋斗的一生，他那杰出的贡献、顽强的毅力、孜孜不倦的奋斗精神和高尚的科学道德，是永远值得我们学习的。

【趣味学习】

“找次品”游戏

问题：有 5 个外形相同的乒乓球，其中只有一个质量不标准(或轻或重)的次品乒乓球，再给一个标准球。请用一架不带砝码的天平(最多使用两次该天平)找出上述次品乒乓球。

拓展阅读：有趣的称球游戏五球一砝码

下面给出三种方案，同前两个方案相比，第 3 个方案 C 较优。

1. 方案 A

把标准球放在天平的一侧，把 5 个外形相同的乒乓球分别陆续放在另一侧，每次放一个，共计 5 次，一定可以找出次品乒乓球。

2. 方案 B

1)把 5 个外形相同的乒乓球一边两个放在天平的两侧，剩下 1 个。

2)如果天平是平的，则天平上的 4 个都是标准球，剩下那个是次品乒乓球；如果天平不平，则剩下那个是标准球，次品乒乓球在天平上的 4 个乒乓球中，再把天平一侧的两个球分放在天平两侧，而把天平另一侧的两个球拿下来。

3)如果天平是平的，则天平上的 2 个都是标准球，拿下来的 2 个中有次品乒乓球；

如果天平不平，则拿下来的2个都是标准球，天平上的2个中有次品乒乓球。

这样，就把次品乒乓球的范围缩小到两个“怀疑球”中的一个了。

再把一个标准球与这两个“怀疑球”中的任一个分放在天平两侧。如果天平是平的，则两个“怀疑球”中的另一个是次品乒乓球；如果天平不平，则两个“怀疑球”中放在天平上的那个是次品乒乓球。

这种方案，共计3次使用该天平，一定可以找出次品乒乓球。

3. 方案C（较优方案）

把6个乒乓球编号：标准球为0号球，其余5个分别为1~5号球。

1）把0号球和1号球放在天平的一侧，2号球和3号球放在天平的另一侧，剩下4号和5号球。

2）如果天平是平的，则天平上的1号球、2号球和3号球都是标准球，剩下的4号球和5号球中有次品乒乓球，称4号球和5号球为“怀疑球”。再把一个标准球与这两个“怀疑球”中的任一个分放在天平两侧。如果天平是平的，则两个“怀疑球”中的另一个是次品乒乓球；如果天平不平，则两个“怀疑球”中放在天平上的那个是次品乒乓球。

如果天平不平（不妨设2号球和3号球那一侧较重），则剩下的4号球和5号球都是标准球，天平上的1号球、2号球和3号球都是“怀疑球”。再把2号球和3号球分别放在天平的两侧，如果天平是平的，则天平上的1号球是次品乒乓球；如果天平不平，则较重的那一侧的是次品乒乓球（这是因为现在天平不平，说明“怀疑球”在2号球和3号球中，而刚才假设2号球和3号球那一侧是重的，说明次品球是比标准球重的，所以重的一侧就是次品球了）。

拓展阅读：有趣的称球游戏九个球一个次品

这种方案共计使用天平两次，一定可以找出次品乒乓球。

第二章　神奇的数学方法

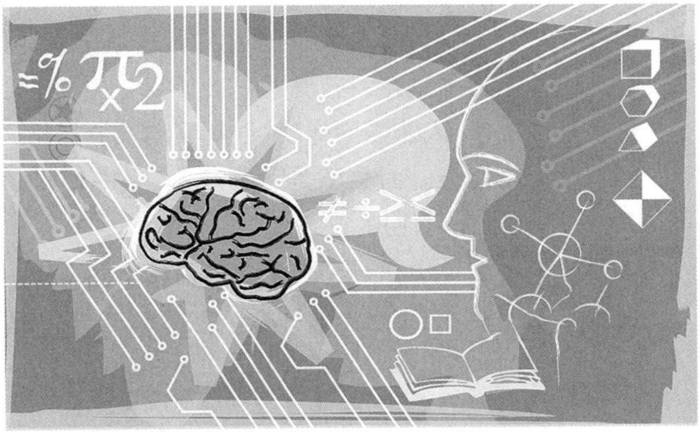

音乐能激发或抚慰情怀，绘画使人赏心悦目，诗歌能动人心弦，哲学使人获得智慧，科学可改善物质生活，但数学能给予以上的一切。

——克莱因

【学习目标】

1. 了解数学对人类的影响。
2. 了解学习微积分的作用。
3. 领会数学归纳法。
4. 领会抽屉原理。
5. 领会欧拉图和哈密顿图。

【教学提示】

数学对人类的影响很多，本章重点讲述数学对人的素质方面的影响。学生在学习微积分时只知道用微积分，本章让学生知道为什么学习微积分。通过学习和提炼数学中三大经典方法——数学归纳法、抽屉原理、一笔画定理，领会数学方法的奇妙之处和对人类的影响。

一、数学对人的影响

有很多学生高中毕业了，但并不知道为什么从小学到高中世界各地都要学数学，如若问他们，他们会思考一下回答：因为中考、高考要考。数学教育的重要性不仅仅体现在数学知识与方法的广泛应用上，更重要的是它对人的素质的影响，其价值远非一般专业技术教育所能及。党的二十大报告指出，教育、科技、人才是全面建设社会主义现代化国家的基础性、战略性支撑。必须坚持科技是第一生产力、人才是第一资源、创新是第一动力，深入实施科教兴国战略、人才强国战略、创新驱动发展战略，开辟发展新领域新赛道，不断塑造发展新动能新优势。而数学是科学之母，是一切科学的基础，其在人才培养和科技创新中的作用更是无可比拟。

按传统分类，数学隶属于自然科学，与物理、化学等并列。到20世纪80年代，兴起一种新的分类法，认为数学因具有不同于其他自然科学的独立性，提议应独立成为一类。新的分类方法同时把思维科学也独立起来，从而把数学看成与自然科学、社会科学、思维科学并列的第四大部类。

1. 数学的作用

（1）数学是人们认识客观世界数量规律的法宝

数学的抽象性和严谨性为我们在更深的层次上认识世界提供了重要途径。我国数学家华罗庚曾这样描述数学应用的普遍性："宇宙之大，粒子之微，火箭之速，化工之巧，地球之变，日用之繁，无处不用数学。"数学应用的广泛性及其重要性是无可争议的。

（2）数学是人们改造客观世界的重要工具

首先，工程技术离不开数学这个重要工具。自古以来数学就是土地丈量、手工业制作的重要工具。如今开发高科技，更需要数学和计算机进行周密的理论分析和准确的数值计算。

其次，生产、管理和经济的竞争需要数学这个重要工具。

（3）数学在提高人们的文化素质方面起着十分重要的作用

人们通晓数学，不仅作为工具来用，更重要的是用来训练受教育者的思维能力，培养他们客观的、合乎逻辑的分析问题与解决问题的能力。下面的两个事例更能说明这个问题：①英国大学里，律师专业的学生规定要学习许多数学课程。②美国西点军校也开设了较多的数学课程。

2. 数学教育对人的素质的影响

（1）数学知识的起点——概念的抽象

受过良好数学教育的人，善于抓住事物的本质，做事简练、不拖泥带水，具有统筹处理问题的能力，具有创新的胆略和勇气。

(2)数学理论的形成过程——推理的严密性

数学教育使人具有做事思路开阔，举一反三的类比与创新能力；具有化繁为简、分解困难的归纳能力；具有思维严谨、思考周密、结果清晰、层次分明、有条理、无漏洞的组织管理能力。

(3)数学中得到的结论——结论的确定性

数学教育能培养人做事严肃认真、做事做人目标明确、前后一致、表里如一的态度。

3. 数学教育本质上是素质教育

人的素质可以划分为三个方面：科学素质、文化素质、艺术素质，科学素质的核心是数学素质。数学除了具有工具性以外，数学教育更重要的价值和目的则是培养以思考力为核心的数学素质。

数学教育不可替代：由于数学的抽象性等原因，数学学习对大多数人而言是困难的，但纵观目前开设的各种课程，没有一门能替代，即使所学数学知识已经淡忘，这些素质依然不会消失，并始终发挥作用。知识靠记忆，方法靠操练，思想靠领悟。知识是短暂的，方法是长久的，思想是永恒的。知识、方法和思想的关系，犹如鱼、渔和道的关系。给你一条鱼，可以帮你解决一时之需；给你一种打鱼的方法，可以让你长期无虑；然而给你一种创造打鱼方法的理念，你便可以应对不同环境、不同时代、不同品种的鱼，保你一世无忧。数学知识与思想，能加强我们的逻辑推理能力，这个好处在离开学校到社会工作后，更凸显出它的实用性及重要性。

数学能力的培养，不仅表现在对数学知识点的一般理解和良好记忆，更重要的是依赖对数学思想方法的掌握和运用。若把数学知识点比喻为金子，那么数学思想方法就是"点金术"。数学方法以静识动、以直表曲、以反论正、以点知线，尽显神奇之威。

二、微积分对人类的影响

欧洲文艺复兴之后，资本主义开始发展并兴盛起来，家庭手工业作坊被工厂手工业生产所替代，并进而发展为机器大工业，贸易的发达及殖民地的出现，使航海业空前发展。这时，对运动和变化的研究更为必要，并成为自然科学的中心问题，因此，对数学也提出了新的要求：需要研究各种变化过程和各种变化着的量之间的依赖关系。由此产生了变量和函数的概念，变量数学的时期开始了。

变量数学发展的第二个里程碑是英国大科学家牛顿(Newton，1643—1727)和德国数学家莱布尼兹(Leibniz，1646—1716)在17世纪后半叶分别独立地建立了微积分的知识体系。

微积分是微分学和积分学的总称，它的研究对象是函数，通过函数可以用数学方法对运动现象进行准确的描述。微积分学的研究工具是极限。由于人类生理的原因，人类能够准确认识的对象通常是有限的、静止的、平直的、离散的，但现实中人们又无法避免无限的、运动的、弯曲的、连续的。极限思想为人类提供了一个通过有限认识无限、通过直线认识曲线、通过常量认识变量的桥梁。微积分的研究内容包括函数的微分、积分及联系微分和积分的桥梁——微积分基本定理，微分解决的是函数的局部性质，积分解决的是函数的整体性质，反映函数整体与局部关系的就是微积分基本定理。

微积分的发现是科学史上划时代的事件，在整个现代科学技术中的地位都是十分重要的，它也是继欧氏几何后，数学研究中一个最大的创造。微积分及其中的变量、函数和极限等概念，运动、变化等思想，使辩证法渗入了全部数学，并使数学成为精确地表述自然科学和技术的规律及有效地解决问题的重要工具。微积分学极大地推动了数学的发展，同时也促进了天文学、力学、物理学、化学、生物学、工程学、经济学等自然科学和社会科学各个分支的发展，并在这些学科中有着越来越广泛的应用。

三、数学归纳法

数学归纳法是沟通有限和无限的桥梁，数学归纳法只关注两点：一是起点，二是传递关系。

1. 多米诺骨牌游戏

多米诺骨牌的游戏规则非常简单，将骨牌按一定间距的尺寸排成单行，或分行排成一片。推倒第一张骨牌，其余发生连锁反应依次倒下，或形成一条长龙，或形成一幅图案，骨牌撞击之声，清脆悦耳；骨牌倒下之时，变化万千。除了可码放单线、多线、文字等各式各样的多米诺造型外，还可充当积木，搭房子，盖牌楼，制成各种各样的拼图。

图 2-1　多米诺骨牌

多米诺骨牌为什么能全部倒下，对其摆放和操作有什么具体要求。假设：如果第一个骨牌推而不倒，骨牌能否全部倒下？若中间有一个骨牌发生意外没有倒下，情况又会怎么样呢？

骨牌要全部倒下依赖两个条件：一、第一张骨牌被推倒。二、假如某一张牌倒下，则它的后一张牌必定倒下。如此，骨牌就会全部倒下。若用第一张骨牌倒下对应 $n=1$ 时命题成立，用第二张骨牌倒下对应 $n=2$ 时命题成立，以此类推，当骨牌全部倒下时，命题对所有的 n 成立。于是多米诺骨牌模型用数学语言来表达就是：要证明一个与正整数 n 有关的命题成立，可以分两步进行：一、证明 $n=1$ 时命题成立；二、假设 $n=k$ 时命题成立，证明 $n=k+1$ 时命题也成立。从而命题对所有正整数 n 都成立。这种证明问题的方法就是数学归纳法。

数学归纳法原理：设 P_n 是与自然数相关的一种命题，如果

（1）当 $n=1$ 时命题 P_1 是成立的；

（2）假设当 $n=k$ 时命题 P_k 是成立的，可以证明当 $n=k+1$ 时命题 P_{k+1} 也是成立的，那么命题 P_n 对所有自然数 n 都是成立的。

2. 公鸡吃米

某主妇养小鸡 10 只，公母各半。她预备将母鸡养大留着生蛋，公鸡则养到一百天就陆续杀以佐餐。每天早晨她拿米喂鸡。到第一百天的早晨，其中的一只公鸡正在想："第一天早晨有米吃，第二天早晨有米吃，……第九十九天早晨有米吃，所以今天，第一百天的早晨，一定有米吃。"这时，该主妇来了，正好把这只公鸡抓去杀了。这只公鸡在第一百天的早晨不但没有吃着米，反而被杀了，虽然它已有九十九天吃米的经验，但不能证明第一百天一定有米吃。

用数学归纳法证明一个命题的正确性，必须满足两个必要条件，这两个条件是缺一不可的。因为一个命题，哪怕是验算了百次、千次、万次，也只是有限次，并不能肯定这个命题的正确性。为了证明命题对于任何一个正整数 n（n 有无限多）都是正确的，必须满足数学归纳法所要求的第二条。公鸡吃米这个例子就是缺了第二条。

数学归纳法原理变形 1：设 P_n 是与自然数相关的一种命题，如果

（1）当 $n=k_0$ 时命题 P_{k0} 是成立的；

（2）假设当 $n=k\ (k\geqslant k_0)$ 时命题 P_k 是成立的，可以证明当 $n=k+1$ 时命题 P_{k+1} 也是成立的，

那么命题 P_n 对所有自然数 $n\geqslant k_0$ 都是成立的。

数学归纳法原理变形 2：设 P_n 是与自然数相关的一种命题，如果

（1）当 $n=1$ 时命题 P_1 是成立的；

（2）假设当 $1\leqslant n\leqslant k$ 时命题 P_n 是成立的，可以证明当 $n=k+1$ 时命题 P_{k+1} 也是成立的，

那么命题 P_n 对所有自然数 n 都是成立的。

3. 归纳法的妙用

一家动漫公司招聘一名设计师，已有三名应聘者，为了测试应聘者对绘画设计掌握的程度，公司人力资源部出了一道题目：要求三名应聘者各自用最经济的笔墨，在一张 A4 纸上画出最多的骆驼。

第一个应聘者为了多画一些，他把骆驼画得很小很小、很密很密，纸上显示出密密麻麻的一群骆驼；第二个应聘者为了节省笔墨，他只画骆驼头，从纸上可以看到许许多多骆驼；第三个应聘者在纸上只用笔勾画出两座山峰，再从山谷中走出一只骆驼，后面还有一只骆驼只露出半截身子。

三张设计画稿交上去，第三个应聘者的设计因构思巧妙、笔墨经济、以少含多而被认定为最佳作品。为什么呢？

第一个和第二个应聘者的设计画，无论画了多少骆驼还是骆驼头，都画的是有限的骆驼，但第三个应聘者的设计画中画出了无穷的场景，这里实际上是巧妙地利用了人们善于归纳与联想的思想，是归纳法原理的生活化。

4. 笑话——归纳法的不当使用

从前，有一个财主给他的儿子找了一位老师，第一天老师画了一横，说这是一个“一”字，第二天老师画了两横，说这是一个“二”字，到了第三天，财主儿子想今天老师一定会教“三”字，就预先在纸上画了三横，果然这天老师画了三横，说这是“三”字。于是财主儿子就得出了一个结论：第四天、第五天……那一定是四横、五横……所以就对财主说：“爸爸，你用不着请老师了，我都会了。”于是财主很高兴，就把老师给辞了。过了几天，财主要请一位姓万的亲戚吃饭，就叫儿子写请帖，可是等了半天，也不见儿子出来，财主就亲自到儿子房间去催，只见儿子趴在地上，满头大汗，一见到财主就抱怨说：“姓什么不好，偏要姓万，从大清早到现在，我才画了五百多横。”

四、抽屉原理

处理一批看起来毫无关系的对象，往往要用穷举的方法，但当对象多到一定程度时，穷举就几乎无法操作。数学中的抽屉原理为此类问题提供了巧妙的处理方法。

1. 二桃杀三士

公元前500年的齐国有一位富有经验的政治家晏婴，他足智多谋，经常用一些数学原理处理小到个人大到国家策略的事。在《晏子春秋》里记载了一个叫“二桃杀三士”的故事：

国王齐景公有田开疆、公孙接和古治子三名勇士。这三名勇士都力大无比，英勇善战，为齐景公立下过汗马功劳。他们战功彪炳，但也因此恃功而骄，因此在朝堂上下经常目空一切，经常连齐国宰相晏婴都不放在眼里。晏婴对这三人是又恼又恨，常常劝齐景公杀掉他们三人。国王齐景公对晏婴言听计从，但总担心万一没杀掉他们反被他们联合夺了王权。晏婴于是献计给国王齐景公：用国王齐景公的名义奖赏三位勇士两个桃子，请他们自己按功劳大小分吃桃子。

三名勇士都认为自己功劳非常大，理应单独吃一个桃子。首先，公孙接讲了自己当初打虎的功劳，得到了一只桃子；田开疆讲了自己护国杀敌的功劳，也分得了一只桃子。这两位勇士正要吃桃时，第三位勇士古治子讲述了自己更大的功劳。田开疆、公孙接听后觉得古治子功劳确实大过自己，顿感羞愧万分，两位勇士纷纷拔剑自刎。古治子见了，后悔不迭。心想：“如果放弃桃子不讲功劳，则有失勇士威严；但若争功请赏羞辱同伴，又有损兄弟情义。现在两位兄弟都为此断送了性命，我还独自活着有何意义？”于是，古治子一声长叹，拔出剑也结束了自己的生命。

拓展阅读：抽屉原理

晏婴采用借“桃”杀人的办法轻易地除去了心腹之患。这里,他利用了数学中的一个简单而有用的原理——抽屉原理。

图 2-2 狄利克莱

所谓抽屉原理,又叫鸽笼原理,它是组合数学中一个最基本的原理,可以用来解决许多涉及存在性的组合问题。其基本内容为:

把 m 个物体放到 n 个抽屉中,如果物体数比抽屉数多(即 $m>n$),那么,必然有至少一个抽屉里放入两个或两个以上的物体。

抽屉原理虽然简单,但却有着广泛而深刻的应用,有时有着意想不到的效果。19 世纪德国数学家狄利克莱(P. G. L. Dirichlet,1805—1859)最先明确提出这一原理,并用这一原理解决了许多数学问题。人们又称其为狄利克莱原理。

这个原理有两个简单变形:

1. 把多于 $m\times n$ 个的物体放到 n 个抽屉中,那么,必然有至少一个抽屉里放入 $m+1$ 个或 $m+1$ 个以上的物体。

2. 把无穷多个的物体放到 n 个抽屉中,那么,必然有至少一个抽屉里放入无穷多个物体。

在用抽屉原理解决实际问题时,关键是恰当地构造抽屉,在“二桃杀三士”中,桃子是“抽屉”,只有两个,勇士是“物体”,却有三个,自然产生矛盾。抽屉原理解决的问题,只需要确定某个物体(或某个人)的存在就可以了,并不需要指出是哪个物体(或哪个人),也不需要说明是通过什么方式把这个存在的物体(或人)找出来。

思考题 1:一个布袋中有 40 块相同的木块,其中编上号码 1、2、3、4 的各有 10 块。问:一次至少要取出多少木块,才能保证其中至少有 3 块号码相同的木块?

分析:将 1、2、3、4 四种号码看成 4 个抽屉。要保证有一个抽屉中至少有 3 件物品,根据抽屉原理变形 1,至少要有 $4\times2+1=9$(件)物品。所以一次至少要取出 9 块木块,才能保证其中有 3 块号码相同的木块。

思考题 2:某学校计算机学院有 100 名学生,他们都订阅甲、乙、丙三种杂志中的一种、两种或三种。问:至少有多少名学生订阅的杂志种类相同?

分析:订一种杂志有:订甲、订乙、订丙 3 种情况;订两种杂志有:订甲乙、订乙丙、订丙甲 3 种情况;订三种杂志有:订甲乙丙 1 种情况。共有 7(种)订阅方法。我们将这 7 种订法看成是 7 个“抽屉”,把 100 名学生看作 100 件物品。因为 $100=14\times7+2$。根据抽屉原理,至少有 $14+1=15$(人)所订阅的报刊种类是相同的。

思考题 3:一旅游团,即将出发时,导游准备了一篮水果,篮子里有苹果、梨、桃和橘子,现有 81 位游客,如果每位游客都从中任意拿两个水果,那么至少有多少位游客拿到的水果是相同的？

分析：首先应弄清不同的水果搭配有多少种。两个水果是相同的有 4 种，两个水果不同有 6 种：苹果和梨、苹果和桃、苹果和橘子、梨和桃、梨和橘子、桃和橘子。所以不同的水果搭配共有 $4+6=10$（种）。将这 10 种搭配作为 10 个“抽屉”。$81\div10=8$ 余 1（个）。根据抽屉原理，至少有 $8+1=9$（位）游客拿的水果相同。

思考题 4：学校开办了数学建模、数学文化、高等数学专升本三门选修课，每个学生最多可以参加两门（可以不参加）。问：至少有多少名学生，才能保证有不少于 15 名同学参加选修课的情况完全相同？

分析：首先要弄清参加选修课有多少种不同情况。不参加有 1 种情况，只参加一门选修课有 3 种情况，参加两门选修课有 3 种情况。共有 $1+3+3=7$（种）情况。将这 7 种情况作为 7 个“抽屉”，根据抽屉原理，要保证不少于 15 名同学参加选修课的情况相同，要有学生 $7\times(15-1)+1=99$（名）。

思考题 5：一副扑克牌有 54 张，最少要抽取几张牌，方能保证其中至少有 3 张牌有相同的点数？

分析：将 14 种点数看作是 14 个抽屉，最少要抽取 29 张牌，方能保证其中至少有 3 张牌有相同的点数。$14\times(3-1)+1=29$（扑克牌中的点数说明：A—K 分别为 1—13 点，大小王点数相同，共 14 种点数。）

思考题 6：有 5 位棋手，每人都从装有许多黑白围棋子的布袋中任意摸出 3 枚棋子。请你证明，这 5 个人中至少有两位棋手摸出的棋子颜色的配组是一样的。

分析：首先要确定 3 枚棋子的颜色可以有多少种不同的情况，可以有：3 黑、2 黑 1 白、1 黑 2 白、3 白共 4 种配组情况，看作 4 个抽屉，5 位棋手相当于 5 个物体。所以根据抽屉原理，至少有两位棋手摸出的棋子的颜色的配组是一样的。

思考题 7：367 个人中至少有两个人的生日是相同的，求证。

分析：人的生日可以是一年的 365 天中的任何一天，将每一天构建为一个抽屉，则一年就有 365 个抽屉，367 个人相当于 367 个物体，由抽屉原理可得到至少有一个抽屉里有两个或两个以上的人，即 367 个人中至少有两个人的生日是相同的。

2. 任何一个省会城市至少有两个人的头发根数一样多

拓展阅读：抽屉原理

这个命题是一个“存在性问题”，可以改述为：任何一个省会城市中一定存在两个头发根数一样多的人。

对于存在性命题，通常有两类证明方法：一类是构造性的证明方法，即把需要证明存在的事物构造出来，便完成了证明；一类是纯存在性证明，并不具体给出存在的事物，而是完全依靠逻辑的力量，证明事物的存在。

这个存在性命题如果采用构造性证明的方法，就是一个一个地去数省会城市中所有人的头发根数，一定可以找到两个具体的人，他们的头发根数一样多，便完成了证明，但这种方法是很难做到的,人的头发根数很多,一个一个地去数省会城市中所有人的头发根数,是一个无法落实的事,也就意味着无法证明。

这个存在性命题如果采用纯存在性证明的方法,则变得非常简单。证明前先说明一个事实:任何一个人的头发根数都不会多于20万根的。省会城市中的人数则远远大于20万,假设为70万人,现在把头发根数为1至头发根数为20万分别当作20万个抽屉,把70万个人放到20万个抽屉里,根据抽屉原理,则至少一个抽屉里有两个或两个以上的人,而同一个抽屉里的人,就是头发根数一样多的人,于是便证明了"任何一个省会城市中一定存在两个头发根数一样多的人"。这里并没有具体给出哪两个人头发根数一样多,但依靠逻辑推理,让你不得不承认,确实存在两个头发根数一样多的人。通过这个案例我们可以看到数学推理的力量,体会到数学方法的神奇。

3. 计算机算命

现在有很多网页上都有"算命"这一功能,看起来特别的神秘,只要你在计算机填上自己出生的年、月、日和性别,一按"开始"键,就会弹出性格、命运等语句的页面,据说这就是你的"命",当弹出的语句不太吉利时,有的人就会一直认为自己命苦,有这样的心理暗示后,做任何事都感觉不顺,你能帮他排忧解难吗?

其实,这不过是一种电脑游戏而已,用抽屉原理很容易解释它的荒谬。

假设人的平均寿命为100岁,按出生的年、月、日、性别等的不同组合而成的数应为 $100\times365\times2=73000$。把它作为"抽屉"数,假设我国范围内现有13亿人口,把它作为"物体"数,根据抽屉原理,一定存在至少17800个人,他们的性别以及出生年、月、日都相同,无论他们出生在大城市还是山村,也无论他们所经历的教育背景如何,天资是否聪明,但经计算机这么一算他们具有完全相同的命,这难道不荒谬吗?所以计算机算命只能当我们茶余饭后的闲谈,不能当真。同理,生辰八字的算命也可用抽屉原理说明它的荒谬。

所谓计算机算命不过是把人为编好的算命语句像中药柜那样事先分别存放在各自的柜子里,谁要算命,即根据出生的年、月、日、性别的不同的组合按不同的编码机械地到计算机的各个"柜子"里取出所谓命运的句子,这种罩上现代科学光环的迷信勾当,是对科学的亵渎。

五、欧拉图和哈密尔顿图

1. 哥尼斯堡七桥问题

图论起源很早,早在18世纪就已经出现图论问题,著名的哥尼斯堡七桥问题就是经典的案例,18世纪的德国有一座哥尼斯堡(Königsberg)城,就是现在俄国的历史名城加里宁格勒城,哥尼斯堡当时属东普鲁士,位于普雷格尔(Pregel)河畔。这座美丽的城市曾经诞生和培育过很多伟大的人物,如康德和希尔伯特。哥尼斯堡城风景宜人,碧波荡漾的普雷格尔河穿过哥尼斯堡城，普雷格尔河中有两座美丽的小岛，岛上商业繁华，普雷格尔河的两条支流环绕其间，在流贯全城的普雷格尔河两岸与河中两个岛之间架设了七座桥，把河两岸陆地 A、B 与两个岛 C、D 连接起来（如图 2－3）。

拓展阅读：哥尼斯堡七桥问题

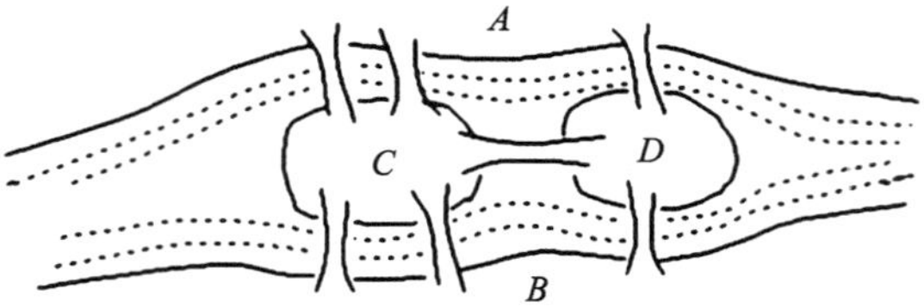

图 2－3　哥尼斯堡七桥问题图

这座知名的旅游胜地吸引了众多的游人，游人和当地居民经常通过这 7 座桥到岛上游玩和散步，于是产生了一个有趣的数学难题：游人从两岸 A、B 或两个岛 C、D 中的任一个地方出发，寻找走遍这 7 座桥，并且每座桥只通过一次，最后返回到原出发点的路径。该问题就是著名的“哥尼斯堡七桥问题”。很多人拿出地图，在地图上寻找，问题看来简单，但一时间谁也解决不了，也说不出其所以然来。后来，这个问题由瑞士著名的数学家列昂纳德·欧拉解决了。

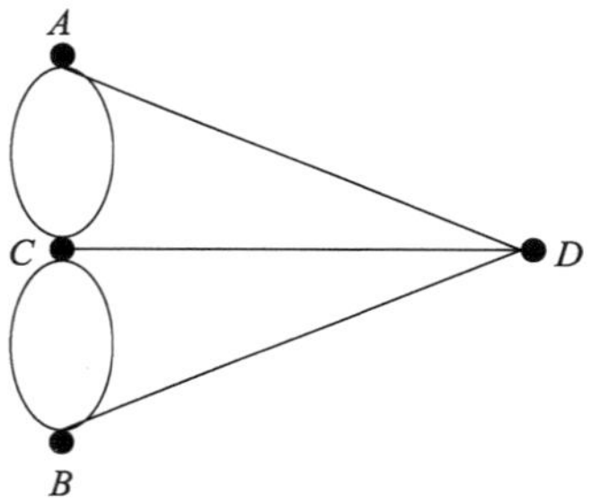

图 2－4　七桥图

1736 年，欧拉经过对哥尼斯堡七桥问题的仔细研究后，发现问题与陆地和小岛的大小、形状无关，与桥梁的形状和长短也无关，把上述问题中的四块陆地与七座桥之间的关系用一个抽象图形来描述，将陆地 A、B、C、D 分别用四个点来表示，而陆地之间有桥相连者则用连接两点的连线来表示（图 2－4）。他抽象出问题最本质的东西，忽视问题非本质的东西（如桥的长度等），将哥尼斯堡七桥问题抽象为一个数学问题，从而奠定了图论的基础。

2. 一笔画定理

图的定义：图 G 是由非空结点集合 $V=\{v_1,v_2,\cdots,v_n\}$ 以及边集合 $E=\{e_1,e_2,\cdots,e_m\}$ 两部分所组成，这样一个图 G 可记为 $G=<V,E>$。其中结点也称顶点或点，边也称弧。

若图 G 的每条边都是无向边，则称 G 为无向图；若图 G 的每条边都是有向边，则称 G 为有向图；图论中的图与几何学中研究的图不同，它没有形状、大小、比例、曲直的概念。它只关注两点，所研究问题中的对象——结点，及对象间的联系——边；与所研究的对象的大小、形状、性质无关，把它抽象为点；而对象之间的联系抽象为边，而与这个边是曲的还是直的，以及长短都没关系。

欧拉在他发表的关于“哥尼斯堡七桥问题”的论文——《与位置几何有关的一个问

题的解》中，论述了经过图中每边一次且仅一次的回路是不存在的，也就是说从两岸 A、B 或两个岛 C、D 中的任一个地方出发，走遍这七座桥，并且每座桥只通过一次，最后返回到原出发点的路径是不存在的。后来，把具有这样回路的图称为欧拉图。

在无向图 G 中，结点 u 和结点 v 之间存在一条能通达的路，则称结点 u 与结点 v 是连通的。若图 G 中，任意两个结点均连通，则称 G 是连通图。设 $G = <V,E>$ 是连通无向图，在图 G 中存在一条通路，经过图 G 中每条边一次且仅一次，则这条通路称为欧拉通路；若在图 G 中存在一条通路，从某点出发经过图 G 中每条边一次且仅一次，又回到该点，则这条通路称为欧拉回路。具有欧拉回路的图为欧拉图。在图 G 中，与结点 v 关联的边数，即以 v 为端点的边的个数，称为该结点的度数。

定理 1 无向图 $G = <V,E>$ 具有欧拉回路，即欧拉图的充分必要条件是这个图是连通的，并且图 G 中所有结点的度数都是偶数，即都与偶数条边相连。

定理 2 无向图 $G = <V,E>$ 具有欧拉通路的充分必要条件是图 G 连通的，并且图 G 中恰有两个度数是奇数的结点或者没有度数是奇数的结点。

根据以上定理，我们不难看出图 2－4 中结点 A、B、D 的度数都是 3，C 点度数是 5，因此七桥图既不存在欧拉通路，也不具有欧拉回路。哥尼斯堡七桥问题可以转化为一笔画问题，即一个图形能否一笔画成。

一笔画定理 (1) 如果图中的每个结点都与偶数条边相连，则可以任取一点作始点，一笔画完，回到始点；(2) 如果图中只有两个顶点与奇数条边相连，则选择这两个顶点中的一个作始点，一笔画完，终点为另一个与奇数条边相连的结点。

拓展阅读：一笔画例子

3. 欧拉图应用

蚂蚁赛跑问题 下图中，在结点 V_2，V_3 上的两只蚂蚁跑过图的所有边（必须一次）到达目标 V_4，谁花费的时间多？（假设蚂蚁通过每一条边所花费时间相同）

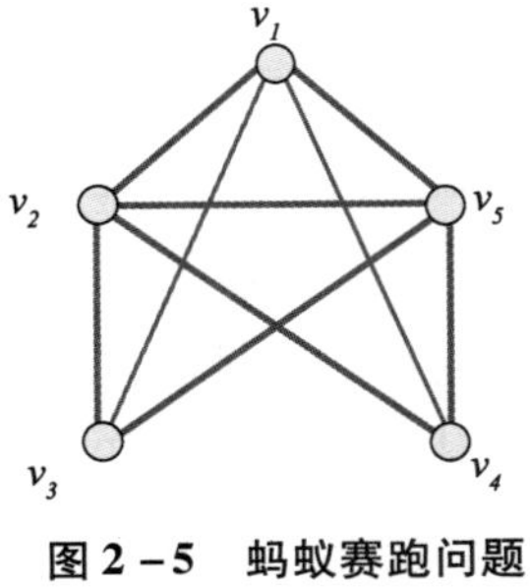

图 2－5 蚂蚁赛跑问题

分析：从这个图中可以看出结点 V_1、V_2、V_5 的度数都是 4，结点 V_3、V_4 的度数都是 3，根据一笔画定理，该图具有欧拉通路，从 V_3 出发跑过图的所有边并且只一次，最终可以到达目标 V_4，而从 V_2 出发到达目标 V_4，有一边一定需要经过两次，所以最终所花时间要多。

邮递员问题 下图为一街道图，是否存在一条投递线路使邮递员从邮局 a 出发，并通过所有街道一次再回到邮局 a？

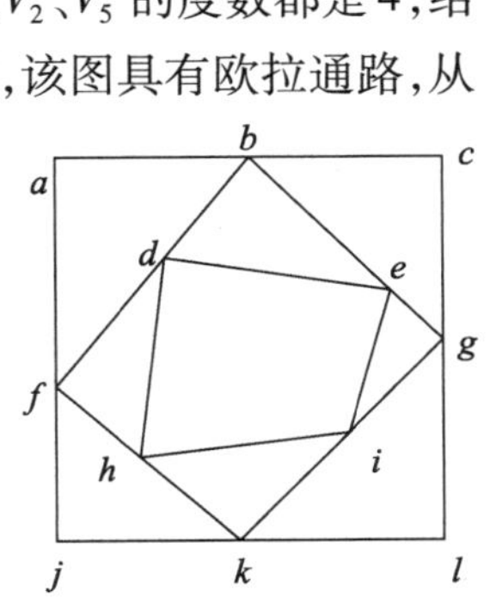

图 2－6 邮递员线路

分析：从图中可以看出所有结点的度数都是偶数，即该图具有欧拉回路，所以存在一条路，邮递员从邮局 a 出发走遍所有街道，最后回到邮局 a，具体行走路线：

$$a-b-d-h-i-e-d-f-h-k-i-g-e-b-c-g-l-k-j-f-a$$

地铁检查问题 地铁检查员必须在指定的时间内检查公司的 16 条线路，这 16 条线路连接了 8 个车站，如图所示，现在，他想设计一条线路，用尽量少的行程走遍全部的线路，他可以在任意地方开始，他能做到吗？

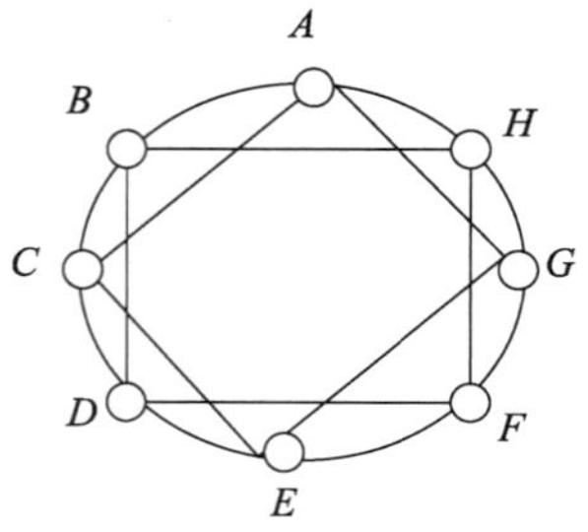

图 2－7　地铁检查线路

分析：从图 2－7 中可以看出所有结点的度数都是偶数，即该图具有欧拉回路，所以地铁检查员从任意地方开始，都存在一条线路。走遍所有 16 条线路，并回到这个地方，他是能做到的。

完美旅游 图 2－8 是一张某国简略的地图，圆圈代表风景美丽的小镇，线代表连接小镇的铁路，铁路沿线风景秀丽，有一个青年，他决定游览一下这个国家，然后去拜访一位住在东南角 V_8 镇上的老朋友。他想乘坐火车，走遍每一条线路，为了节约费用，每条线路只坐一次，最终去见他的老朋友。他发现设计旅游线路是件难事，但他最终还是成功地找到了符合条件的线路，你知道他是如何设计游览线路的吗？

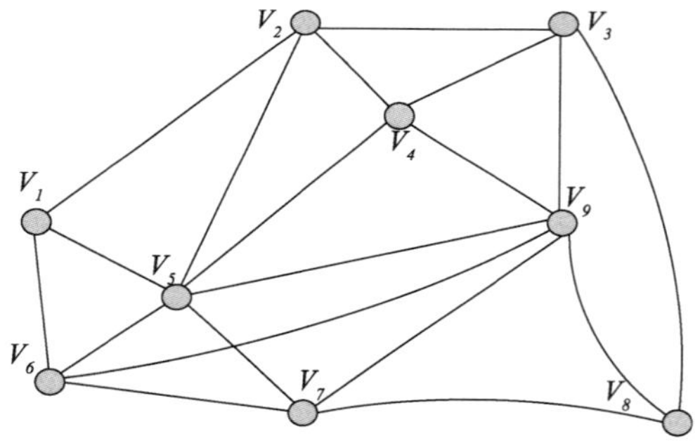

图 2－8　某国简略地图

分析：从这个图中可以看出结点 V_1、V_8 的度数都是 3，其余结点的度数都是偶数，根据一笔画定理，该图具有欧拉通路，从 V_1 出发跑过图的所有边并且只一次，最终可以到达目标 V_8，具体的路线是 1－2－5－1－6－5－4－2－3－4－9－3－8－9－5－7－9－6－7－8（其中 1 代表 V_1，其他类似）。

4. 哈密尔顿

爱尔兰数学家哈密尔顿（William Rowan Hamilton）于 1805 年 8 月 3 日出生在爱尔兰的都柏林（Dublin）。他在家排行第五，有三个哥哥和一个姐姐，还有四个弟妹。父亲是一名律师，也很会做生意，还是一名教徒。

哈密尔顿很小的时候就比同龄孩子聪明很多，被称为神童。哈密尔顿的叔叔杰姆·哈密尔顿是个语言专家，懂许多欧洲语言、方言。小哈密尔顿从小接受叔叔的培养，他3岁时就能看英文书，4岁时对天文很感兴趣，并且算术也算得很好，5岁时就能阅读和翻译拉丁文、希腊文和希伯来文书籍，8岁时就能用意大利语和法语交流，还不到10岁他就学习阿拉伯文和梵文，14岁时就掌握了12种语言。这真是世上少见的语言天才！

哈密尔顿在13岁时遇见一位来自美国的速算神童，这引起他对数学的浓厚兴趣。1823年，18岁的哈密尔顿考入都柏林三一学院学习，1827年22岁的哈密尔顿就被聘为该校的天文学教授并获得皇家天文学家称号，1832年27岁的哈密尔顿就已成为爱尔兰科学院院士，并于1837年到1845年期间担任院长。鉴于哈密尔顿显赫的学术成就和声望，在1835年都柏林召开的不列颠科学进步协会上哈密尔顿被选为主席，同年被授予爵士头衔。1836年，皇家学会因他在光学上的成就而授予他皇家奖章，1837年到1845年，哈密尔顿被任命为爱尔兰皇家科学院院长。1863年，哈密尔顿被新成立的美国国家科学院任命为14个国外院士之一。

在对复数进行长期研究的基础上，经历15年的不断探索，1843年10月16日，这是数学史上一个重要的日子：这一天爱尔兰的数学家哈密尔顿发现了"四元数"，当时他一直研究扩展复数到更高的维次，他不能做到三维空间的例子，但四维却创造出四元数。哈密尔顿于1843年10月16日跟他的妻子在都柏林的皇家运河(Royal Canal)上散步时突然想到 $i^2 = j^2 = k^2 = ijk = -1$ 公式，他激动万分，为了不遗忘，他马上从提袋中取出一把小刀在布尔罕桥(Burham Bridge)的石头上刻上这个公式。如果你以后有机会到爱尔兰都柏林游览，很有必要去看看那座石桥，现在为了纪念哈密尔顿对人类的贡献，人们在桥上立了一个小小石碑，上面刻着："在1843年10月16日，当威廉罗旺·哈密尔顿爵士走过这里时，天才的闪光发现了四元数的乘法基本公式 $i^2 = j^2 = k^2 = ijk = -1$，他把这个结果刻在这桥的石上。"

许多数学家认为"四元数"的发现是19世纪纯数学方面的一个最重要的发现。爱尔兰政府为了纪念这个发现，在1943年特别发行了纪念哈密尔顿的邮票。

有一位英国人汤姆斯·修(Thomas Hill)曾经这么说："牛顿的发现对于英国及人类的贡献超过所有英国的国王；我们无可置疑的1843年哈密尔顿的四元数的伟大数学的诞生，对于人类所带来的真正利益和维多利亚女皇朝代的任何大事件一样。"

图2-9 哈密尔顿

哈密尔顿的家庭生活不很幸福。早在1823年，他深深地爱上了一位同学的姐姐卡塞琳·狄斯尼(Catherine Disney)，却遭到了她的拒绝，哈密尔顿是一个非常专情的人，因此终身不能忘却。在恋爱生活中一次次碰壁后，哈密尔顿于1833年轻率地同海伦·贝利(Helen Baly)结婚。虽然生养了两个儿子一个女儿，但始终感情不和，因而长期分居。哈密尔顿经常不能定时用餐，而是边吃边工作。1865 年 9 月 2 日，哈密尔顿因痛风而去世，时年仅 60 岁。

5. 周游世界问题

1856 年，哈密尔顿设计了一个周游世界的游戏，他在一个正十二面体的二十个顶点上标上二十个著名城市的名字［图 2－10(a) 所示］，要求游戏者沿着正十二面体的棱，从一个城市出发，经过每一个城市一次且仅一次，然后回到出发点。

如果我们以正十二面体顶点作为结点，相应的棱作为边，就可得到平面上的一个图［图 2－10(b) 所示］，已知该游戏要寻找的是一条通过途中每个结点一次的回路，此回路有若干个，称为哈密尔顿回路。

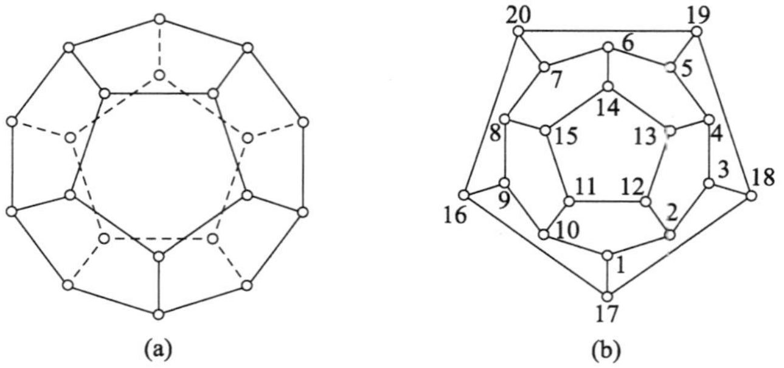

图 2－10　哈密尔顿周游世界游戏图

设 $G=<V,E>$ 是连通无向图，图 G 中存在一条经过图中的每个结点一次且仅一次的通路，称此通路为哈密尔顿通路。图 G 中存在一条经过图中的每个结点一次且仅一次的回路，称此回路为哈密尔顿回路。具有哈密尔顿回路的图称为哈密尔顿图。

周游世界的问题，我们通过图 2－10 很容易找到多条哈密尔顿回路，可以满足哈密尔顿设定的规则，其中一条路是 17－1－10－11－15－14－13－12－2－3－4－5－6－7－8－9－16－20－19－18－17。

排座问题　一个国际会议，有 a、b、c、d、e、f、g 共 7 个人。已知事实：a 会讲英语；b 会讲英语和汉语；c 会讲英语、意大利语和俄语；d 会讲日语和汉语；e 会讲德语和意大利语；f 会讲法语、日语和俄语；g 会讲法语和德语。试问这 7 个人应如何排座位，才能使每个人都能和他身边的人交谈？并说明理由。

分析：根据题意我们以 a、b、c、d、e、f、g 这 7 个人为结点，他们之间的联系——语言为线，可以做出图 2－11，从图中我们很容易发现具有哈密尔顿回路，这个哈密尔顿回路就是排座的方案。

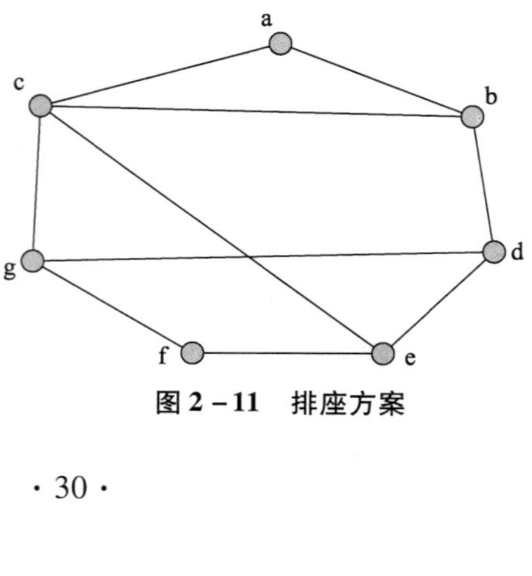

图 2－11　排座方案

智勇夺宝 有一宝物被关进了城堡的迷宫中，迷宫中共有63间房，每间房的门都是敞开的，宝物所放地点见下图，现有一勇士通过聪明才智把宝物取了出来，那么他是怎样夺取宝物的呢？首先，他找到迷宫的入口（如图2-12所示），而后他找遍了每一间房，并且每间房只进一次，最后终于找到了宝物。那么如果是你，你能否设计一个由22条线段组成的线路，就能把所有的房间都走一遍且仅走一遍？

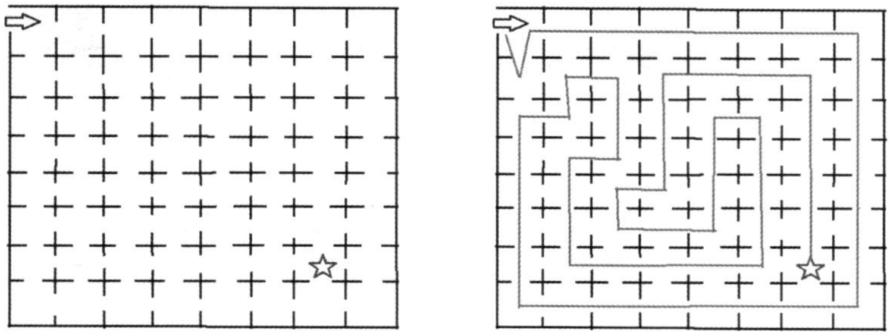

图2-12 迷宫夺宝

分析：上图中画出了22条直线段组成的道路，这22条直线段就是勇士夺宝的线路，应该注意的是勇士在进入第一个房间后，要迅速回到入口处，再进入另一个房间。

凶手是谁 大年初一的晚上12点哈尔滨下起了大雪，虽然只下了一个小时，但地面的积雪已经很厚，王飞一直在父母家，半夜1点半才步行回自己家。他想穿过公园，这样会近一些。他是从D门进入公园的。可是到了清晨，人们发现他被杀害在公园内（下图中标有星的位置）。警察很快赶来了，封锁了公园的所有的门，经过勘察和询问后，得到了一些线索：

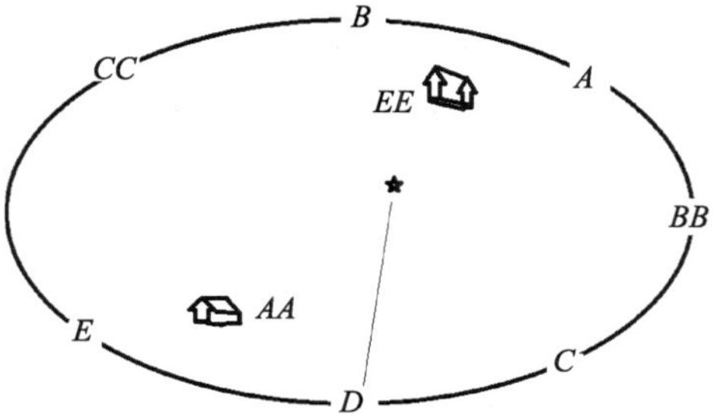

图2-13 现场位置图

王飞的脚印很清晰，从D门直接到出事地点。此外，公园总管的脚印从E到房间EE，但是他在半夜1点20分就睡觉了。夜班看守员的脚印，从A到AA处。另外一些脚印表明有人从B门进入，从BB处走出，另外还有一个人从C走到CC处。那天晚上大雾弥漫，因此有的人走了弯路，致使这些人的线路没有任何两条是相交的。由于警察的疏忽，没有及时画出他们的线路图，这给破案带来了麻烦。那么你能帮忙绘制出当时的线路图吗？凶手到底是谁呢？

分析：要想使这些人的线路互不相交，只可能有下图中的两种线路。从图中我们可以看到，只有公园总管和从 C 门进来的人有可能接触到王飞。但是公园总管在半夜1 点20 分就睡觉了，不具备作案时间。所以，可以肯定，凶手就是从 C 门进入的人。

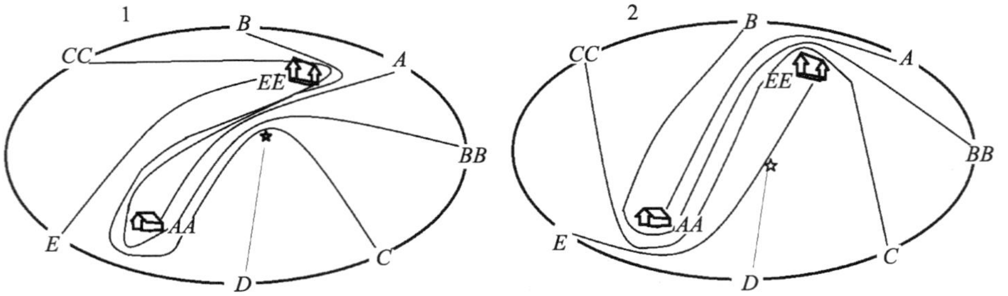

图 2－14　凶手的作案线路

【拓展阅读】

戈特弗里德·威廉·莱布尼茨的传奇一生

图 2－15　莱布尼茨

戈特弗里德·威廉·莱布尼茨（Gottfried Wilhelm Leibniz）是德国历史上最重要的自然科学家、数学家、物理学家、历史学家和哲学家，是人类史上一位举世罕见的科学天才，微积分是他和牛顿（1643 年 1 月 4 日—1727 年 3 月 31 日）共同创建的。莱布尼茨是第一个公开微积分方法的人，他精心设计的微积分符号被主流应用。他的研究成果还广泛应用于力学、逻辑学、化学、地理学、解剖学、动物学、植物学、气体学、航海学、地质学、语言学、法学、哲学、历史、外交等领域，他曾经说过“世界上没有两片完全相同的树叶”，而且他还是最早涉足研究中国文化和中国哲学的德国人，在丰富人类的科学知识宝库方面做出了流芳百世的贡献。

1646 年 7 月 1 日，戈特弗里德·威廉·莱布尼茨出生在德国东部莱比锡的一个书香门第，父亲弗里德里希·莱布尼茨是莱比锡大学的道德哲学教授，母亲凯瑟琳娜·施马克出生于教授家庭。

在父母的熏陶下莱布尼茨从小就十分好学，且天赋极高，幼年时就对诗歌和历史有着浓厚的兴趣。在母亲的精心教育下，莱布尼茨广泛地接触了古希腊罗马文化，阅读了大量著名学者的著作，从而获得了坚实的文化功底，并明确了自己的学术目标。

8 岁时，莱布尼茨进入尼古拉学校，学习了拉丁文、希腊文、修辞学、算术、逻辑、音乐以及《圣经》、路德教义等。

15岁时，莱布尼茨到莱比锡大学学习法律，一进校就能听懂大学二年级的人文学科的课程，并且学习了哲学和科学。在此期间莱布尼茨还广泛阅读了培根、开普勒、伽利略等人的著作，并进行了深入的思考、探索和评价。当学完欧几里得《几何原本》的课程后，莱布尼茨对数学产生了非常浓厚的兴趣。

莱布尼茨18岁时母亲不幸去世，他的一生无论在思想上，还是在性格的养成等多方面都受母亲影响颇深。

1666年，莱比锡大学审查委员审查了莱布尼茨提交的博士论文《论身份》，由于年仅20岁的莱布尼茨哲学见解太多，最终委员会拒绝授予他法学博士学位。并且审查论文的教授们看不惯莱布尼茨花很多时间和精力研究哲学，莱布尼茨对此非常气愤，决然离开了莱比锡，前往纽伦堡附近的阿尔特多夫大学，并随即提交了早已准备好的那篇博士论文，1667年2月，阿尔特多夫大学授予他法学博士学位，并聘请他为法学教授。

同年，莱布尼茨的第一篇数学论文《论组合的艺术》发表了，这篇关于数理逻辑的文章把理论的真理性论证归结于一种计算的结果。这篇论文充分体现出了莱布尼茨的数学才华，之后莱布尼茨还做了一系列研究性工作，使他成为数理逻辑的创始人。

1666年，获得法学博士学位的莱布尼茨，在纽伦堡加入了一个炼金术士团体，1667年，通过该团体结识了政界人物博因堡男爵约翰·克里斯蒂文，并经男爵推荐给选帝侯迈因茨，从此莱布尼茨登上了政治舞台，投身于外交界，在美因茨大主教舍恩博恩的手下工作。

为了制止法国进攻德国的计划，1672年，选帝侯迈因茨委托莱布尼茨作为一名外交官出使巴黎，游说法国国王路易十四放弃进攻德国，但莱布尼茨始终没能与法国国王见上一面，这次外交活动以失败而告终。然而在此期间，莱布尼茨受惠更斯的启发，决心钻研高等数学，并潜心研究了笛卡儿、费尔马、帕斯卡等人的著作，开始了数学的创造性工作。

为了促使英国与荷兰之间的和解，1673年1月，莱布尼茨前往伦敦几经斡旋，但仍没有结果。在此期间莱布尼茨却与英国学术界知名学者建立了联系。莱布尼茨见到了英国皇家学会秘书、数学家奥登伯，并同他进行了三年通信，莱布尼茨还见到了物理学家胡克、化学家波义耳等人。1673年莱布尼茨返回巴黎，被推荐为英国皇家学会会员。

1672年10月，选帝侯迈因茨去世，莱布尼茨失去了职位和薪金，仅靠从事家庭教师的工作谋生。当时，他曾多方谋求外交官的正式职位，或希望在法国科学院谋一职位，却都没有实现。无奈，只好接受汉诺威公爵约翰·弗里德里希的邀请，前往汉诺威。

莱布尼茨1676年离开巴黎，在荷兰见到了第一次使用显微镜观察细菌、原生动物和精子的生物学家列文·虎克，这次见面对莱布尼茨之后的哲学思想产生了深刻的影响。莱布尼茨于1677年抵达汉诺威，并担任布伦兹维克公爵府法律顾问兼图书馆馆长和布伦兹维克家族史官，而且还负责国际间通信来往和技术顾问。最终汉诺威成了他的永久居住地。

莱布尼茨到了汉诺威，不仅广泛地研究哲学和各种科学技术问题，而且多方面从事学术文化和社会政治活动。不久，他就成了声名显赫的官廷议员，生活也变得富裕了。1682 年，莱布尼茨与门克创办了拉丁文科学杂志《学术纪事》（又称《教师学报》），该杂志在近代科学史上具有非常卓越的影响，莱布尼茨的数学、哲学文章大都刊登在该杂志上，在此期间他的哲学思想也渐渐走向成熟。

奥古斯特公爵夫人苏菲是他的哲学学说的崇拜者，在莱布尼茨与苏菲的一次谈话中，产生了“世界上没有两片完全相同的树叶”这一句名言。

奥古斯特野心勃勃一直想在整个德国出人头地，他建议莱布尼茨广泛地调研历史，撰写一部与他们家族有关的近代历史著作。为了完成这项工作，莱布尼茨大量地研究了当地有价值的档案材料，他请求在欧洲作一次广泛的游历。

莱布尼茨 1687 年 11 月离开汉诺威，开始他的欧洲游历，于 1688 年初夏抵达维也纳。他在查找档案之余，花费大量时间结识学者及各界名流。在维也纳时，他拜见了奥地利皇帝利奥波德一世，向皇帝建言，为奥地利勾画出经济、科学规划，给皇帝留下了相当深刻的印象。他希望在奥地利宫廷中谋得一职位，并请求建立一个“世界图书馆”，直到 1713 年他的第一个愿望才得以实现，而他的“世界图书馆”愿望始终未能实现。随后，他前往威尼斯，然后抵达罗马。在罗马，他被选为罗马科学与数学科学院院士。莱布尼茨于 1690 年返回汉诺威，并撰写了布伦兹维克家族历史著作，获得了枢密顾问官职务。

16 世纪末期，莱布尼茨热心于从事科学院的筹划、建设事务。他认为学者们分别独立地进行研究既浪费时间又收效甚小，因此大力提倡将人才集中进行学术、文化和工程技术研究，从而高效地组织社会生产，指导国家建设。

从 1695 年到 1698 年的三年里，莱布尼茨为在柏林建立科学院四处奔波游说。终于在 1700 年得到了弗里德里希一世的赞助，建立了柏林科学院，弗里德里希一世的妻子（汉诺威奥古斯特公爵之女）给予了特别的赞助，莱布尼茨出任首任院长。1700 年 2 月，他还被选为法国科学院院士。至此，当时全世界的四大科学院：英国皇家学会、法国科学院、罗马科学与数学科学院、柏林科学院都以莱布尼茨作为核心成员。

1713 年初，维也纳皇帝邀请莱布尼茨指导建立科学院，并授予莱布尼茨帝国顾问的职位。俄国的彼得大帝也在 1711 年到 1716 年之间多次听取了莱布尼茨的建议，在彼得堡建立一个科学院。1712 年彼得大帝给了莱布尼茨一个有薪水的数学、科学宫廷顾问的职务，在这段时间，他被维也纳、布伦兹维克、柏林、彼得堡等王室同时雇用。这一时期他还积极推进编写百科全书。在他去世以后，维也纳科学院、彼得堡科学院都先后建立起来了。

就在莱布尼茨事业走入人生顶峰时，他却年事已高。1716 年 11 月 14 日，由于胆结石引起的腹绞痛卧床一周后，莱布尼茨孤寂地离开了人世，终年 70 岁。

莱布尼茨一生没有结婚,没有在大学当教授。他平时从不进教堂,因此他是什么也不信的人。为了纪念莱布尼茨对人类的贡献,1793 年,汉诺威人民为他建立了纪念碑;1883 年,在莱比锡的一座教堂附近竖起了他的一座立式雕像;1983 年,汉诺威市政府照原样重修了被毁于第二次世界大战中的莱布尼茨故居,供人们瞻仰。

【趣味学习】

1. 有一聪明的小男孩用三笔画出了下图,可当我们拿起笔试着画出同样的图形时,却发现无论怎样画,都需用四笔画出。那么这个聪明的小男孩是怎么做到的呢?

拓展阅读:神奇的拓扑学电线缠绕

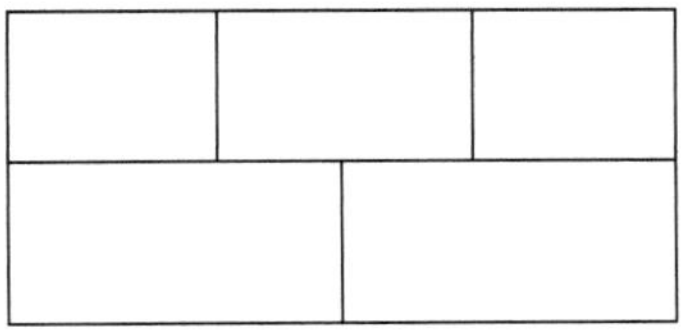

图 2-16 小男孩三笔画出的图

解析:将一张纸沿着线段 GH 对折,用一笔就能画出 CD 和 EF,然后从 A 一笔画到 B,最后画出线段 GH。

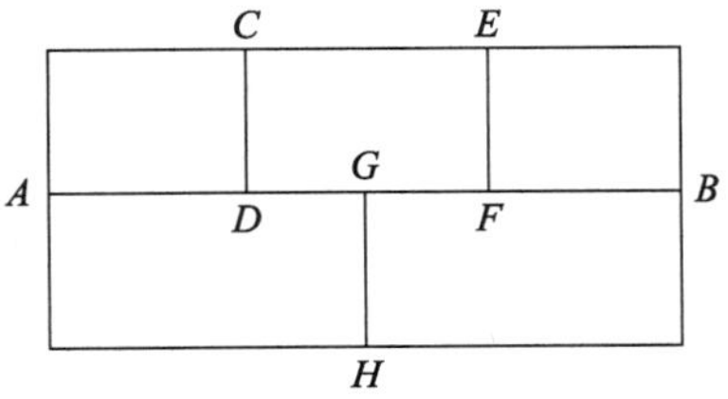

图 2-17 小男孩如何三笔画图示意

2. 下图为一旅游城市的街道示意图,为了整洁,市政府购买了一台清扫车,每天需打扫 3 次,每次如何清扫下列街道最快?即每次是否存在一条清扫路线使所有街道都清扫一遍且不重复?你能设计一下吗?并找出其路线。

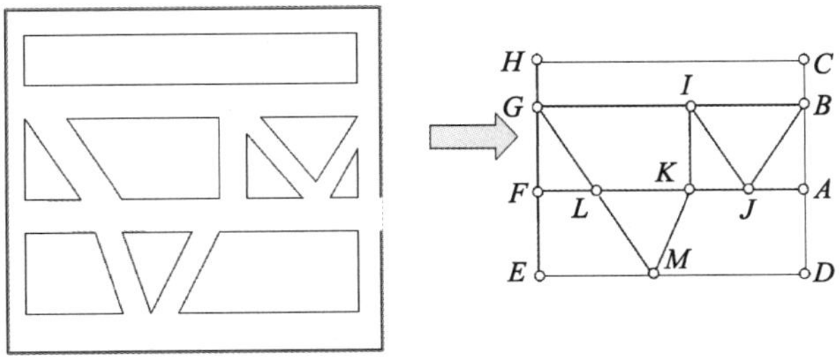

解析：从上图可以看出，只有两个结点 A、F 度数为奇数，其他结点度数均为偶数，根据一笔画原理，图中存在欧拉通路，清扫线路一定是从度数为奇数的 A 或 F 中一点出发，最终从度数为奇数的 F 或 A 中一点结束，其中一条清扫路线为 $A—J—B—I—J—K—I—G—L—K—M—L—F—E—M—D—A—B—C—H—G—F$，这样的清扫路线有若干条，在此就不再重复了。

3. 下图给出的是某邮递员管辖区的投递网络图，其中点 V_8 表示邮局，每个圆圈代表交通路口，每条边代表街道，街道中有住户需要投递报纸和信件。每天邮递员需早晚各投一次，为了减少工作量，你帮他设计一条投递线路，邮递员管辖的街道每次都经过一次，并且只过一次，这样最节省时间。

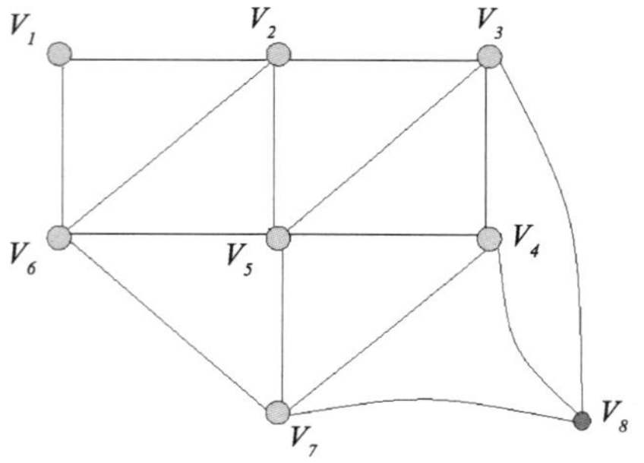

解析：从上图可以看出，只有两个结点 V_8 和 V_5 度数为奇数，其他结点度数均为偶数，根据一笔画原理，图中存在欧拉通路，投递线路一定是从度数为奇数的 V_8 点出发，最终从度数为奇数的 V_5 点结束，这样所有的街道都经过了一遍，并只经过一遍，效率最高。其中一条投递路线为 8－3－2－5－3－4－7－8－4－5－7－6－1－2－6－5（其中数字代表这个数字的路口，如 8 代表 V_8）。这样的投递路线有若干条，在此就不再重复了。

第三章　统计艺术

在终极的分析中，一切知识都是历史；
在抽象的意义下，一切科学都是数学；
在理性的世界里，所有的判断都是统计学。
—— 美国科学院院士 C. R. Rao

【学习目标】

1. 了解统计基本概念和基本知识。
2. 知道统计工作流程。

【教学提示】

社会生产和生活中充满了数据，让数据说话则是统计的神奇。统计工作既有科学的一面，也有艺术的一面。本章以趣味事例作为引导，在笑谈中介绍统计的基本知识及操作流程。

一、数字的艺术性

数字0、1、2、3、4、5、6、7、8、9只是一些最基本的记数符号,本身并不具有生命力或艺术性。但当它们和现实生活或某种数学运算结合在一起后,所产生出来的效果有时却可以用“震撼”来形容。

1. 生活中的数字艺术

现代生活特别是网络生活中,人们早已不满足于文字表达,数字喻义常常是一种选择,也是一种时尚。例如:

5201314——我爱您一生一世。

这样的数字语言不仅表现形式简洁,其艺术效果也远胜文字。

这类数字语言常见的如:

(1)56——无聊;88——bye bye!

(2)147—— 一世情;168—— 一路发。

(3)1920——依旧爱你;5646——无聊死了!

(4)20999——爱你久久久;20184——爱你一辈子。

(5)3344520——生生世世我爱你。

现实生活中的玫瑰花语也是一种以玫瑰支数表达心意的表现形式,如:

(1)1朵—— 一见钟情;

(2)3朵——我爱你;

(3)7朵——偷偷爱你;

(4)11朵—— 一心一意;

(5)13朵——友谊长存;

(6)99朵——长相厮守;

(7)108朵——求婚;

(8)999朵——天长地久。

生活中的祝福语与数字混合,也能产生出不同的艺术效果。如“祝您:一帆风顺,二龙腾飞,三阳开泰,四季平安,五福临门,六六大顺,七星高照,八方来财,九九同心,十全十美,百事亨通,千事吉祥,万事如意!”

2. 成语中的数字艺术

成语是人民群众在语言实践中长期锤炼而成的一种语言形式,常常为广大人民群众喜闻乐见,其内容丰富而深刻,同时也具有较好的修辞艺术特色,包含数字的成语则是成语中的另类风景。如:

(1)一字千金,二话不说,三生有幸,四海一家,五雷轰顶,六神无主,七窍生烟,八面玲珑,九死一生,十全十美,百年好合,千里迢迢,万古长青;

(2)一心一意，两面三刀，三心二意，四分五裂，五湖四海，六韬三略，七上八下，八万四千，九死一生，十拿九稳，百发百中，千言万语，万众一心；

(3)一五一十，二八佳人，三三两两，三五成群，九九归一，十万火急。

3. 数字成语故事

拓展阅读：百步穿杨有多远

【成语】一言九鼎

【故事】这是出自《战国策·东周策》和《史记·平原君虞卿列传》的故事。

拓展阅读：近在咫尺有多近

话说东周有珍宝级物件——九鼎，秦国仗着兵强马壮，试图兴师东周强取九鼎，周王非常害怕，便告诉自己的能臣颜率，颜率说："大王勿忧，我去向东边的齐国请求救援。"

颜率到了齐国，对齐王说："秦王无道，欲发兵到我东周强取九鼎。我东周君臣商议，与其把九鼎送给秦国，还不如送给贵国。拯救面临危亡的国家，会拥有美好的名声，得到九鼎，也就得到了丰厚的珍宝，希望大王同意！"齐王听后非常高兴，立刻发兵 5 万，命陈臣思为帅前往救助东周，秦兵也就只好无奈地退了兵。

当齐王准备向周王索要九鼎时，周王又开始忧心忡忡了。颜率说："大王不必担心，臣请命去齐国解决这件事。"颜率到达齐国，对齐王说："周因为贵国的义举，才得君臣相安父子齐全，所以愿意献出九鼎，不知大王打算从哪条路将鼎运到齐国来呢？"齐王回答说："我们准备选择经过梁国的路径。"颜率说："万万不可，梁国的君臣想得到九鼎，在晖台之下、少海之上图谋已经很久了。九鼎一旦进入梁国一定出不来。"于是齐王又说："那选择经过楚国的路径。"颜率回答说："这也不可，楚国君臣为了得到九鼎在叶庭这个地方谋划也已经很久了。九鼎进入楚国也必定运不出。"齐王说："那寡人最终应从哪条道将九鼎运到齐国呢？"颜率说："我们东周君臣也在为大王担心这件事。因为为鼎者，并不像醋坛、酱罐，可以抱在怀里就能拿到齐国，也不像鸟聚乌飞、兔奔马驰那样很快到达齐国。当初周武王伐殷得到九鼎，运一鼎就动用了 9 万人，九鼎就是 81 万人，还需士兵保护、工匠维护，以及准备搬运工具、被服粮饷等，如今即使大王有这样的人力、物力，也不知从哪条路把九鼎运到齐国。所以臣私下为大王担心。"齐王说："阁下多次来我齐国，说来说去就是不想把九鼎给我们了！"颜率说："臣怎敢欺骗贵国，只要大王尽快确定从哪条路径能够运出，我东周君臣随时听候命令迁移九鼎。"齐王终于打消了获得九鼎的念头。

以上是《战国策·东周策》中之秦临兴师周而求九鼎的故事。

话说战国时，秦国的军队围住了赵国的都城邯郸，赵国的国王派平原君到楚国去求援，希望能和楚国联合。平原君想从文武俱备的门客中挑选 20 名勇士同行完成使命，挑得了 19 名，剩下的人中怎么挑都挑不出来。这时，门客中有一个叫毛遂的人自告奋勇提出随行，平原君表示怀疑，经过一番询问之后，还是答应了他的请求。

平原君到了楚国后，立即与楚王谈判联合之事，从日出开始谈到中午都还没有谈出结果。19人对毛遂说："先生上"，于是毛遂按剑顺着台阶走向平原君询问情况，楚王见到后很生气，说："我们君王谈事，你来做什么？"毛遂说："楚王之所以叱我，是因为在场的楚国人多，现在十步之内，楚王得不到众多楚人的保护，所以你的命现在在我的手里。我听说汤以七十里之地称王天下，文王以百里之壤而让诸侯臣服，不是因为士卒众多，而是能据其势奋其威。现在楚地方圆有五千里，持戟百万，是霸王之资。以楚地的广阔，称王天下都是可以的。然而，白起，小竖子一个，率数万之众兴师与楚国开战，一战举鄢郢，再战烧夷陵，三战辱楚王的先人。此百世之怨不是赵之所羞，楚王知道好与恶不？联合实在是为楚国而不是为赵国。"毛遂的一席话说得楚王口服心服，于是楚王答应了联合抗秦。

这一段是《史记·平原君虞卿列传》记载的故事。平原君回到赵国后感慨地说："毛先生一到楚国，就使得赵国重于九鼎大吕。"意思是"毛遂的一席话使赵国重于九鼎"，后来人们由此引申出成语：一言九鼎。

【成语】一诺千金

【故事】这是出自《史记·季布栾布列传》的一则故事。

秦朝末年，在项羽控制的地区有一个叫季布的人，性情耿直，为人仗义，乐善好施。只要是他承诺过的事情，无论遇到多么大的困难，他都会想方设法办到，因此季布在楚地享有很好的名声。

楚汉相争时，季布是项羽的部下，曾几次率楚军重创汉军。刘邦当上皇帝之后，每每想起惨败于季布的事，都气愤不已，于是发榜通缉季布。

季布乔装逃到山东，找到一户朱姓人家做佣工。朱家明知他是季布，因为欣赏他的名声就收留了他。后来，朱家又到洛阳找刘邦的心腹夏侯婴替季布说情。刘邦在夏侯婴的劝说下撤销了对季布的通缉，还封季布做了郎中，不久之后又升季布做了河东郡守。

曹邱生是季布的同乡，专爱结交权贵，听说季布做了大官，就马上通过关系想前去巴结。季布一向看不起曹邱生，听说曹邱生要来，就准备奚落曹邱生一番。曹邱生来后，表现甚是谦恭，说："楚地到处流传'得黄金千两，不如得季布一诺'，我们既是同乡，我又到处宣扬你的好名声，你为什么不待见我呢？"季布听了曹邱生的话心里非常高兴，于是便把曹邱生当作贵客留住了好长日子。临走，还送了一份厚礼。

后来，曹邱生每到一地，都宣扬季布礼贤下士、仗义疏财，季布的名声也就越来越大。再后来，人们就以"一诺千金"来形容一个人说到做到、守诺、诚信。

【成语】朝三暮四

【故事】这是记载在《庄子·齐物论》中的一则寓言故事。

说宋国有个老人在家里养了很多的猴子，时间久了，老人和猴子也就都能心意相通。

有一年闹饥荒，老人不得不缩减猴子的食量，但他又怕猴子们不高兴，于是就和猴子们商量着说："从明天开始，我每天早上给你们三颗果子，晚上再给你们四颗，行吗？"

猴子们听后非常生气,又是叫又是跳,老人于是马上改口说:"这样好了,我每天早上给你们四颗,晚上给你们三颗,这样总行了吧!"猴子们听说早上已经从三颗变成了四颗,以为食物增加了,也就都很高兴地不再闹腾了。

后人借寓言中的早3晚4用成语概括为"朝三暮四",形容遇事变更,并引申为做事没有原则,反复不定。

【成语】三令五申

【故事】这是出自《史记·孙子吴起列传》的一则故事。

春秋时,齐国有个著名的军事家叫孙子,字武,他以所著兵法求见吴王,吴王说:"你的十三篇我全部都看过了,可以为我操练一番不?"孙子说:"可以。"吴王又说:"女人可以不?"孙子回答说:"也可以。"于是吴王从宫中选出180名美女,供孙武演练。

孙武将宫女分成两队,让她们手拿长戟,并让吴王最宠爱的两个妃子担任队长。孙武用鼓声指挥宫女们演练,宫女们觉得好玩,笑声不止。一开始,孙武还在说:"规定不明,申说不够,这是将领的过错。"于是他又重复了多遍,宫女们也还是大笑不止。

孙武厉声说:"规定不明,申说不够,是将领的过错。但已经讲清楚了而不按规定执行则是队长的过错。"于是就要左右把队长推出去准备斩首。吴王大惊失色,遣使者说:"我已知道将军的用兵才能,她们是我的爱妃,请不要杀她们。"孙武回答说:"将在军中,君令可以不授。"于是很坚决地把吴王的两名爱妃砍了,并命另外两位宫女做队长。宫女们很害怕,孙武再次发令时,所有的宫女也就都认真、整齐地操练起来。

后来,人们把孙子向宫女们再三解释的做法,引申为"三令五申",即反复多次向人告诫的意思。

4. 诗词中的数字艺术

数字通常会给人以单调、平淡、枯燥乏味的感觉,但将其巧妙地运用于诗句之中,也会文辞生辉,情趣盎然。古诗词中,不少传世作品都与数字密切相关,其中的数字犹如点睛之笔,构成诗文的主线或脊梁。

如"扬州八怪"之一的清代大画家、大书法家郑板桥所作的一首咏雪诗也很富有代表性,为一代又一代世人所传诵:

一片二片三四片,
五六七八九十片。
千片万片无数片,
飞入梅花看不见。

诗人由近及远,由少到多,把漫天飞舞的大雪惟妙惟肖地展现在读者面前;由远及近,由有到无,让傲雪的红梅迎风扑面,真是美妙绝伦!

又如诗句

"三十功名尘与土,八千里路云和月。"(岳飞《满江红》)

"飞流直下三千尺,疑是银河落九天。"(李白《望庐山瀑布》)

“朝辞白帝彩云间，千里江陵一日还。”（李白《早发白帝城》）

“一叫一回肠一断，三春三月忆三巴。”（李白《宣城见杜鹃花》）

“欲穷千里目，更上一层楼。”（王之涣《登鹳雀楼》）

简简单单的数字嵌入，构造出了美妙的诗作，令人回味不已。

司马相如是西汉时期著名的作家，文君夜奔相如的故事，在中国流传甚广。相传司马相如做官之后，有遗弃文君之意，文君察觉到这一点，就给他写了一封信：

一别之后，二地相思。只说是三四月，又谁知五六年。七弦琴无心弹，八行书不可传，九连环从中折断，十里长亭望眼穿。百思想，千系念，万般无奈把郎怨。万语千言说不完，百无聊赖十倚栏。重九登高看孤雁，八月中秋月圆人不圆。七月烧香秉烛问苍天，六月伏天人人摇扇我心寒。五月石榴如火偏遇冷雨浇花端，四月枇杷未黄我欲对镜心意乱。急匆匆，三月桃花随水转，飘零零，二月风筝线儿断。噫！郎呀郎，巴不得下一世你为女来我为男。

诗中反复用了一至万十三个数字，不仅写得缠绵哀婉，表达了女子对意中人又爱又怨、剪不断理还乱的思恋，也表现了作者的聪明巧思。据说相如读后很受感动，与文君和好如初。

下面三首诗是数字嵌入诗词的经典之作。

题秋江独钓图

（清）王士祯

一蓑一笠一扁舟，
一丈丝纶一寸钩；
一曲高歌一樽酒，
一人独钓一江秋。

山村咏怀

（宋）邵康节

一去二三里，
烟村四五家。
亭台六七座，
八九十枝花。

江雪

（唐）柳宗元

千山鸟飞绝，
万径人踪灭。
孤舟蓑笠翁，
独钓寒江雪。

古诗词中除镶嵌数字外，也有直接编制数学题的诗。

例如，在《增删算法统宗》中，就有下面这样一首古诗：

巍巍古寺在山林，不知寺内几多僧。
三百六十四只碗，看看用尽不差争。
三人共食一碗饭，四人共吃一碗羹。
请问先生明算者，算来寺内几多僧？

对于这道并不复杂的数学题，可以这样思考：吃饭的碗的个数应该与总人数的三分之一相等，盛菜的碗的个数应该与总人数的四分之一相等，因此，总人数为：$364\div\left(\frac{1}{3}+\frac{1}{4}\right)=624$（人）。

5. 趣味数学谜语艺术

趣味数学谜语的种类很多，要想猜出谜语的答案，通常需要知道很多知识。趣味数学谜语形象生动，也能以游戏的方式营造轻松愉快的学习环境。

例如，数字中隐含的成语：

(1)0000：四大皆空；

(2)二四六：隔三岔五；

(3)2,3,4,5,6,7,8,9：缺衣(1)少食(10)。

数学运算中隐含的成语：

(1)7 ÷ 2：不三不四；

(2) $2 \leqslant x \leqslant 3$ ：接二连三；

(3)40 ÷ 6：陆陆续续；

(4)二四六八：无独有偶；

(5)1 × 1 = 1：一成不变；

(6) $1000^2 = 100 \times 100 \times 100$：千方百计；

(7)7/8：七上八下；

(8)10 × 1000 = 10000：成千上万。

练习 1　指出下面运算所隐含的成语

(1)0 + 0 = 1；

(2)1 的 n 次方；

(3)1∶1；

(4)1/2；

(5)1 + 2 + 3；

(6)3.4；

(7)33.22；

(8)2/2；

(9)20 ÷ 3；

(10)1 = 365；

(11)9 寸加 1 寸；

(12)1/100；

(13)333,555；

(14)5,10；

(15)1,2,3,4,5；

(16)1,2,3,4,5,6,0,9；

(17)1,2,4,6,7,8,9,10；

(18)2,3,4,5,6,7,8,9。

练习 2　利用成语计算

(1)1000 块钱能买几头牛？

(2)2 只眼睛看几行字？

(3)10 个字值多少钱？

(4)3 箭能射下几只雕？

(5)5 个人有几个头几只手臂？

拓展阅读：
数学之美
数学宝塔

6. 数学运算的艺术效果

下面是一组数字赋予一定的数学运算后所呈现的效果，不仅具有趣味，也具有艺术性。

1 x 8 + 1 = 9
12 x 8 + 2 = 98
123 x 8 + 3 = 987
1234 x 8 + 4 = 9876
12345 x 8 + 5 = 98765
123456 x 8 + 6 = 987654
1234567 x 8 + 7 = 9876543
12345678 x 8 + 8 = 98765432
123456789 x 8 + 9 = 987654321

1 x 9 + 2 = 11
12 x 9 + 3 = 111
123 x 9 + 4 = 1111
1234 x 9 + 5 = 11111
12345 x 9 + 6 = 111111
123456 x 9 + 7 = 1111111
1234567 x 9 + 8 = 11111111
12345678 x 9 + 9 = 111111111
123456789 x 9 +10= 1111111111

9 x 9 + 7 = 88
98 x 9 + 6 = 888
987 x 9 + 5 = 8888
9876 x 9 + 4 = 88888
98765 x 9 + 3 = 888888
987654 x 9 + 2 = 8888888
9876543 x 9 + 1 = 88888888
98765432 x 9 + 0 = 888888888

1 x 1 = 1
11 x 11 = 121
111 x 111 = 12321
1111 x 1111 = 1234321
11111 x 11111 = 123454321
111111 x 111111 = 12345654321
1111111 x 1111111 = 1234567654321
11111111 x 11111111 = 123456787654321
111111111 x 111111111=123456789 87654321

二、统计从数据搜集开始

“统计”一词的英文为statistics,用作复数名词时,意思是统计资料,用作单数名词时,指的是统计学。

统计作为一种社会实践活动已有悠久的历史。我国夏禹时代将中国划分为九州,人口约1352万,可见人口统计的久远。

目前“统计”一词已被赋予多种含义,不同场合也有着不同的含义表述。它可以是指统计数据的搜集活动,即统计工作;也可以是指统计工作的成果,即统计资料;还可以是指分析统计数据的方法和技术,即统计科学。统计工作是统计资料和统计科学的基础,因此统计通常都以数据的搜集为开始。

党的二十大报告指出,我们应该推动绿色发展,促进人与自然和谐共生。大自然是人类赖以生存发展的基本条件。尊重自然、顺应自然、保护自然,是全面建设社会主义现代化国家的内在要求。必须牢固树立和践行“绿水青山就是金山银山”的理念,站在人与自然和谐共生的高度谋划发展。以下一组统计数据告诉我们,西方形式的无限制发展和消费是不可持续的,我们应该引起警觉。

案例1　一组数字(数据来源:http://www.guokr.com/article/2111)

西雅图摄影艺术家克里斯·乔丹(Chris Jordan),在2003—2005年以“无法忍受的美丽:美国大型消费写实”为题,拍摄了一组以电子垃圾为主题的照片,画面中摆放着密密麻麻的废弃手机、电路板、充电器,令人触目惊心。

(1)32万个电灯泡

功率相当于全美国每分钟浪费的电能,包括无效的电路系统,处于睡眠状态的电脑等产生的消耗。

(2)10.6万个易拉罐

美国人每半分钟产生的耗费量。

(3)3.2万个芭比娃娃

2006年全美国平均每月所做的隆胸手术例数。

(4)100 万个塑料杯

全美国每六个小时消耗的民航客机所用塑料杯数量。

(5)2.8 万个 42 加仑容量的汽油桶

全美国平均每两分钟烧掉的汽油，“流量”约等于一条中等河流。

(6)21.3 万片止痛片

全美国每年在急诊治疗中滥用的具有止痛效果的 Vicodin 药片数量。

(7)29569 支手枪

2004 年全美国死于和枪击有关的人数。

(8)240 万块塑料垃圾碎片

全世界每小时被倾入大海的数量，所有的材料都是从太平洋中打捞上来的。

(9)3200 个玩具虎

是现在世界上仅存的老虎数量。

(10)27 万支水彩画鲨鱼牙化石

这是每天全世界被捕杀用于取牙的鲨鱼数量。

(11)20500 条水彩画金枪鱼

全世界每 15 分钟被捕用于食物的金枪鱼数量。

案例 1 旨在用统计数据来引起人们的警觉。用 Chris Jordan 自己的话来说，“我试图将这些数字从隐晦不明的统计转变为可视化的语言，以加深人们对此的理解。”

三、统计的艺术性

在一些人眼中，统计工作是盲目无聊的，统计数据是枯燥无味的，统计科学是深奥难懂的，国家统计的结果通常也是令人难以置信的。

拓展阅读：本福特法则

英国《大不列颠百科全书》中却有着这样的描述：统计是一门艺术，是对令人困惑费解的问题作出数字设想的艺术，是收集、分析和解释数据的科学和艺术。的确，统计作为一门探索事物间数量关系一般规律的方法论科学，既有它的科学性，更有它的艺术性。

拓展阅读：统计学悖论 辛普森悖论

1. 统计描述的艺术性

统计数据是有生命的，它凝结着人们辛勤的汗水和才智，它的背后也可能有一个动人的故事。用统计指标概括性地描述客观现实，其艺术性就在于真实。

2. 资料显示的艺术性

统计资料通常以统计表和统计图显示。统计表有单一表也有一览表，有平行式也有层叠式，有传统的纸质表也有现代的电子表。统计图的种类则更多，有平面图和立体图，有曲线图和折线图，有管状图和雷达图等等。这些图表能简单明了地描述客观现实,从而呈现给人们一种“简单美”,其花样和色彩也展现出“丰富多彩”的美感。

3. 统计方法的艺术性

统计方法是统计研究的工具。同一问题由于指标的选择、样本的选取、方法和模型的采用不同,所得出的统计结论的精确程度也会不同,从而构造出数据处理的不同乐章。

4. 统计思维的艺术性

统计思维包括有总体与局部的结合、定性与定量的结合、抽象与具体的结合、特殊与一般的结合、偶然与必然的结合、演绎与归纳的结合、内因研究与外因分析的结合、动态与静态的结合等等,这些思维在认识社会、改造自然的过程中呈现出多维和发散的艺术,带给人们的是更广阔的时空美感。

四、简单统计分析流程介绍

案例 2　普查与抽样调查

A:据《每日新闻》报道,内阁的支持率为 90%。

B:我们都没参加投票,这……这是怎么得出来的?

A:如果对每个具备投票权的人进行调查,那样的调查叫作普查。例如,2010 年中国第六次人口普查,至 2010 年 11 月 1 日 0 时,中国总人口数为 1370536875 人。

B:就是,普查才能得出绝对准确的支持率。

A:普查数据虽然准确,然而却会花费大量的人力、物力和财力……

B:对呀!

A:因此,为了使调查更具可操作性通常的做法是限定人数。

B:那样的调查结果准确吗?

A:这就是统计的魅力!统计中把“所有具备投票权的人”叫作总体,“具备投票权并接受调查的人”叫作样本。从具备投票权的人中选取一定数量的人,这些人叫作“样本点”,其做法叫作“采样”,由采样进行的调查叫作抽样调查……

B:如果接受调查的人数太少,那样的支持率计算会准确吗?

A:样本点数太少其统计结果一般不会太准确,那个支持率只是一种统计推断,因此,抽样调查中也常有抽样误差的计算。

案例 2 揭示的是统计工作中两种常见的社会调查方式:普查与抽样调查,同时也介绍了统计中的最基本概念:总体与样本。经济管理中的统计是大样本统计,而医学统计则是小样本统计,因为药物试验很难在大量病人身上进行。

统计中把研究对象的全部称为总体(population),研究中实际观测或调查的部分个体称为样本(sample),样本中个体的数目称为样本容量。为了使样本能够正确反映总体情况,对总体需有明确的规定;总体内所有观察单位必须是同质的;在抽取样本的过程中，必须遵守随机化原则；样本的观察单位还要有足够的数量。

思考题1 新课程标准实施跟踪

为了了解新课程标准实施后学生的应用能力和创新意识的提高情况，现对某年级400名学生进行一次测试，再从中随机查看50名学生的成绩，问采用了哪种调查方式？

思考题2 空调使用寿命调查

为了了解2000台空调的使用寿命，现从中抽取了20台做连续的运转实验，问其中的总体、个体、样本、样本容量各指什么？

练习3

1. 了解某校教师的工资收入情况，可以采取__________方式进行调查；
了解一批种子的发芽率，可以采取__________方式进行调查。

2. 下列目标适合哪种调查？

A. 了解一批炮弹的杀伤半径(　　　　)；

B. 了解深圳市的流动人口数(　　　　)；

C. 保证“神舟6号”载人飞船的成功发射(　　　　)；

D. 了解深圳市居民的日平均用水量(　　　　)；

E. 了解某海域海水的含盐量(　　　　)；

F. 检查超市某种饮料的合格率(　　　　)。

3. 为了了解深圳高铁在春节期间的人流状况，分别在9—10点、12—13点、15—16点、19—20点四个时段观测旅客进出站人数，问所观测的四个时段旅客进出站人数是这个问题的(　　)。

A. 总体　　B. 个体　　C. 样本　　D. 样本容量

4. 某校有1000名学生参加英语六级考试，为了对这次考试进行总结，学校随机抽取5本试卷，对每本20名考生的成绩进行分析，在这个问题中正确的结论是(　　)

A. 1000名考生是总体　　B. 每名考生的成绩是一个样本

C. 20名考生是总体的一个样本　　D. 这种调查方式是抽样调查

5. 为了解某次数学竞赛成绩，从2000名学生的成绩中抽取了一部分，其中2人得100分，3人得98分，5人得95分，12人得90分，16人得84分，22人得75分，在这个问题中，总体是(　　)，个体是(　　)，样本是(　　)。

6. 要了解某种灯泡的使用寿命，现从中抽取了50只进行寿命试验，在此问题中，这50只灯泡的使用寿命是(　　)

A. 总体　　B. 个体　　C. 样本容量　　D. 总体中的一个样本

案例3　确定数据种类——下面是一份读书调查问卷

1. 你读《读者》的感觉是＿＿＿＿＿

A. 非常有趣　　B. 有点有趣　　C. 一般

D. 有点无趣　　E. 非常无趣

2. 你的性别是＿＿＿＿＿

A. 男　　B. 女

3. 你的年龄是＿＿＿＿＿岁

4. 你平均每年购买杂志＿＿＿＿＿本

试确定数据的种类。

分析：非常有趣、有点有趣类是不可测量的；年龄和杂志本数是可测量的。

定义1　不可测量的数据叫作分类数据，可测量的数据叫作数值数据。

练习4

1. 问卷调查时下面指标是什么数据？

A. 气温　　B. 出生地　　C. 围棋的段位　　D. 体重　　E. 天气

2. 在一次问卷调查中，“血型”、“对饮料X的评价”、“开空调令人感到舒适的室温”、“50米短跑成绩”分属哪种数据？

统计实务中对分类数据也可赋值成为数值数据。例如下表

指标	赋值	或赋值
非常有趣	5	2
有点有趣	4	1
一般	3	0
有点无趣	2	-1
非常无趣	1	-2

案例4　确定下表中三队的平均数

A队		B队		C队	
队员	得分	队员	得分	队员	得分
A1	82	B1	70	C1	80
A2	76	B2	113	C2	92
A3	122	B3	215	C3	65
A4	110	B4	158	C4	97
A5	96	B5	68	C5	112

解 平均数 = 总得分/总人数。

$$W_A = \frac{82 + 76 + 122 + 110 + 96}{5} = 97.2$$

$$W_B = \frac{70 + 113 + 215 + 158 + 68}{5} = 124.6$$

$$W_C = \frac{80 + 92 + 65 + 97 + 112}{5} = 89.2$$

平均数是表示一组数据集中趋势的量数，是指在一组数据中所有数据之和再除以这组数据的个数。它是反映数据集中趋势的一项指标。

案例 5 确定下表中的中位数

11	27	14	16	35	
1	3	5	8	10	20

中位数(Median)又称中值，对于有限数集，先把所有观察值按照高低排序，其正中间的那个即为中位数。如果观察值有偶数个，通常取最中间的两个数值的平均数作为中位数。

解 第一行数据的个数为奇数，按从小到大排列为

$$11, 14, 16, 27, 35.$$

最中间的那个数 16 是中位数。

第二行数据的个数为偶数，按从大到小排列为

$$20, 10, 8, 5, 3, 1.$$

其中最中间的两个数的均值是中位数，即为

$$(8+5) \div 2 = 6.5$$

案例 6 确定下表中两队的标准差

A 队		B 队	
队员	得分	队员	得分
A1	82	B1	70
A2	76	B2	113
A3	122	B3	215
A4	110	B4	158
A5	96	B5	68

标准差(Standard Deviation)常用作统计分布程度上的测量，它反映组内个体间的

离散程度，其计算公式如下：若数组 $x_1,\cdots,x_n$ 的均值为 μ，则其标准差为

$$\sigma=\sqrt{\frac{\sum_{k=1}^{n}(x_k-\mu)^2}{n}}.$$

解　$\sigma_A=19.11,\sigma_B=62.46.$

综合上面介绍，可总结常见的统计分析步骤如下：

1. 数据分组；

2. 求均值；

3. 求中位数；

4. 求标准差。

进一步的统计分析，如相关分析、回归分析、因子分析、方差分析、主成分分析、聚类分析等通常都可由计算机软件实现。

五、统计的软件实现

常见的小样本统计计算软件有 Excel、MATLAB 和 SPSS。

例如，计算 A1 至 A10 数据的均值、中位数和标准差，其 Excel 程序为

(1)均值：average(A1:A10)

(2)中位数：median(A1:A10)

(3)标准差：stdev(A1:A10)

MATLAB 程序需先输入数组 x，然后输入语句：

(1)均值：mean(x)

(2)中位数：median(x)

(3)标准差：std(x)

像 Excel 一样，SPSS 也是一种傻瓜式的统计计算软件，在数据表导入后，它的操作基本上是用对话框方式一步步地进行。

六、大数据时代的统计

大数据与统计学有着密不可分的关系。在当今信息时代，因为绝大多数信息都是用数字表达出来的，所以数据是信息的载体，是统计学分析的对象。

统计工作的进行本身就是搜集数据、整理数据、分析数据、解释数据。离开了数据，统计学就失去了存在的土壤。同理，离开了统计学，数据的存在也显得冗余。

在大数据时代的背景下，数据正在迅速膨胀并变大，带来数据爆炸性增长的隐患。但是随着时间的推移，人们将越来越意识到数据的重要性。我们可以通过分析处理数

据挖掘大数据的商业价值，提高生产力，利用数据分析来解决贫穷和预防腐败。但是，大数据创造价值一定是基于这样一个核心逻辑，即坚持不懈地钻研统计学原理，用数据和分析代替经验，以便主导我们的决策行为。

大数据时代的到来，给统计学科带来了发展壮大的机会，同时，也使得统计学科面临着重大的挑战。怎样深刻地认识和把握这一发展契机，怎样更好地理解和应对这一重大挑战，这就迫使我们需要澄清大数据的概念，明确大数据的特征，重新审视统计的工作过程并提出新的统计思想和理念。

【拓展阅读】

贝叶斯（Thomas Bayes，1701—1761），英国数学家。生活在18世纪的贝叶斯生前是位受人尊敬的英格兰长老会牧师。为了证明上帝的存在，他发明了概率统计学原理。

图3－1　贝叶斯

贝叶斯在数学方面主要研究概率论。他首先将归纳推理法用于概率论基础理论，并创立了贝叶斯统计理论，对于统计决策函数、统计推断、统计的估算等做出了贡献。他的论著，对于现代概率论和数理统计都有很重要的作用。

贝叶斯所采用的许多术语被沿用至今。贝叶斯思想和方法对概率统计的发展产生了深远的影响，并广泛应用于生产和生活的许多领域。

【趣味学习】

1. 17世纪中叶，欧洲贵族们盛行掷骰子赌博。在赌博的过程中，人们对一些事情感到很困惑，例如，“掷一颗骰子4次至少出现一次6点”比“掷两颗骰子24次至少出现一次双6点”有利。这是概率统计早期研究的原始问题。你能解释这个现象吗？

解析：注意当 $i \neq j$ 时，第 i 次掷骰子与第 j 次掷骰子相互独立。

（1）掷1次骰子出现6点的概率 $P = \frac{1}{6}$，不出现6点的概率

$$Q = 1 - P = \frac{5}{6}。$$

根据事件的独立性定义，掷4次骰子不出现6点的概率为

$$Q_4 = \frac{5}{6} \cdot \frac{5}{6} \cdot \frac{5}{6} \cdot \frac{5}{6} = \left(\frac{5}{6}\right)^4,$$

故4次中至少有一次出现6点的概率 $P_4 = 1 - \left(\frac{5}{6}\right)^4 \approx 0.5177$。

(2)掷 1 次骰子出现双 6 点的概率 $P=\frac{1}{6}\cdot\frac{1}{6}=\frac{1}{36}$，不出现双 6 点的概率

$$Q=1-P=\frac{35}{36}。$$

根据事件的独立性定义，掷 24 次骰子不出现双 6 点的概率为

$$Q_{24}=(\frac{35}{36})^{24},$$

故 24 次中有一次出现双 6 点的概率 $P_{24}=1-(\frac{35}{36})^{24}\approx0.4914$。

很明显，$P_{24}<P_4$，因此，第一次的规则对庄家比较有利。

2.《红楼梦》作者考证

拓展阅读：用数学研究红楼梦

中国古典名著《红楼梦》共有 120 回，自胡适先生作出《红楼梦考证》以来，较普遍的共识是前 80 回的作者是曹雪芹，后 40 回的作者是高鹗。但长期以来这种看法也存在争议，请从统计的角度论证你的观点。

解析：1985 年，复旦大学李贤平教授带领他的学生作出了开创性的工作，他们将 120 回看成是 120 个样本，然后确定与情节无关的虚词出现的次数作为变量，巧妙运用统计分析方法，得出哪些章回出自同一人的手笔。

现实生活中，通常每个人在口语或写作中都有使用某些固定词的特殊习惯。李贤平教授以书中 47 个虚词（之，其，或……；呀，吗，咧，罢……；可，便，就……等）出现的频率（即次数），作为各个章回的数量标志，利用多元统计分析中的聚类分析法进行聚类，统计结果显示 120 回中前 80 回为一类，后 40 回为一类，形象地论证了《红楼梦》至少出自两人手笔。

之后李贤平教授对比曹雪芹的其他著作，进一步分析前 80 回是否为曹雪芹所写。结果证明《红楼梦》的前 80 回的用词手法与曹雪芹的其他著作的用词手法完全相同，从而推定《红楼梦》的前 80 回为曹雪芹所写。而后 40 回的分析结果显示，后 40 回并非出自同一人手笔，从而推断出《红楼梦》的后 40 回并非是高鹗一人所写。

3. 里根遇刺

1981 年 3 月 30 日，大学退学学生欣克利（Hinckley）行刺当时在位的美国总统里根，他用枪打伤了里根、里根的新闻秘书以及另外两个保安人员。1982 年在审判欣克利时，律师以精神病为由为欣克利作无罪辩护。

在 18 个医师作证时，医师丹尼尔 · R. 温伯格告诉法院当给被诊断为精神分裂症的人以 CAT 扫描时，扫描显示 30% 的案例为脑萎缩，而给正常人以 CAT 扫描时，只有 2% 的扫描显示脑萎缩。欣克利的辩护律师试图拿欣克利的 CAT 扫描结果为证据，争

辩说因为欣克利的扫描展示了脑萎缩，所以他患有精神病，进而申请法院免予起诉。

请问欣克利的辩护律师的证据可信吗?

解析：美国精神分裂症的发病率约为1.5%。设$A=\{$做CAT扫描的人患有精神病$\}$，$B=\{$CAT扫描显示为脑萎缩$\}$，则

$$P(A)=0.015, P(B\mid A)=0.3, P(B\mid \bar{A})=0.02$$

于是有

$$P(\bar{A})=1-P(A)=1-0.015=0.985$$

由贝叶斯公式，得

$$\begin{aligned}P(A\mid B)&=\frac{P(A)P(B\mid A)}{P(A)P(B\mid A)+P(\bar{A})P(B\mid \bar{A})}\\&=\frac{0.015\times 0.3}{0.015\times 0.3+0.985\times 0.02}\approx 0.186,\end{aligned}$$

即欣克利的CAT扫描结果虽然显示了脑萎缩，但他只有18.6%的可能性患有精神病，因此CAT扫描无法作为其无罪的证据。

第四章　数学与理财入门

不进行研究的投资，
就像打扑克从不看牌一样，
必然失败！

——彼得·林奇

【学习目标】

1. 知道利息与利率、单利与复利的概念。
2. 会简单的单利与复利计算。
3. 了解年金的计算与应用。
4. 知道房贷计算中等额本息与等额本金的计算方法与差异。

【教学提示】

生活中的理财与数学计算有密切关系，有些内容甚至非常复杂，本部分内容只做了一些简单的基本知识介绍，意在通过生活中一些简单的理财问题，将学生领入门，让其明白数学在相关学科中的重要性。

一、利息计算与应用

1. 基础知识

(1)利息(interest)与利率(interest rate)

利息是借贷关系中由借入方支付给贷出方的报酬,是还款额中超出本金的那部分金额。存款产生的利息多少是由存款的本金、利率和存款时间长度来决定,其中利率是一个重要因素,它体现了货币的时间价值。

目前银行主要的人民币存款方式包括:活期存款、定期存款(不同存期)、零存整取、定活两便、协定存款、通知存款等等。每种存款方式都有其特点及不同的利息,由于活期存款、定期存款是最主要的两种存款方式,在此仅介绍活期存款、定期存款及贷款的相关知识。

我们国家现行的活期和定期存款基准利率(由人民银行规定,商业银行可在此基础上作一定调整)如下:

表 4-1 活期和定期存款基准利率

类 别	年利率(%)	起始时间
金融机构人民币存款基准利率		2015.03.01
活期存款	0.35	
三个月	2.10	
半年	2.30	
一年	2.50	
二年	3.10	
三年	3.75	
金融机构人民币贷款基准利率		2015.03.01
一年以内(含一年)	5.35	
一至五年(含五年)	5.75	
五年以上	5.90	

注:本表摘自人民银行官网,网址:http://www.pbc.gov.cn/publish/zhengcehuobisi/628/index.html

从上表可知,按基准利率计算,活期存款年利率为 0.35%,即活期存款每年可获得 0.35% 的利息收益,定期存款一年可以获得 2.5% 的收益。而向银行贷款一年则需支付 5.35% 的利息成本。银行存贷的利率差是银行的主要收入来源之一。

(2)不同期限的利率计算

生活中的存款和贷款不可能都是整月或整年,利率按照不同的时间期限则可以划分为年利率、月利率和日利率。假设年利率为 r,则月利率为$\frac{r}{12}$,季利率为$\frac{r}{4}$,日利率为$\frac{r}{360}$(通常一年按 360 天计算,目前也有银行按 365 天计算,贷款时通常按每年 365 天计算)。

同样，知道日利率或月利率同样可以推算出其他期限的利率。

（3）单利（simple interest）与复利（compound interest）

单利和复利是两种常见的利息计算方式。

单利是指在存款过程中，只有最初的本金能获得利息，不管时间多长，后续产生的利息均不加入本金重复计算利息。一年以内的活期存款通常用单利计算利息，某些投资债券也是以单利计息法计算利息。

单利的利息计算方法：利息 = 本金 × 利率 × 期数，本利和 = 本金 + 利息。假设本金为 A，每期利率为 i，存款基数为 n，则每期利息为 Ai，则 n 期后的本利和 F 为：

$$F = A + A \times i \times n = A \times (1 + i \times n)$$

例 1　刘明 3 月 1 日在银行存入活期存款 10 万元人民币，假设年利率为 0.35%，6 月1 日从银行取回，若按单利计息法，刘明应从银行取回多少钱？

解：根据已知条件，存款时间为 92 天（通常头和尾只算一天）。首先把年利率转换为日利率。

日利率 = 0.35% ÷ 360 = 0.00097%，

利息 = 100000（元）× 0.0000097 × 92（天）= 89.24（元），本利和 = 100000（元）+ 89.24（元）= 100089.24（元）

例 2　按 5.35% 的年利率向银行贷款 10 万元，贷款期限为 15 个月，到期应支付银行多少利息？

解：月利率为：$5.35\% \times \dfrac{1}{12}$，

15 月的利息为 $10000 \times 5.35\% \times \dfrac{1}{12} \times 15 = 6687.5$（元）。

复利是指在每经过一个计息期后，都要将所生利息加入本金，以计算下期的利息。这样，在每一个计息期，上一个计息期的利息都将成为生息的本金，即以利生利，也就是俗称的“利滚利”。

关于复利方式下本利和的计算：

假设年初存入本金为 A，年利率为 r，则复利计息方式为：

第 1 年末的本利和 = 本金 + 利息 $= A + Ar = A(1+r)$

第 2 年末的本利和 = 本金 + 利息 $= A(1+r) + A(1+r)r = A(1+r)^2$

第 3 年末的本利和 = 本金 + 利息 $= A(1+r)^2 + A(1+r)^2 r = A(1+r)^3$

……

第 n 年末的本利和为 $A(1+r)^n$

所以，按复利计算的本利和公式为：$A(1+r)^n$

例 3　一企业商定按年利率 6% 借入资金 100 万元，按复利计算，三年后应偿还多少利息？

解:本利和为: $100(1+0.06)^3=119.1016$ (万元),故利息为

$$119.1016-100=19.1016(\text{万元})$$

(4)复利计算的现值(PV:present value)与终值(FV:final value)

复利终值是指复利计算时,当前的资金在若干期后到期时的本利和(金额)。

复利现值是与复利终值相对应的概念,指未来一定时间的资金按复利折算到现在时刻的价值,或者说是为取得将来一定的本利和现在所需要的本金。

由前面内容可知,复利终值的计算公式为:

$$FV=PV(1+r)^n$$

其中,A 为本金,r 为每期的利率,n 为计算基数。

在例 3 中,119.1016 就是初始资金 100 万元的复利终值。

复利现值的计算公式为:

$$PV=\frac{FV}{(1+r)^n}$$

例 4 某人拟在 5 年后获得本利和 50000 元,年投资报酬率为 10%,他初始应投入多少元?

解: $PV=\frac{FV}{(1+r)^n}=\frac{50000}{(1+0.1)^5}=31046.07$ (元)

他初始应投入约 31046.07 元。

(5)复利的力量

复利计算时利息不断加入本金,使得本金不断增加,最后的本利和也会不断增加,最终产生的利息与单利计算时有较大的差别。说明了不断积累的力量是巨大的。

以理财举例,假设你现在往银行存入 100 万元钱,年利率是 10%,如果存一年,无论是按单利还是复利计算,本息合计是一样的,110 元。但到了第二年差别就出来了,如果用单利计算利息,第二年的本息合计就是 120 元;可复利就不一样了,第二年的本息合计成了 121 元已比单利计算的多了 1 元钱,第三年,这个差别扩大到,这个差别可以从表 4-2 中看出:

表 4-2 复利与单利利息差(本金:100 万元,利率 10%,单位:万元)

年数	单利利息	复利利息	复利利息—单利利息
1	10	10	0
2	20	21	1.00
3	30	33.1	3.10
4	40	46.41	6.41
5	50	61.051	11.05
6	60	77.1561	17.16
7	70	94.87171	24.87
8	80	114.358881	34.36

续表

年数	单利利息	复利利息	复利利息—单利利息
9	90	135.7947691	45.79
10	100	159.374246	59.37
11	110	185.3116706	75.31
12	120	213.8428377	93.84
13	130	245.2271214	115.23
14	140	279.7498336	139.75
15	150	317.7248169	167.72
16	160	359.4972986	199.50
17	170	405.4470285	235.45
18	180	455.9917313	275.99
19	190	511.5909045	321.59
20	200	572.7499949	372.75
……	……	……	……
30	300	1644.940227	1334.94
……	……	……	……
40	400	4425.925557	2631.268
……	……	……	……
50	500	11639.08529	11139.09

可以看出，第 1 年，复利与单利的利息差为 0 元，第 2 年相差 1 万元，但 10 年后利息差达到 45.79 万元，再往后，利息差也越来越大。单利和复利的本利和增长过程我们下图（图 4－1）中了解。

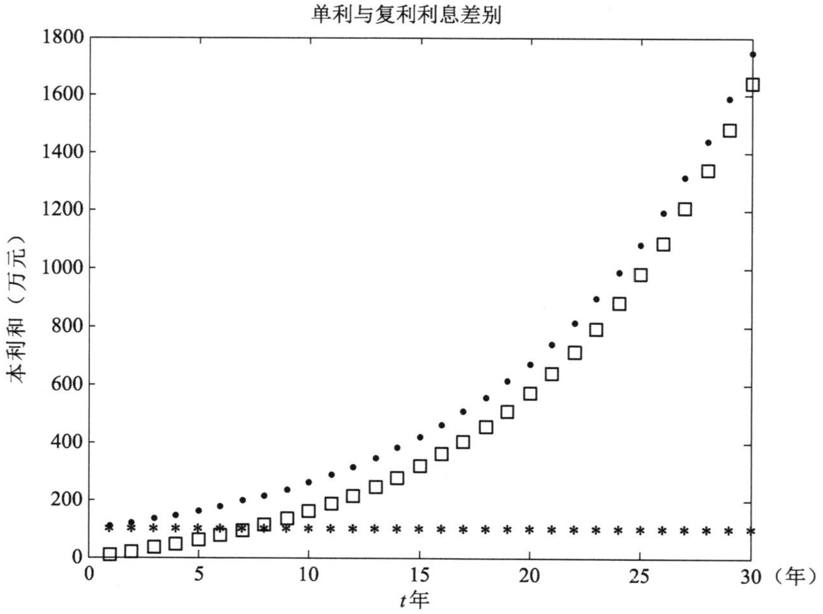

图 4－1　利息差（t＝30）

上图中，* 号表示单利的本利和，· 表示复利的本利和，□表示复利与单利的利息差(复利本利和 - 单利本利和)，可以看出，复利的利息增长远远快于单利的利息增长，而且差别越来越大。不难看出，复利计算的威力是相当大的，当时间超过 50 年后，单利的利息相对于复利而言，几乎不值一提(如图 4 -2)：

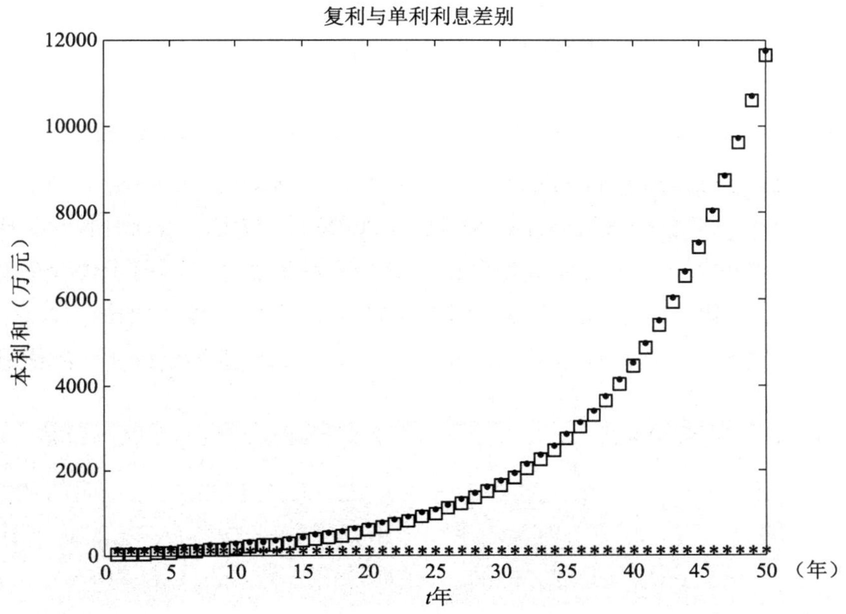

图 4 -2　利息差(t=50)

2. 相关知识阅读

(1)复利计算的威力

有一个古老的故事，传说西塔发明了国际象棋，国王十分开心，决定重赏西塔，他问西塔想要什么，西塔说："我不要你的重赏，陛下，只要你在我的棋盘上赏一些麦子就行了。在棋盘的第 1 个格子里放 1 粒，在第 2 个格子里放 2 粒，在第 3 个格子里放 4 粒，在第 4 个格子里放 8 粒，依此类推，以后每一个格子里放的麦粒数都是前一个格子里放的麦粒数的 2 倍，直到放满第 64 个格子就行了。"国王觉得这很容易，就同意了他的要求。

拓展阅读:国际象棋与指数增长的故事

国王开始按西塔的要求放麦粒了，第一格内放 1 粒，第二格内放 2 粒，第三格内放 4 粒，还没有到第二十格，一袋麦子已经空了。一袋又一袋的麦子被扛到国王面前来。但是，麦粒数一格接一格飞快地增长着，国王很快就看出，即便拿出全国的粮食，也不能兑现自己的承诺。其实，按西塔的要求放满所有的格子大约需要 820 亿吨麦子，相当于全世界所有国家 500 多年的产量。

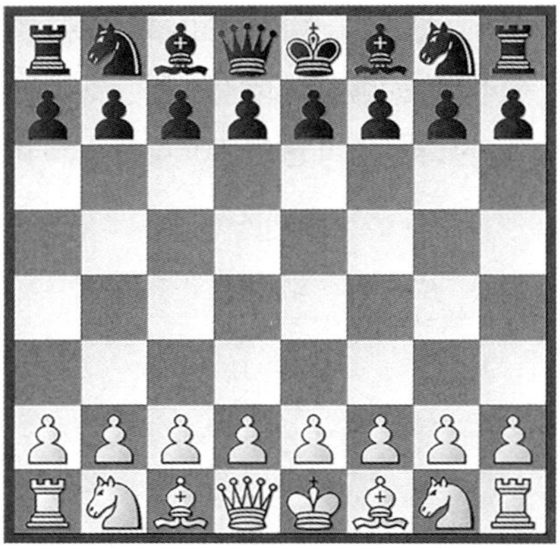

图 4 – 3　复利计算的威力国际象棋

上述故事充分说明复利运算的力量是非常强大的，难怪爱因斯坦曾经说：“复利是人类最伟大的发明，是宇宙间最强大的力量，是世界第八大奇迹”，“复利的威力比原子弹还可怕”。

（2）翻倍的“72 法则”

所谓的“72 法则”，是在复利方式下，计算投资或本金翻倍的简便方法：用 72 除以利息率或增长率来估算投资和本金翻倍的大致时间。例如：投资 50 万元，年利率 10%，则投资翻倍（本金 50 万元 + 收益 50 万元）的时间大概是：50 除以 10 等于 5（年）。再如存款 45 万元，年利率 9%，要想计算本金翻倍的时间，利用“72 法则”，将 45 除以 9（增长率），得 5，即需约 5 年时间。

需要说明的是，“72 法则”是近似计算，并不十分精确。但在手中没有其他计算工具时，作大致的估算确是十分有用的。

（3）复利中的人生道理

复利计算包含了十分浅显但重要的人生道理：复利计算时，每一期的增长率（利率）是非常低的，只有百分之几，但长期累积下来，其结果却是惊人的，有可能让本金增加几倍甚至几十倍。这与人生是一样的，只要你设定了远大的目标，每天持之以恒地朝着目标努力前进，哪怕每一天的进步是微小的，但只要你不放弃，最终一定会取得辉煌的成绩。

3. 理财与实践

存款期限选择问题

不难发现，由于不同期限的利率是不同的，导致了存款时间的选择问题（也是简单的理财问题），比如：三个月的定期存款基准利率是 2.1%，一年的定期存款基准利率是 2.5%，假如你有 10 万元，是将它一次性存一年定期，还是存为三个月的定期，让它复利计算 4 次，哪个利息更高呢？这个问题结论很简单，一次存更长期限带来的利息收益更高。验证如下：

存一年定期的本利和：$10 \times (1 + 2.5\%) = 10.25$ 万元

存三个月定期（复利 4 次）：$10 \times \left(1 + \frac{0.021}{4}\right)^4 = 10.2117$ 万元

对比一下，还是选择更长期限的存款收益更大。

实践项目

由上面的内容得知，银行存款的短期和长期利率是不能随意设定的，假如要新开 5 个月的定期存款，它的利率范围该是多少呢？算一算。

目前有一个投资项目，本金需要 100 万元，投资期限 5 年，已知目前市场上的资金成本为8%,若已知该项目五年后可收回(本金加收益)140万,问该项目值得投资吗?

拓展项目

(1)注意表1中的存款和贷款期限是不同的,而且差别很大,有没有可能将贷款期限像存款那样细化呢?如果可以,利率的设定要满足哪些条件呢?

(2)长期存款期限选择问题。由于银行规定的利率最长期限为三年(见本章表1),三年以内存款我们知道期限越长收益越大,但如果你需要存四年呢?该存两个两年,还是一年加三年?如果你需要存七年呢?选择将变得更加复杂,到底该如何选择呢?请分组讨论。

二、生活中的年金应用

1. 年金(annuity)概念

年金:在一段时间内,每隔一定时间有相同的资金注入即称为年金。比如一年内,每个月月末流入3000元,或者未来5年内,每年初注入10万元等,即可视为年金。

年金是生活中比较常见的金融现象,比如从每个月工资中固定支付的养老保险金、医疗保险金,为小孩将来上大学而每月固定存入一定数额的资金、房贷的月供,甚至一些保险和理财产品,都属于年金的范畴。

年金按支付的时间差异可分为普通年金、即付年金、递延年金和永续年金等几种。

普通年金(ordinary annuity):在每期期末收入相同金额,也称后付年金。这种年金在日常生活中最为常见。

即付年金(prepaid annuity):在每期期初收入相同金额,也称先付年金。

递延年金(deferred annuity):也称延期年金,是指第一次收付款项发生时间不在第一期末,而是隔若干期后才开始发生的系列等额收付款项。它是普通年金的特殊形式。

永续年金(perpetual annuity):也称永久年金或无限期年金,是指无限期等额收付的年金,可视为普通年金的特殊形式。例如,一些基金会成立的基金如诺贝尔基金,无限期附息债券的利息等。

其中,普通年金是最常见的年金类别,也是本节主要的讨论对象,其他年金有着类似的计算办法,可举一反三。

2. 普通年金的现值与终值计算

关于普通年金最主要的计算是普通年金终值(final value of ordinary annuity)和普通年金现值(present value of ordinary annuity)。

普通年金终值:指一定时期内,每期期末等额收入或支出的本利和,也就是将每一期的金额,按复利换算到最后一期期末的终值,然后加总,就是该年金终值。

复利终值的计算可用下图表示(用 *FVA* 表示年金的复利终值):

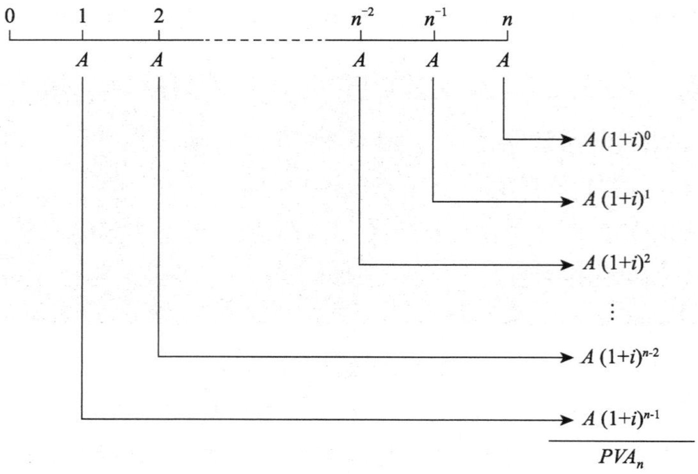

所以，普通年金终值

$$
\begin{aligned}
FVA(A,i,n) &= A(1+r)^0 + A(1+r)^1 + A(1+r)^2 + \ldots + A(1+r)^{n-1} \\
&= A[(1+r)^0 + (1+r)^1 + (1+r)^2 + \ldots + (1+r)^{n-1}] \\
&= A \cdot \frac{(1+i)^n - 1}{i} \qquad (1)
\end{aligned}
$$

其中：A 为本金，i 为每期的利率，n 为年金期数。$\frac{(1+i)^n - 1}{i}$ 称为年金终值系数。

普通年金现值：指每期末系列收付款项的复利现值之和，即现金流量发生在将每期期末的现金都按复利折算为第一笔现金流量那一期的期初计算。

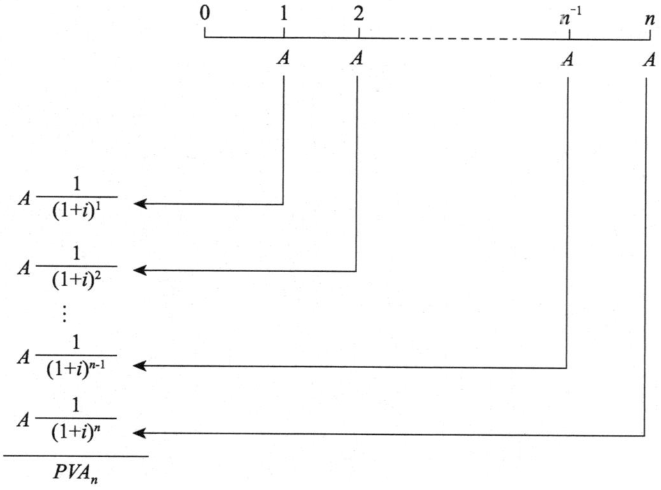

所以,普通年金现值

$$PVA(A,i,n)=A\left(\frac{1}{(1+i)^1}+\frac{1}{(1+i)^2}+\frac{1}{(1+i)^3}\cdots\cdots+\frac{1}{(1+i)^{n-1}}+\frac{1}{(1+i)^n}\right)$$

通过等比数列求和公式可计算出上式等于:

$$PVA(A,i,n)=A\frac{1-(1+i)^{-n}}{i} \tag{2}$$

A 为本金,i 为每期的利率,n 为年金期数。$\frac{1-(1+i)^{-n}}{i}$ 称为年金终值系数。

实际运用中,年金终值和年金现值系数都可以通过查阅“年金现值系数表”取得。

从 FVA 或 PVA 中可解出年金金额 A,它可用于计算为了实现特定目的的每年投资额或年收益额。比如

从 FVA 公式(1)中可解出:

$$A=F\times\frac{i}{(1+i)^n-1} \tag{3}$$

从 PAV 公式(2)中可解出:

$$A=P\times\frac{i}{1-(1+i)^{-n}} \tag{4}$$

在金融学中常将 $\frac{i}{(1+i)^n-1}$ 称为年偿债基金系数,将 $\frac{i}{1-(1+i)^{-n}}$ 称为年资本回收系数。

3. 年金计算应用

(1)应用实例

年金现值、终值在投资理财中有着广泛的应用,例如,计算投资的终值、现值,以及为了实现最终目标的年投资额等。

例 5　一个投资者每年都将积蓄的 80000 元进行投资,每年都能获得 6% 的回报,按复利计算,10 年后,这项投资的最终价值是多少?

解:$FVA(80000,0.06,10)=80000\times\frac{(1+0.06)^{10}-1}{0.06}=1054464$(元)

10 年后该项投资的终值为 1054464 元。

例 6　某公司拟投资商铺,根据估计,该商铺将每年给公司带来 100 万元净收益,租期为 10 年。公司设定资产报酬率为 10% 的情况下,该项投资的最高竞价是多少?

解:$\mathrm{PVA}(100,0.1,10)=100\times\frac{1-(1+0.1)^{-10}}{0.1}=6144567$(元)

例 7　假设某机床设备的使用寿命为 10 年,若购进此机床需要 50 万元,若租用此机床,每月租金为 3.5 万元,设资金的年利率为 8%,按复利计算利息,问购进机床合算还是租用机床合算?

解:若租用机床,它的现值相当于

$$PVA(50,0.08,10) = 50 \times \frac{1-(1+0.08)^{-10}}{0.08} = 3355041(\text{元})$$

所以，还是购进机床比租用机床合算。

例 8　某家庭为小孩准备留学资金，计划每年在银行存入固定金额，并在 15 年后一次性取出 50 万元，已知此类存款收益率为 6%，问该家庭每年应存入多少金额？

解：利用公式(3)，该家庭每年应存入金额为

$$A = 50 \times \frac{0.06}{(1+0.06)^{15}-1} = 21481(\text{元})$$

(2)理财与实践

①某人 2014 年参加工作，考虑买房数额较大需做好长远的储蓄买房计划，打算在 2030 年的年底花 300 万元购一套商品房，从 2015 年初开始存款买房，问每年应存入多少金额？

②某公司连续 3 年投资某项目，每年年末投资 100 万元，投资报酬率为 10%，则该投资第 3 年末价值为多少？

③春城公司拟出资 100 万元投资某项目，今后 5 年每年能获得固定收益，假定公司的投资回报率为 10%，请问每年至少要收回多少万元该项目才值得投资？

三、房贷与数学

随着经济的发展，金融正在逐渐进入普通百姓的生活，比如贷款、保险、养老金和信用卡等。个人住房抵押贷款就是其中重要的一项。

图 4－4　房贷与数学

商业银行的贷款还贷方式为三种形式，一次性还本付息法（只适用于一年期的贷款）、等额本金还款法和等额本息还款法。而等额本息还款法和等额本金还款法两者

相比较，则在贷款期限越长时，等额本息还款法所需要支付的利息较多，但等额本息还款法在计算上比等额本金还款法较为容易，因此商业银行通常在客户未谈及时，基本采用的为等额本息还款法。

1. 月供金额计算

(1)等额本息还款方式下的月供金额

等额本息还款法是指在还款期内，每月偿还同等数额的贷款(包括本金和利息)，这样由于每月的还款额固定，可以有计划地控制家庭收入的支出，也便于每个家庭根据自己的收入情况，确定还贷能力。

其实，住房贷款中的等额本息还款法本质上就是年金问题，每月还款额为年金每期的流量 A，房贷中的月利率(等于年利率/12)就是年金中的每期利率 i，贷款月数 n 就是年金期数，房贷的金额就是年金现值 P。由公式(4)知等额本息还款方式下月供金额为：

$$A = P \times \frac{i}{1-(1+i)^{-n}}$$

分子分母同乘以 $(1+i)^n$ 得到：

$$A = \frac{i(1+i)^n}{(1+i)^n - 1} \times P \tag{5}$$

即每月等额还本付息额 =

$$\frac{\text{月利率} \times (1+\text{月利率})^{\text{还款期数}}}{(1+\text{月利率})^{\text{还款期数}} - 1} \times \text{还款本金}$$

公式(5)即为现在银行普遍提供的等额本息还款方式下的月供金额计算公式(其中：还款期数 n = 贷款年限 ×12)。

(2)等额本金还款方式下的月供金额

等额本金还款法(递减法)就是借款人每月以相等的额度偿还贷款本金，利息随本金逐月递减，每月还款额亦逐月递减。

$$\text{每月还款额} = \frac{\text{贷款本金}}{\text{贷款期月数}} + (\text{本金} - \text{已归还本金累计额}) \times \text{月利率}$$

即

$$m_k = \frac{P}{n} + \left(P - \frac{k-1}{n} \times P\right) \times i \tag{6}$$

其中 k 为当前还款期数。

当然，理论上，房贷也可以选择按季或按年等方式还款。现实中，这些还款方式也在逐渐出现。但按月还款仍是最主要的方式。所以，此处仅讨论按月还款的房贷问题。

例 9 (编制房贷月供表)假设房贷本金为 300 万元，利率为 6%，贷款期限为 30 年，按月还款。请分别计算等额本息和等额本金还款法下前 12 个月的还本付息金额？

解：由公式(5)和(6)，不难计算出相应的还款金额：

表 4－3　每月还本付息金额

单位：万元

月份	等额本息	等额本金
1	1.798652	2.333333
2	1.798652	2.329167
3	1.798652	2.325000
4	1.798652	2.320833
5	1.798652	2.316667
6	1.798652	2.312500
7	1.798652	2.308333
8	1.798652	2.304167
9	1.798652	2.300000
10	1.798652	2.295833
11	1.798652	2.291667
12	1.798652	2.287500

2. 房贷中的理财问题

（1）利息总额如何算？

不同还款方式下，消费者最终承担的利息总额是不相同的。下面比较等额本息和等额本金还款法消费者承担利息总额的差别。

在不考虑货币的时间价值情况下，可由公式（5）和（6）简单计算不同还款方式下房贷承担的利息总额（还款总额－贷款总额）。

等额本息方式承担的利息总额 L 为：

$$L = P \times \left(\frac{n \times i}{1-(1+i)^{-n}} - 1\right) \qquad (7)$$

公式（7）也可写为：

$$L = P \times \left(\frac{n \times i \times (1+i)^n}{(1+i)^n - 1} - 1\right) \qquad (7)$$

等额本息方式承担的本息总额为：

$$P \times \frac{n \times i \times (1+i)^n}{(1+i)^n - 1} \qquad (8)$$

等额本金方式承担的利息总额 L 为：

$$L = P \times i \times \frac{n+1}{2} \qquad (9)$$

等额本金方式承担的本息总额为：

$$P \times i \times \frac{n+1}{2} + P \tag{10}$$

公式(7)和(9)的差即两种还款方式的总利息的差额。

(2)两种还款方式下消费者承担的利息差异大吗?

假设房贷本金为300万元,利率为6%,贷款期限为30年,可以准确计算出两种还款方式下消费者承担的利息总额的差异(等额本息总利息－等额本金总利息):

表4－4 等额本息和等额本金还款法利息总额的差异

单位:万元

月份/利率	0.04	0.05	0.06	0.07	0.08
120	3.98	6.21	8.92	12.12	15.78
132	4.82	7.51	10.78	14.64	19.05
144	5.73	8.93	12.82	17.39	22.62
156	6.72	10.47	15.02	20.36	26.48
168	7.79	12.13	17.39	23.57	30.62
180	8.93	13.90	19.93	26.99	35.05
192	10.15	15.80	22.64	30.64	39.76
204	11.45	17.81	25.51	34.50	44.73
216	12.83	19.94	28.54	38.57	49.98
228	14.28	22.18	31.73	42.85	55.48
240	15.81	24.54	35.08	47.34	61.24
252	17.41	27.01	38.59	52.03	67.24
264	19.08	29.60	42.24	56.92	73.49
276	20.83	32.29	46.06	62.00	79.98
288	22.66	35.09	50.02	67.27	86.69
300	24.55	38.01	54.12	72.73	93.63
312	26.52	41.02	58.37	78.36	100.79
324	28.56	44.15	62.76	84.18	108.16
336	30.67	47.38	67.30	90.17	115.73
348	32.86	50.71	71.96	96.33	123.50
360	35.11	54.14	76.76	102.65	131.47

为了更直观显示这种差异,我们将表4－4用图形显示出来:

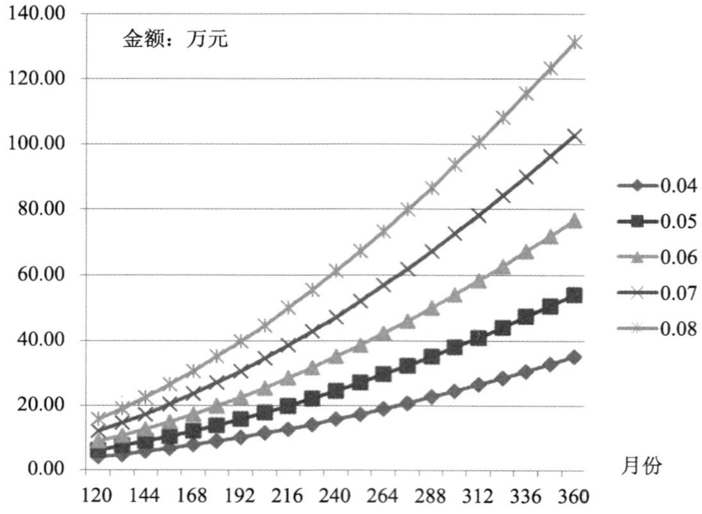

图 4 – 5

可以看出：

(1)两种还款方式下消费者承担的利息总额差异是明显存在的。

(2)贷款利率越高，利息总额的差异值越大。如图 4 – 5 所示，利率越高，差异曲线越陡峭。

(3)期限越长，这两种还款方式的差异值越大，如图 4 – 5 所示，差异曲线倾斜向上，斜率为正。

(4)房贷的利息总额究竟多不多？

其实，利息总额多不多是一个相对的概念，每个人判断的标准不同。为了给读者一个直观的感觉，我们仍假设贷款本金为 300 万元，利率为 6%，贷款期限为 30 年，在此基础上计算两种还款方式的利息总金额(分别见表 4 – 5 和表 4 – 6)，供读者自己判断，也可以自行判断利息总额对利率及贷款期数的敏感程度。

表 4 – 5　等额本息法下的利息金额

月份/利率	0.04	0.05	0.06	0.07	0.08
120	64.48	81.84	99.67	117.99	136.78
132	71.32	90.63	110.53	131.01	152.05
144	78.23	99.55	121.57	144.26	167.62
156	85.22	108.59	132.77	157.74	183.48
168	92.29	117.75	144.14	171.44	199.62
180	99.43	127.03	155.68	185.37	216.05

续表

月份/利率	0.04	0.05	0.06	0.07	0.08
192	106.65	136.42	167.39	199.51	232.76
204	113.95	145.94	179.26	213.87	249.73
216	121.33	155.57	191.29	228.45	266.98
228	128.78	165.31	203.48	243.23	284.48
240	136.31	175.17	215.83	258.22	302.24
252	143.91	185.14	228.34	273.40	320.24
264	151.58	195.22	240.99	288.79	338.49
276	159.33	205.42	253.81	304.37	356.98
288	167.16	215.72	266.77	320.14	375.69
300	175.05	226.13	279.87	336.10	394.63
312	183.02	236.65	293.12	352.24	413.79
324	191.06	247.27	306.51	368.56	433.16
336	199.17	258.00	320.05	385.05	452.73
348	207.36	268.83	333.71	401.70	472.50
360	215.61	279.77	347.51	418.53	492.47

表 4–6 等额本金法下的利息金额

月份/利率	0.04	0.05	0.06	0.07	0.08
120	60.50	75.63	90.75	105.88	121.00
132	66.50	83.13	99.75	116.38	133.00
144	72.50	90.63	108.75	126.88	145.00
156	78.50	98.13	117.75	137.38	157.00
168	84.50	105.63	126.75	147.88	169.00
180	90.50	113.13	135.75	158.38	181.00
192	96.50	120.63	144.75	168.88	193.00
204	102.50	128.13	153.75	179.38	205.00
216	108.50	135.63	162.75	189.88	217.00
228	114.50	143.13	171.75	200.38	229.00
240	120.50	150.63	180.75	210.88	241.00

续表

月份/利率	0.04	0.05	0.06	0.07	0.08
252	126.50	158.13	189.75	221.38	253.00
264	132.50	165.63	198.75	231.88	265.00
276	138.50	173.13	207.75	242.38	277.00
288	144.50	180.63	216.75	252.88	289.00
300	150.50	188.13	225.75	263.38	301.00
312	156.50	195.63	234.75	273.88	313.00
324	162.50	203.13	243.75	284.38	325.00
336	168.50	210.63	252.75	294.88	337.00
348	174.50	218.13	261.75	305.38	349.00
360	180.50	225.63	270.75	315.88	361.00

3. 房贷中的选择

（1）两种还贷方式的区别

整体来看，等额本息法下消费者承担的利息总额较多，每月还款额中归还的本金部分是前少后多，也就是前期主要在支付利息，其益处是计算方法简单，月供额较为稳定，有利于对将来的收入进行规划和安排；而等额本金法下，虽然消费者承担的利息总额较少，但每月还本付息额前多后少，对当前的压力较大，而且每期金额不等，不利于对收入进行规划安排。

（2）如何选择？

图 4－6　应选择哪种贷款

等额本息还款法承受的还款压力均衡，通常适用于现期收入少，预期收入稳定的借款人，通常部分年轻人具有这样的特点。而等额本金还款法承受的还款压力先重后轻，比较适合有一定积蓄，但家庭负担将日益加重的借款人，如中老年人。

实际上，房贷的选择是一个复杂的问题，需要结合通胀预期、收入预期、经济发展预期等多因素来考虑。在所有因素的预期较为稳定时，可以考虑按上面的方法进行选择。

实践：

试根据最新贷款利率制定一张完整的个人住房商业贷款（万元）还款表，贷款期从1年至30年，表中应包括以下各项：贷款期（年、月）、年利率、月利率，月还款额和本息总额。

【拓展阅读】

理财中的“数学思维”

拓展阅读：寻常不寻常

不同的投资项目会产生不同的结果，即不同项目收益率的差异，这中间涉及各种数学计算及数学思维。俗语云：“吃不穷，穿不穷，算计不到就受穷”，可见理财中数学计算的重要性。

生活中大到房地产投资，小到生活中的柴米油盐，都离不开数学计算。学会生活中的数学计算固然重要，但更重要的是学会“数学思维”，要养成用数学思想和数学工具来解决实际问题的思维习惯。在理财中，就存在一些简单而重要的数学思维习惯。

理财中的数学思维一：复利思维

复利是一种累积效应，是投资理财中的“乘法效应”，从根本上讲，它指的是利息计算方式的选择，能选择复利计算时，就不选择单利。因为复利计算时，除了本金会产生利息外，利息也会产生利息，长期下来，复利计算的本利和会明显超过单利时的收益。正如本章正文中所讲，复利计算时，尽管每一期的增长率（利率）非常低，只有百分之几，但长期累积下来，本金可能增加几倍甚至几十倍。因而，理财时，要注重长期收益，而不能为短期收益率高的产品所左右，不能因为一些短期理财产品宣传的收益高，就将资金挪来挪去，今天买这个产品，明天买那个产品，这样就失去了复利效应。其实，理财如人生，要有长远理想，确定了远期目标，就要长期不懈地努力。短期目标要为长期目标服务，不能去追求一些与自己长期目标不一致的短期目标。

理财中的数学思维二：增值思维

普通老百姓为了增加财富，通常的做法是减少开支，但很少有人是靠节省致富的。节省只是使原有的财富积累起来，但并不能使原有财富增值。随着国家经济的发展，居民手中的财富也越来越多，如何“增值”相对于“节省”来说，显得更为重要。特别对通胀较高的时期，一方面节省开支，另一方面将钱存入银行，其结果反而使财富缩水。因而，科学规划闲置资金，尽量不要让资金闲置在银行，提高资金的使用效率，才能使财富增值，这就是“增值思维”的第一个方面的含义。

当然，增值思维并不是要求用所有的资金去做投资，生活中的消费是必须要支出的，有时甚至还要鼓励消费性投资。例如，年轻人可以将一部分闲钱用于智力投资，增加自己的技能和某个领域的专业才能，长远来看，能提高薪酬待遇或取得更好的工作岗位，不失为一种增值性的投资。

“增值思维”的第二个方面的含义，是指对理财知识的不断积累增值。随着金融现代化和金融产品的不断创新，现今的理财产品是越来越多，令人眼花缭乱。常见的理财产品包括银行的现金理财产品、债券、基金产品、股票及期货投资、实物投资（房产、基金、古玩字画……）等。如银行的现金类理财包括活期存款、定期存款、零存整取、整存整取等；债券产品包括各类政府债券、金融债券、公司（企业）债券。基金产品则更为丰富和复杂，根据投资对象的不同，包括了货币型基金、股票基金、债券基金、货币市场基金、期货基金等；按基金单位是否可增加或赎回，还可分为开放式基金和封闭式基金……如此多的理财产品，需要的专业知识是非常广袤深厚的。作为非专业人士，只能根据自己的实际情况，不断学习和丰富自己的理财知识，甚至是终身学习，但绝对不可以不学习，因为“你不理财，财不理你”。没有丰富的理财知识，结果只能是盲目投资甚至亏损。

理财中的数学思维三：风险思维

风险思维主要是指减少对高风险理财产品的投资。理财的最终目标是增加收益，但绝不能为了追求高收益而不顾本金的安全。高收益产品往往伴随着高风险，例如股票投资失败，可能会使本金亏损50%以上，而带杠杆的期货、外汇投资，一旦投资失败，可以让人倾家荡产。对于普通百姓而言，尽可能投资一些低风险且收益相对合理的理财产品。如果自己的理财能力较强，专业知识丰富，可以考虑将自己的财富均衡投资，根据一定的比例分别投资于低风险、中风险和高风险的理财产品，以追求收益的最大，同时风险可控，即使投资失败，也在自己能够承受的范围以内。

【趣味学习】

1. 有四个装药丸的罐子，其中有一个罐子的药丸被污染了。已知正常药丸的重量都是10克，被污染的药丸重量为11克。现有一架带砝码的天平，问最少需要称量几次，才能判断哪个罐子里的药丸被污染了？

解析：最少只需测量1次。将4个罐子编上号码，这个问题就转变为确定序号的问题。在1号罐取1丸，2号罐取2丸，3号罐取3丸，4号罐取4丸，称量这10个药丸，比正常重量多出几克就是几号罐的药丸有问题。

2. 酒店张经理在商场买了60张桌子，每件定价100元。可是他觉得太贵了，便对商场经理说:“如果你肯减价,每减1元,我就多订购5件”。商场经理算了下,如果减价5%,由于张经理多订购,仍可获得与原来一样多的利润。若不考虑运费,请你算出每件桌子的成本。

解析:桌子成本为85元。

设桌子每件的成本为 x 元,列出方程即可求解。参考方程:$60(100-x)=90(95-x)$。

3. 有两家公司预测未来的市场形势(假设只有好与坏两种结果),根据历史数据统计,A公司预测的准确率为60%,而B公司预测的准确率只有25%。如果你想获得更高的预测准确率,应选择与哪家公司进行合作?

解析:应该选择与B公司合作。

选择A公司最高准确率为60%,选择B公司且反着做,准确率为75%。故选择B公司。

拓展阅读:缺失的面积去哪里了三角形块

拓展阅读:人类为什么需要数学因为直觉不可靠绳子套地球的空隙问题

拓展阅读:神奇几何魔术8段变9段

第五章　数学与金融市场技术分析

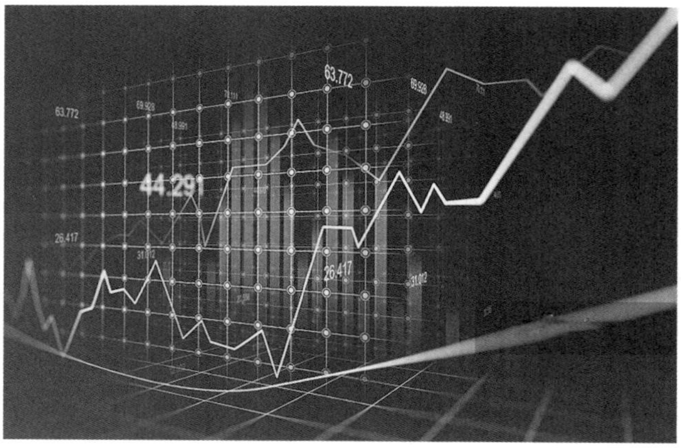

你应当把股票看作是许多细小的商业部分、把市场的波动看作是你的朋友而非敌人、利润有时来自对朋友的愚忠而非参与市场的波动，以及关于投资最重要的几个字眼“安全边际”概念。我深信，无论世事怎么变化，这些思想观点依然是合理投资的基石。

——沃伦·巴菲特

【学习目标】

本章须掌握金融产品价格K线图表示方法，K线组合，了解常见技术指标移动平均线（MA）、MACD的原理及其应用法则。

【教学提示】

本章结合常见的股票市场K线图进行学习，利用常见技术指标KDJ、MA、平滑异同移动平均线分析股票价格趋势。

金融市场包括股票市场、外汇市场、期货市场等，各类市场交易品种有很多。比如，截至 2016 年，上海 A 股市场和深圳 A 股市场各有上千只股票，上海期货市场有两百多只期货产品。本章采用数学统计方法、K 线形态学等对金融交易产品进行技术分析与量化分析，试图寻找简单有效的交易方法。

一、金融产品分时图的基础知识

金融产品分时走势图也称为即时走势图，它是把金融市场的交易产品、交易信息，实时地用曲线在坐标图上加以显示的技术图形。一般来说坐标的横轴是交易时间，纵轴的上半部分是一般产品价格或市场的综合指数、加权指数，下半部分一般显示的是成交量数据。分时走势图是金融产品实时交易的价格数据。比如股票市场分时走势图可以分为股票指数分时走势图和个股分时走势图。图 5－1 是上证指数分时走势图，图 5－2是深证成分指数分时走势图。

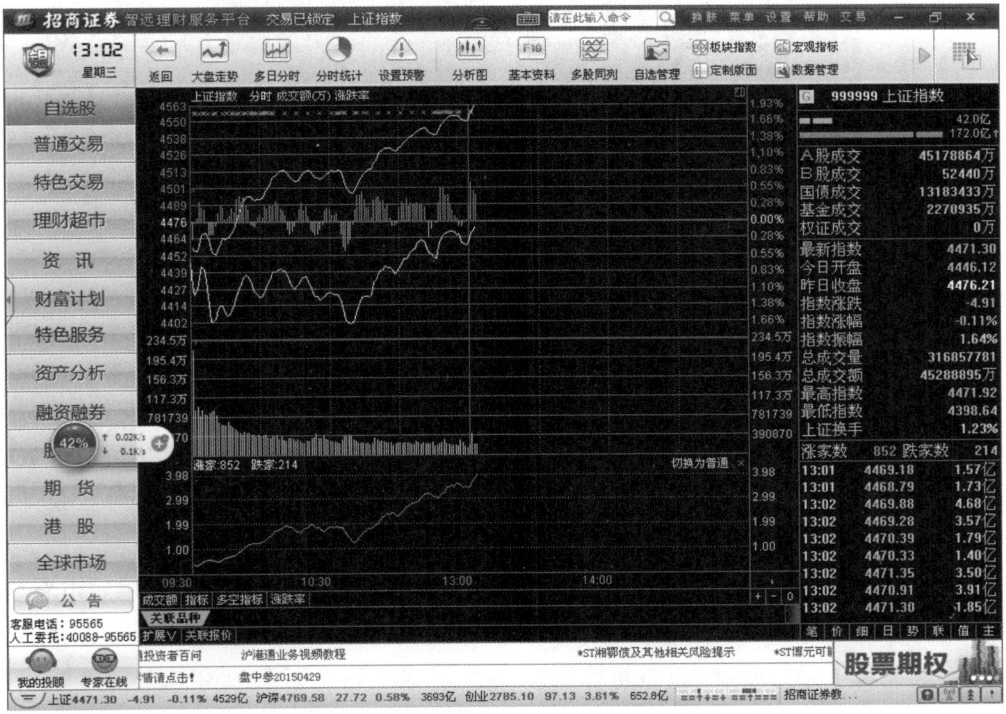

图 5－1　上证指数分时走势图

图 5－1 横轴表示上海证券交易所交易时间，白色曲线表示上证交易所的大盘指

数，实质是上证股票根据股票发行量的多少而定的加权指数。黄色曲线[1]是不考虑上证交易市场股票发行数量的多少，将所有股票对上证指数的影响等同看待的不含加权数的大盘指数。当指数上涨，黄色曲线在白色曲线走势之上时，表示中小盘的股票涨幅较大；而当黄色曲线在白色曲线走势之下时，则表示大盘的股票涨幅较大。当指数下跌时，如果黄色曲线仍然在白色曲线之上，表示小盘股的跌幅小于大盘股的跌幅；如果白色曲线反而在黄色曲线之上，则说明小盘股的跌幅大于大盘股的跌幅。

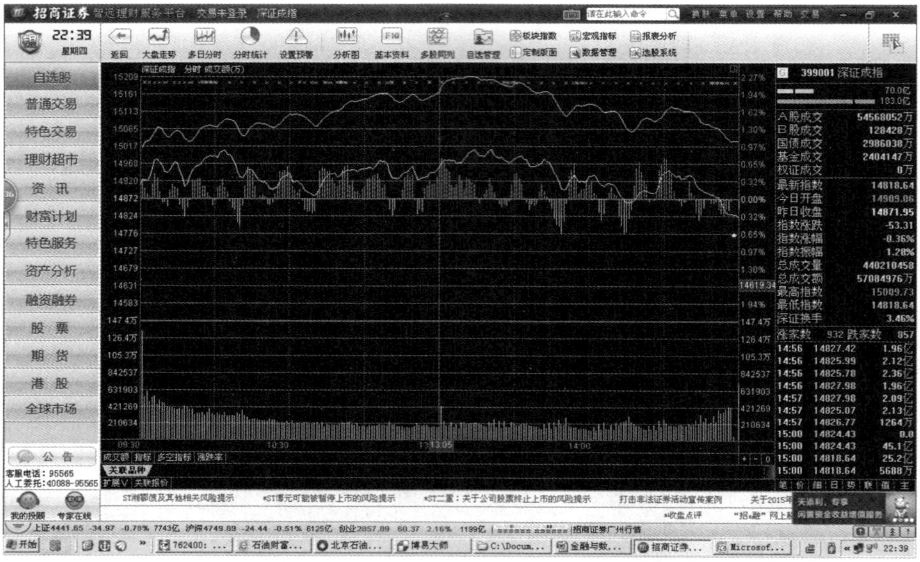

图 5 - 2　深证成分指数分时走势图

图 5 - 3 为个股（平安银行 000001）分时走势图，图中白色曲线表示平安银行股票的分时成交价格，黄色曲线是股票的平均价格。黄色柱线表示每分钟的成交量，单位为手（100 股/手）。图 5 - 3 右侧常见的一些指标含义为：外盘，成交价是卖出价时的成交手数总和称为外盘；内盘，成交价是买入价时的成交手数总和称为内盘。当外盘累计数量远比内盘累计数量大，股价上涨，表明大量交易者在抢购该股票，股票后期看涨。当内盘累计数量比外盘累计数量大，股价下跌，表示大量交易者抛售股票，股票后市看跌。量比：当日总成交手数与近期平均成交手数的比值。如果量比数值大于 1，表示这个时刻的成交总手量已经放大；若量比数值小于 1，表示这个时刻成交总手量萎缩。委比：委托买委托卖手数的差与和之间的比值。当委比为正时，表示买方的力量比卖方强，股价上涨的概率大；当委比为负时，表示卖方的力量比买方强，股价下跌的概率大。

---

① 此处所称的黄色曲线是指此线在电脑屏幕上的颜色，在图中以黑颜色的线在表示，下同。

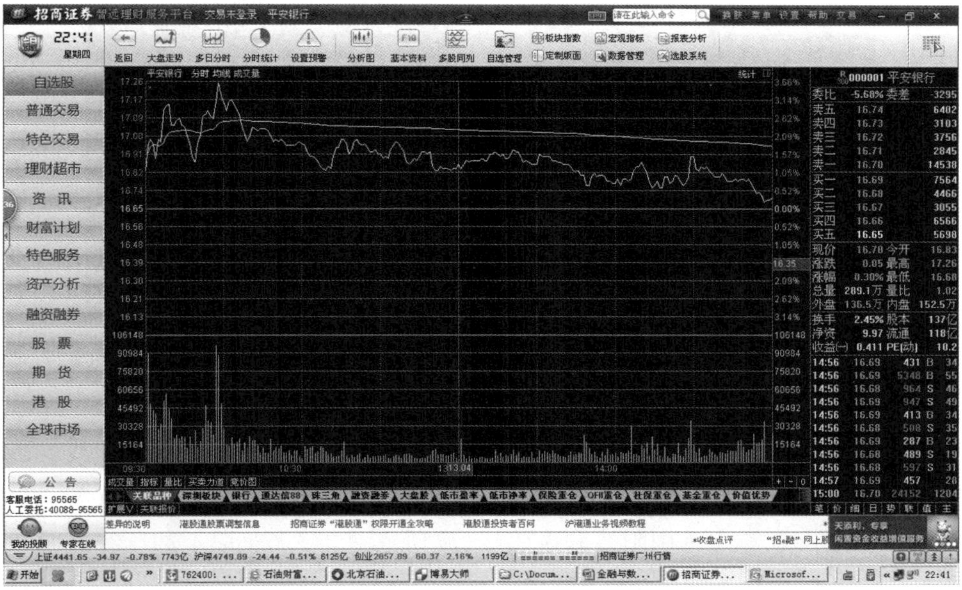

图 5－3　平安银行分时走势图

二、金融产品 K 线图的基础知识

K 线图起源于日本德川幕府时代大阪的米商在记录一天、一周或一月中米价涨跌行情的表示方法，在 20 世纪 50 年代被华尔街引入到股市分析股票价格的变动，同时逐渐被引入各类金融产品交易分析中。K 线图蕴含了深刻的东方哲学思想，比如阴阳平衡，盛极而衰，K 线可以充分显示股价趋势的强弱、买卖双方力量平衡的变化，预测后市走向较准确，是现代最为流行的技术分析手段。日 K 线是根据金融产品价格比如股价（或股票指数）一天的价格变化形成的四个价位即开盘价、收盘价、最高价、最低价绘制而成的。如图 5－4 所示，阳线：收盘价高于开盘价时，开盘价与收盘价之间的长方柱用红色或空心绘出，称之为阳线；最高价与收盘价之间连线为上影线，最低价与收盘价之间的连线为下影线。阴线：收盘价低于开盘价，开盘价与收盘价之间的长方柱用黑色或实心绘出，称之为阴线，最高价与开盘价之间的连线为上影线，最低价与收盘价之间的连线为下影线。根据 K 线的计算时间周期可分为 5 分钟 K 线、15 分钟 K 线、30 分钟 K 线、60 分钟 K 线、日 K 线、周 K 线、月 K 线和年 K 线。对于期货交易品种 5 分钟 K 线、15 分钟 K 线、30 分钟 K 线、60 分钟 K 线等短周期 K 线有重要的参考意义。

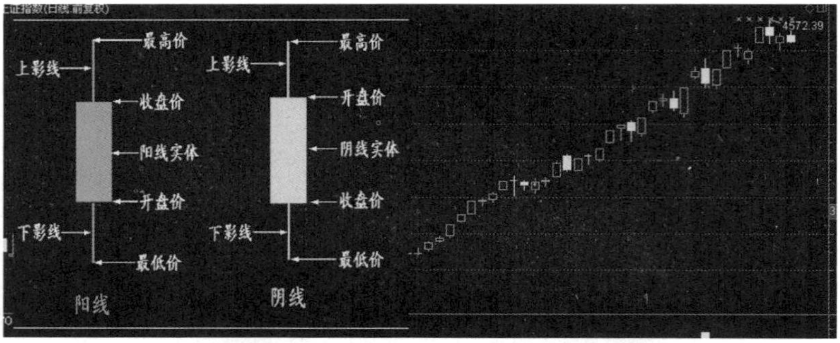

图 5－4　金融产品 K 线图

一般来说，波动范围在 0.5% 左右的阳线或阴线，称之为极阳线或极阴线；波动范围在 0.6%—1.5% 的阳线或阴线，称之为小阳线或小阴线；波动范围在 1.6%—3.5% 左右的阳线或阴线，称之为中阳线和中阴线；波动范围在 3.6% 以上的阳线或阴线，称之为大阳线和大阴线。不同的走势形成了不同种类的 K 线，而同一种 K 线却在股价所处的位置不同而各具不同的预示。

十字星是比较典型 K 线形态，如图 5－5，股价出现十字星通常预示行情正在转势，但行情在不同的阶段蕴含的提示是不一样的。比如图 5－6，下影十字星、下影阴线、T 型线出现在低价位区时，都说明股价在下档支撑力较强，预示着股价有反弹的可能。图 5－7 上影阴线、倒 T 形线出现在股票高价位区时，说明上档抛压沉重，行情较为疲软，是一种行情反转向下跌的标志；如果出现在行情上升途中，则表明后市仍有上升空间。

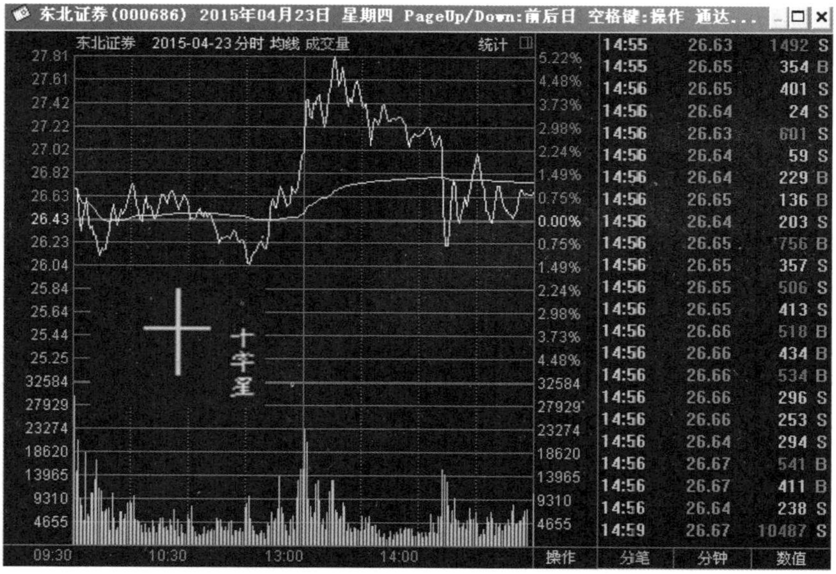

图 5－5　十字星

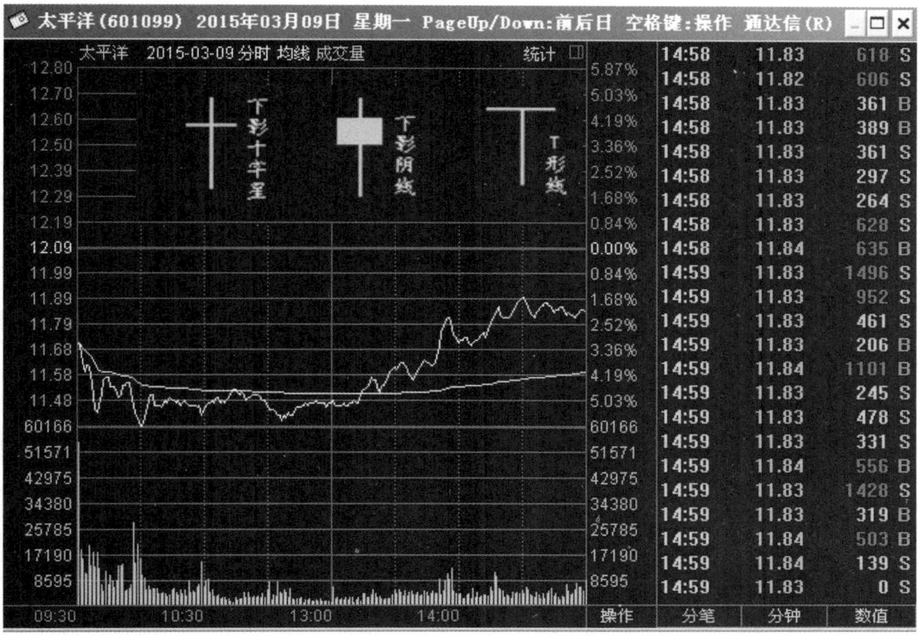

图 5－6　下影十字星、下影阴线、T 型线

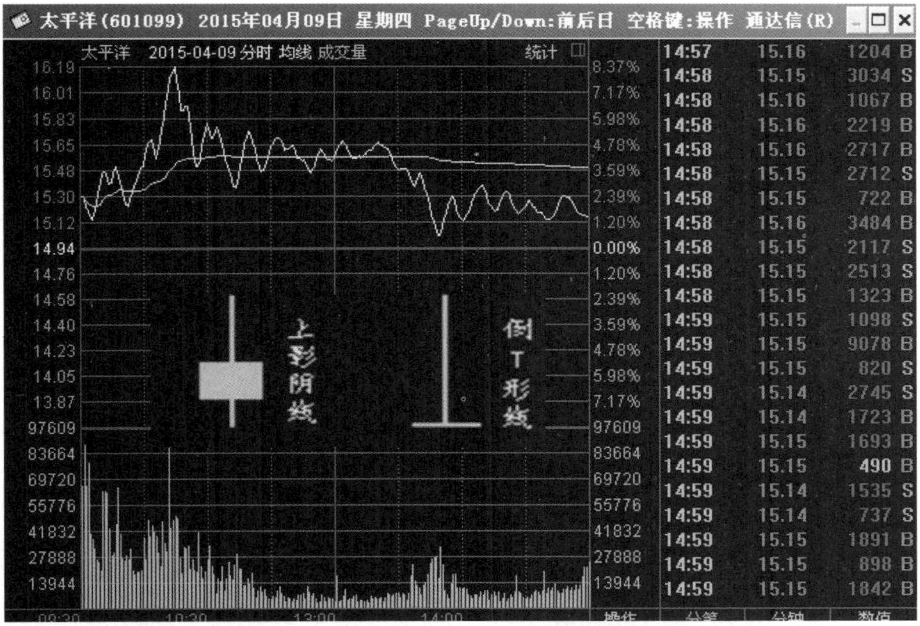

图 5－7　上影阴线、倒 T 形线

三、K 线组合

K 线图中蕴涵着东方哲学中的阴阳平衡思想，阳极必阴，阴极必阳，实质上金融产品市场的阴阳变化体现在多（买）空（卖）双方"势"的相互转化。一条 K 线只能代表多空双方在这个时期（一天或一周等）内搏斗的结果，不足以反映市场的连续变化，长周期多条 K 线组合才能表达多空双方一段时间内"势"的转化。多空双方在一段时间的盘整局面中获得突破或优势，都可能形成一段上涨或下跌的行情，称之"顺势而为，势不可挡"。而随着上涨或下跌行情的不断发展，又为对方积累着反击的力量，也就是"盛极而衰"。我们观测 K 线组合图就是为了发现多空势力强弱盛衰的变化，感受双方"势"的转化，顺势而为，寻找到蓄势待发的底部，守住大势上涨的股票，规避强弩之末的顶部风险。K 线图配合成交量、移动平均线共同使用，可以说是东方阴阳平衡的哲学思想与西方统计学的完美结合。成交量是多空双方互相战斗中能量变化的最为关键的表述，移动平均线是多空双方进攻与防守的一道道防线。

以下介绍几种常见的具有预示着行情反转的 K 线组合形态，可以为交易提供重要的参考。一是常见底部形态，W 底（双重底），头肩底；二是常见的行情顶部反转形态，M 顶（双头），头肩顶。

双重底：如图 5－8 平安银行（周线图）在长期下跌过程中，成交量逐波下跌，空方的力量严重衰竭，股价下跌能量丧失殆尽，多方（买方）由此发起反攻，但在前期密集成交区价位的受阻回落股价再次下探，但股价却未跌破前期低点 5.09 元，然后，多头再次

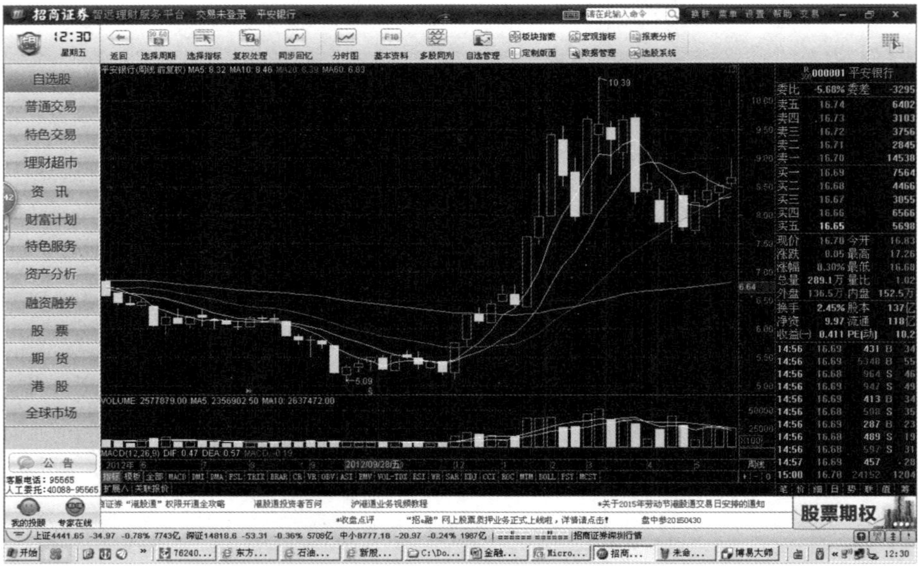

图 5－8　平安股份双底形态

发起反攻,一举突破前期阻力位,逐步走高。当股价从第二谷底上升超过顶点价格的3%,可视为有效突破。股价的这种走势形成双底,为后市上升打下了坚实的基础。再比如图5-9伟星股份(日线图),形成双底形态,有效突破之后,股价上涨了70%左右。

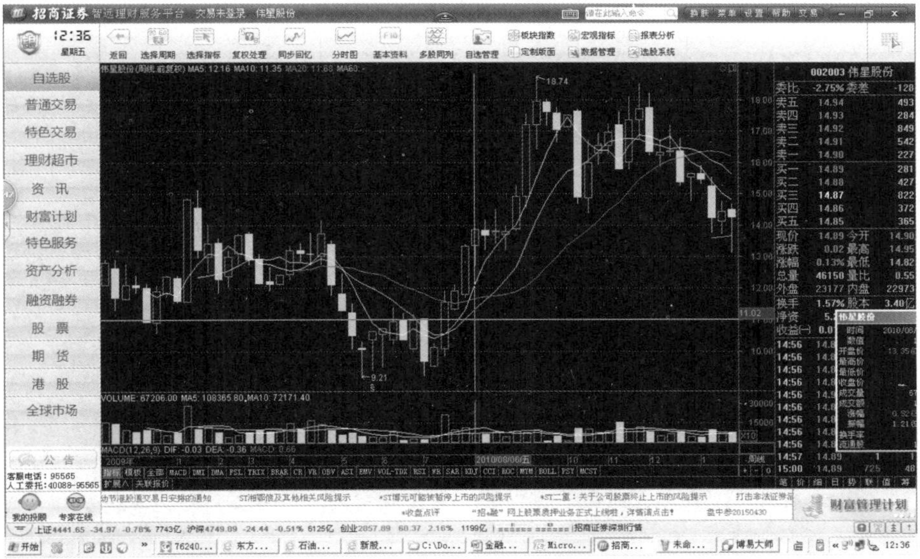

图5-9 伟星股份双底形态

头肩底:如图5-10华兰生物与图5-11中捷资源,股价经过长期下跌后,成交量显著减少,股价逐渐走缓并略有反弹,同时成交量略有增加,从而形成左肩。紧接着继续下跌探底,遇到多方组织反攻,成交量迅速放大,金融产品价格(股价)回升超过左肩

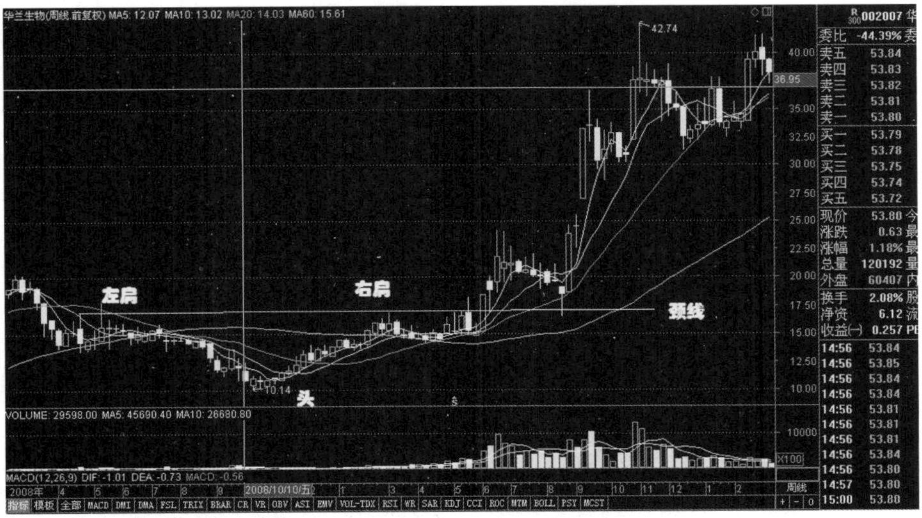

图5-10 华兰生物头肩底

低价位，形成头肩底，又再次回调下探，形成另一个底部即右肩，此底部不低于头肩底。此后多方反攻，在大成交量的配合下将价格拉升，如股价上升超过颈线位3%则可确认后市的上升走势，其股价上升的最小幅度为低至颈线的股价垂直距离。但在大多数情况下，金融产品价格（股价）突破颈线之后通常会回档到颈线价咯，确认突破的有效性。

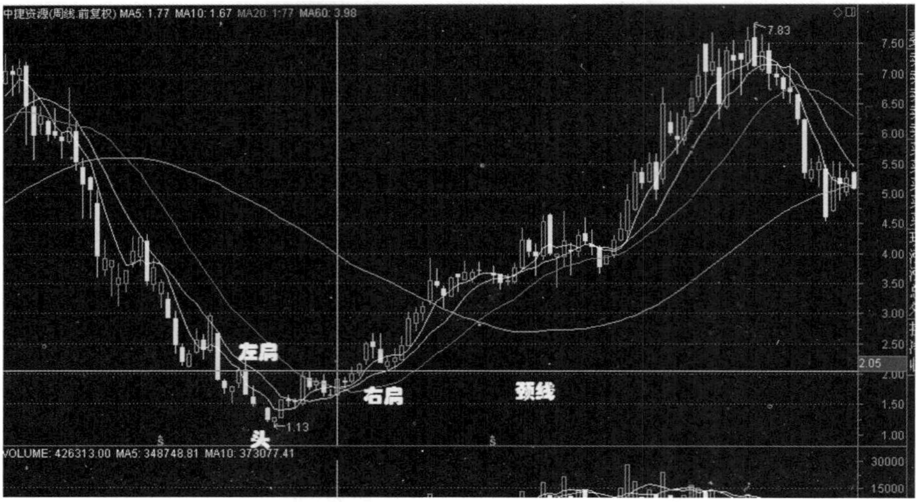

图5－11　中捷资源头肩底

M顶（双头）：如图5－12所示上证指数2007年10月17日创出历史新高6124.04点之后K线组合形成双头形态，突破颈线5477点之后迅速下跌，第一波下跌到4786点，幅度达到691点之巨，随后反弹到颈线，形成周线周期的M头形态，如图5－13所

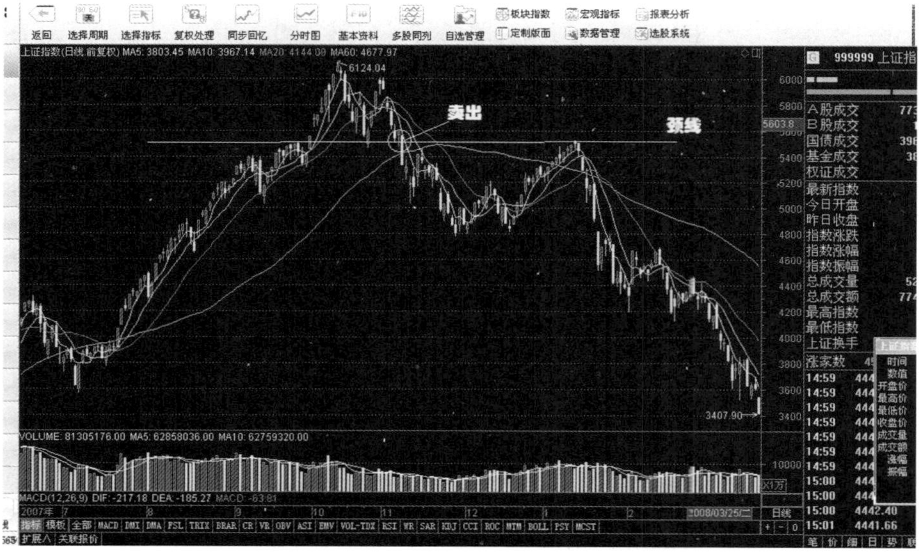

图5－12　所示上证指数日线级别双头形态

示，突破周线M头形态颈线4753点之后，最低下跌到1680点，跌幅高达3593点，因此周线形态下卖点视作多方最后的防线，也是多头最后的逃命点。双头形态预测的准确性是比较高的，出现双头形态，应尽快离场，更不能试图抄底。

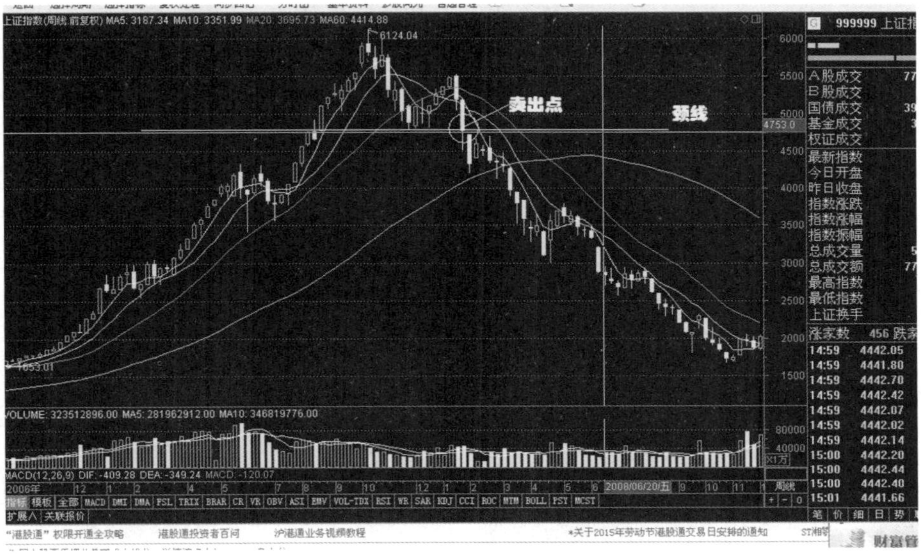

图5-13　所示上证指数周线级别双头形态

头肩顶：如图5-14所示，中信证券在2007年11月5日创出历史高点37.08元，之后形成头肩顶形态，突破颈线之后跌回到14元左右的价格，幅度惊人。头肩形态预测的准确性也是比较高，出现此种形态，应尽快离场，决不能犹豫不定，否则损失将是巨大的。

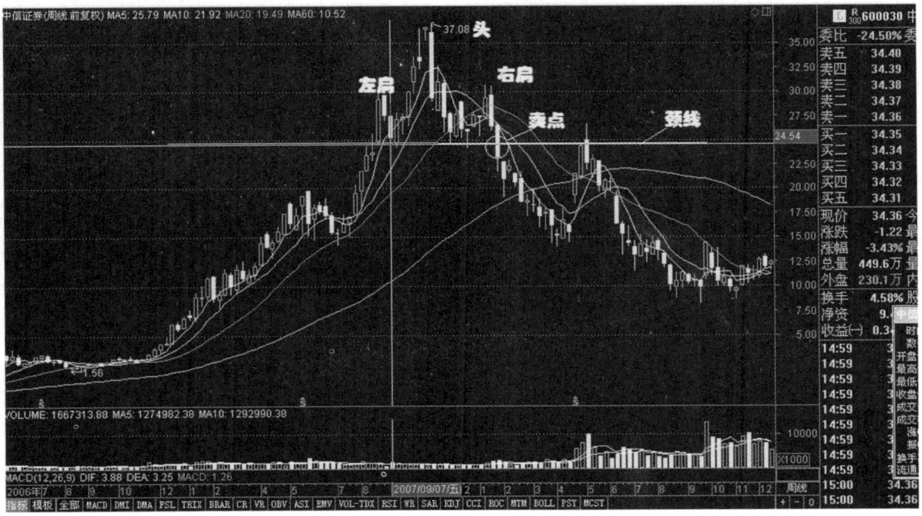

图5-14　中信证券头肩顶

四、移动平均线（MA，Moving Average）

下面我们再简单介绍一下，算术移动平均线及其应用，

$$MA = (P_1 + P_2 + \cdots + P_n)/n$$

P_n 为每日收盘价，n 为计算时间周期，一般 n 可选择 5、10、20、60，可针对不同金融产品（股票、期货等）进行调整。移动平均线（MA）主要的用法如下：

（1）行情启动上涨初期，短期移动平均线（如 5 天均线）从下向上突破中期（10 天均线）或长期（20 天均线）移动平均线，形成的交叉称之为黄金交叉。如图 15 中信证券短期与中长期均线粘接在一起，形成金叉之后，是非常好的买入点。

（2）金融产品价格（股价）经过长期的连续上涨，短期移动平均线（5 天均线）向下跌破中长期（10 天或 20 天均线）移动平均线形成的交叉称之为死亡交叉，预示着金融产品价格（股价）将下跌。

（3）在金融产品价格（股价）进入稳定上涨期，5 日、10 日、20 日、60 日移动平均线从上而下依次顺序排列，并向右上方增长并移动，称之为多头排列。预示金融产品价格（股价）将进一步大幅上涨，交易者应持股不动。

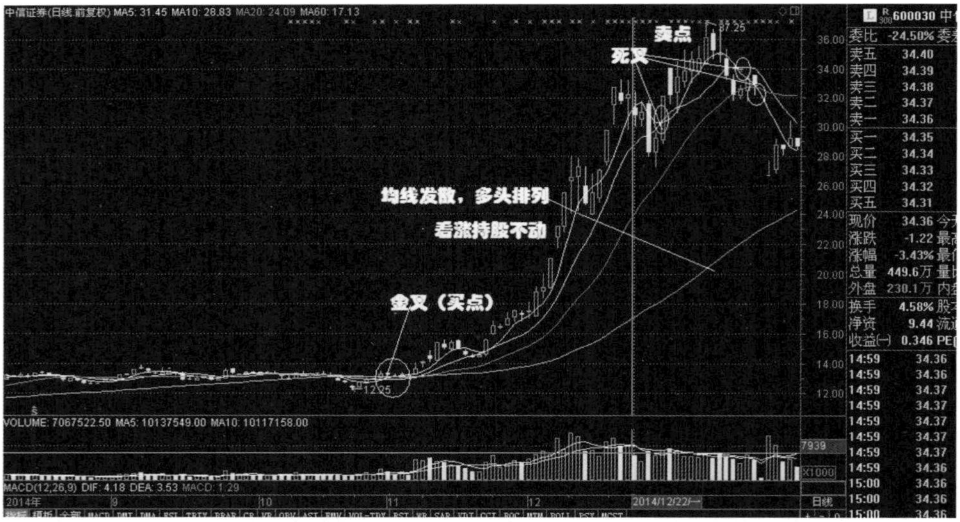

图 5－15　中信证券均线

五、平滑异同移动平均线 (MACD, Moving Average Convergence Divergence)

平滑异同移动平均线 MACD 是 Geral Appel 在 1979 年提出的，利用短期（常选定 12 日）移动平均线与长期（常选定为 26 日）移动平均线（MACD）之间的交叉与分离状况，对多方买进、空方卖出的时机做出适时判断的技术指标与分析依据。平滑异同移动平均线 MACD 由下列算法得到：

加权平均指数（DI）=（当日最高指数 + 当日收盘指数 +2 倍的当日最低价指数）

十二天周期平滑系数（SF12）=2/（12+1）=0.1538；

二十六天周期平滑系数（SF26）=2/（26+1）=0.0741；

十二天指数平均值（EMA12）=SF12 × 当日收盘指数 +11/（12+1）× 昨日的 12 日 EMA；

二十六天指数平均值（EMA26）=SF26 × 当日收盘指数 +25/（26+1）× 昨日的 26 日 EMA；

差离率（DIF）=12 天 EMA −26 天 EMA 9 日 DIF；

平均值（DEA）= 最近 9 日的 DIF 之和/9；

柱状值（BAR）= DIF − DEA；

MACD =（当天的 DIF − 昨天的 DIF）×0.2 + 昨日的 MACD；

现有大部分技术分析软件（比如招商证券），MACD 常用的参数如下：快速平滑移动平均线的时间参数为 12，慢速平滑移动平均线的时间参数为 26。此外，MACD 还有一个重要的辅助指标—— BAR 线（常称为柱状线），在低于 0 轴以下是阴线（通常显示为绿色），高于 0 轴以上是阳线（通常显示为红色），前者代表金融产品价格（股价）走势较弱，后者代表走势较强。

MACD 的应用法则

一般来说，当 MACD 从负数转向正数，BAR 线由绿变红，发出多方买入的信号。当 MACD 从正数转向负数，BAR 线由红变绿，是空方卖出的信号。当 MACD 突然大角度快速变化，表现为移动平均快线和移动平均慢线之间的差值快速地扩大，通常预示着金融新产品市场价格将会有大趋势的转变。

（1）当快线 DIF 由下而上突破慢线 DEA，一般表现为 DIF（白色快线）上穿 DEA（黄色慢线）形成交叉，称之为 MACD 黄金交叉。同时 BAR（绿柱线）缩短或由绿转红，此时为买入信号。如图 5 −16 所示，鸿达兴业白色 DIF 向上穿越黄色 DEA，同时 BAR 由绿变红，此时多方的买入信号出现。

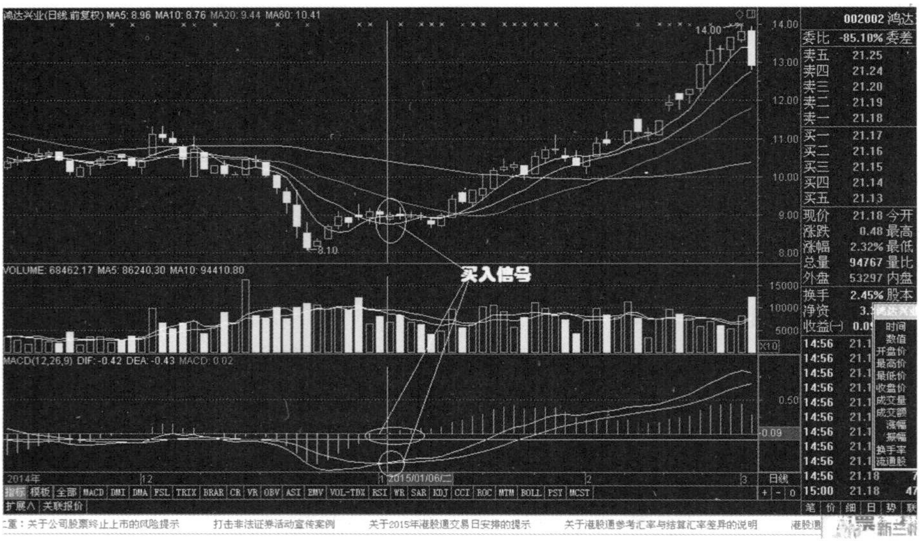

图 5－16　鸿达兴业 MACD 买入信号

（2）当差离率 DIF 由上而下突破平均值 DEA，一般表现为 DIF（白色快线）向下穿越 DEA（黄色慢线）形成交叉，称之为死亡交叉，即白色的 DIF 下穿黄色的 DEA 形成的交叉。同时 BAR（红柱线）缩短或由红变绿，此时空方卖出信号出现。比如图 5－17，鸿达兴业 MACD 白色 DIF 向下穿越黄色 DEA，同时 BAR 由红变绿，此时是卖出信号。

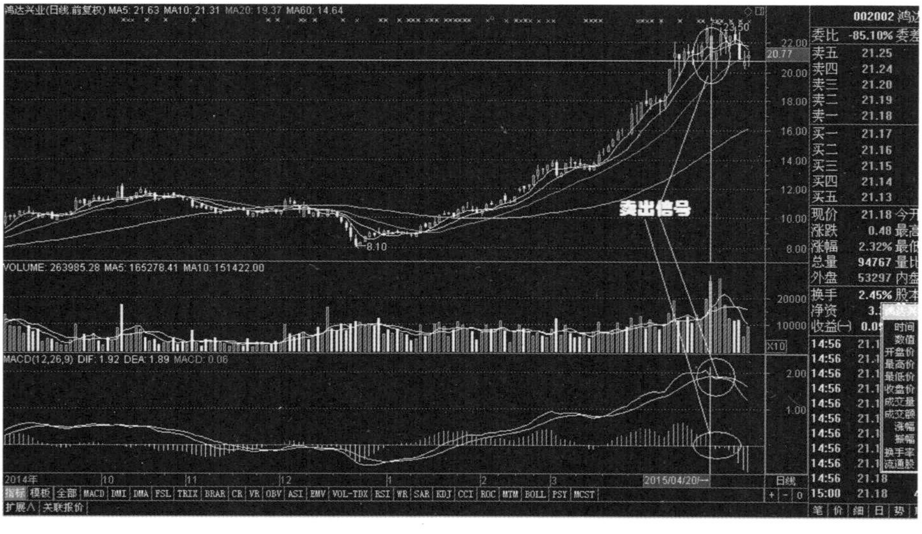

图 5－17　鸿达兴业 MACD 卖出信号

（3）顶背离：当金融产品价格指数（股价）逐波攀升，而快线 DIF 及慢线 DEA 没有同步攀升，却是逐波下探，与金融产品价格（股价）走势形成顶背离，这预示着股价即将下跌。如果此时出现快线 DIF 两次（或两次以上）由上而下穿越慢线 DEA，形成两次（或两次以上）死亡交叉，预示着金融产品价格（股价）将大幅下挫。如图 5－18 中信证券所示，股价逐渐上行，MACD 曲线中 DIF 与 DEA 却拒绝上扬，反而向下盘跌，DIF 与 DEA 纠结在一起，形成顶背离，DIF 向下再次突破 DEA 形成死叉，此时应迅速离场，卖出所持股票，如果可以融券做空，可以即时做空。

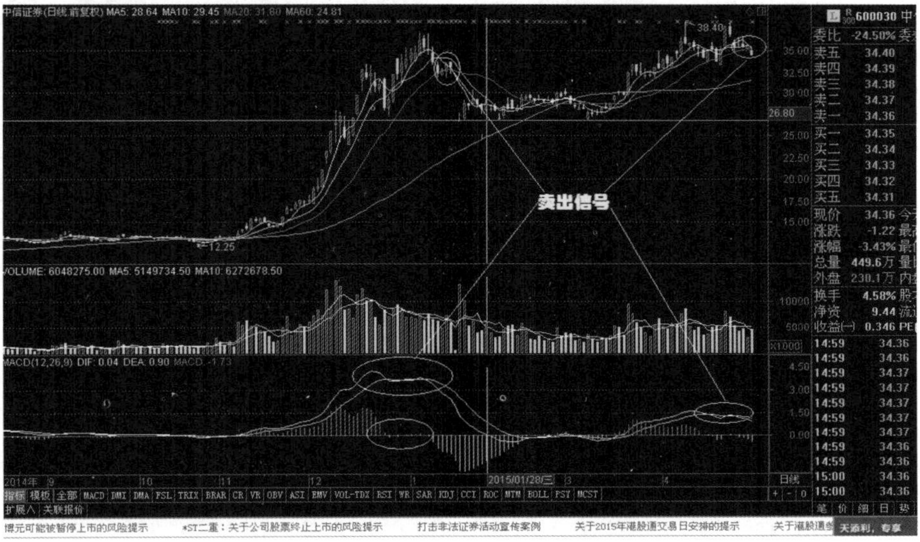

图 5－18 中信证券 MACD 卖出信号

（4）底背离：当金融产品价格（股价）指数逐波下跌，而快线 DIF 及慢线 DEA 不是同步下跌，而是逐波上行，与股价走势形成底背离，预示着股价即将上涨。假若此时出现快线 DIF 两次（或两次以上）由下而上穿越慢线 DEA，形成两次（或两次以上）黄金交叉，则金融产品价格（股价）将会大幅度上涨，发出买入信号。如图 5－19 所示，神州泰岳底背离形态。

一般来说，MACD 主要用于对金融产品价格中长期的上涨或下跌趋势进行判断，当金融产品价格（股价）处于盘整的局面或者价格波动很慢没有明显的变动，此时 MACD 所表现出来的买卖信号相对而言较不明显。另外，金融产品价格（股价）短时期内的波动幅度较大时，MACD 的变动会显得较为缓慢滞后，不会立即产生买卖的信号，这是 MACD 应用中比较大的困惑。

此外，我们必须要注意在使用 MACD 指标判断买卖信号时应当遵守的以下 5 个基本原则：

1. 当快线 DIF 和慢线 DEA 处于 0 轴以上，金融产品价格（股价）呈现向上趋势，我们称之为多头市场。在多头市场里，快线 DIF 从下向上突破慢线 DEA 时是买入信号。

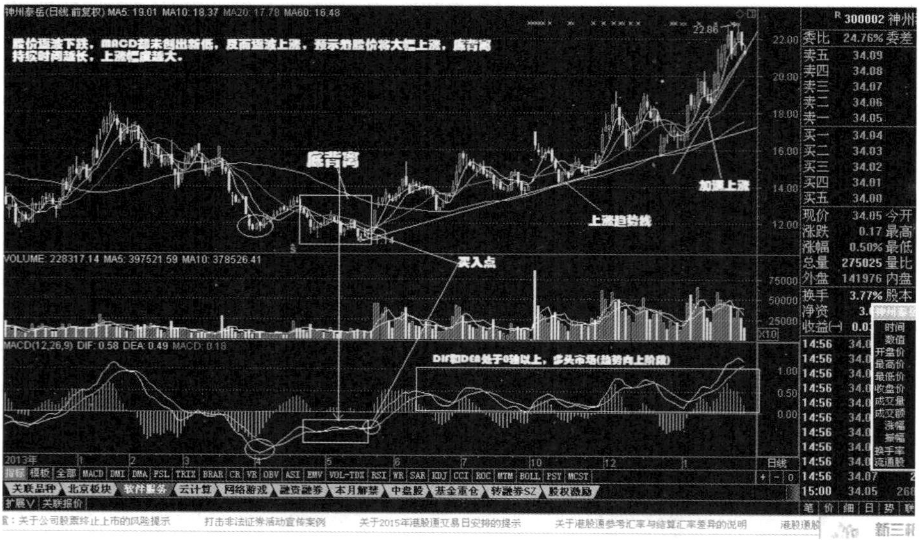

图 5－19　神州泰岳 MACD 底背离信号

快线 DIF 由上向下穿越 DEA 线时，同时快线与慢线值一直处于 0 轴上方运行，我们仅仅只能把这样的价格下探看成是一次价格短暂的调整，而不能得出价格趋势转折向下的结论，此时判断是否卖出股票还需要进一步研判其他技术指标或 K 线形态。

2. 快线 DIF 和慢线 DEA 处于 0 轴下方运行时，金融产品价格（股价）呈现向下趋势，我们称之为空头市场。假若快线 DIF 由上向下穿越 DEA 形成死亡交叉，这是空方卖出的信号。如果快线 DIF 由下向上穿越慢线 DEA 时，同时快线与慢线值一直处于 0 轴下方，我们仅仅只能把价格上涨看成是一次短暂的价格反弹修正，而不能得出价格趋势转折向上的结论，此时判断是否买入股票还需要进一步研判其他技术指标或 K 线形态。

3. BAR（柱状线）的收缩与放大的研判方法。通常情况下，BAR（柱状线）的连续收缩说明原有价格趋势运行的强度正在逐渐减弱，当 BAR 颜色发生改变时（比如由绿转红），价格趋势可以明确为转变。但是，我们要特别注意，如果应用短时间周期的 MACD 指标，这种判断并不能完全成立。

4. MACD 指标形态与顶背离、底背离的研判方法。一是当 MACD 指标的技术形态表现为快线 DIF 与慢线 DEA 形成高位的看跌形态，比如双头、头肩顶等，此时我们应当对价格保持充分的警惕，应考虑卖出股票；二是当 MACD 指标的技术形态表现为快线 DIF 与慢线 DEA 形成低位的看涨形态，我们应当考虑股价见底的可能，并买入股票。三是在判断 MACD 形态时以快线 DIF 为主，慢线 DEA 线为辅。当金融产品价格（如股价）持续走高，但 DIF 指标反而走出逐波下跌，此时伴随着 MACD 顶背离的出现，预示着金融产品价格（股价）将不会持续上涨，甚至在不久之后出现转折向下跌。当金融产品价格(股价)出现持续下跌,而 DIF 指标反而出现逐波上扬的走势,同时 MACD 指标显现出底背离的倾向,预示着金融产品价格(股价)下跌将不会持续下去,转而向上涨的概率大增。

5. 金融产品价格(股价)上涨与下跌并不明显,在一个较小的价格期间内来回震荡,我们称之为牛皮市场,此时 MACD 的指标通常是失真的。此时 MACD 指标产生很多买卖的虚假信号,快线 DIF 与慢线 DEA 的频繁交叉,同时 BAR 线也频频出现萎缩与伸展,BAR 线颜色也会常常红绿交替出现,此时 MACD 指标处于失真状态,我们不应使用 MACD 来判断买卖的时机。

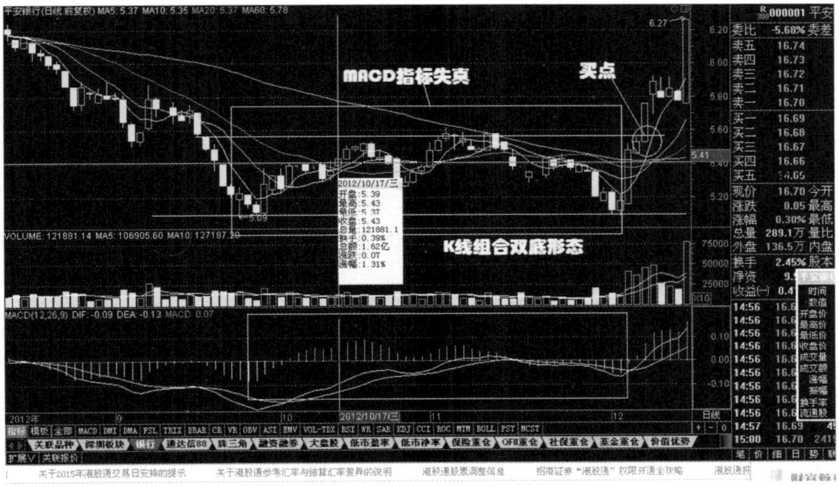

图 5-20 平安银行牛皮市场下 MACD 失真(需配合 K 线组合理论判断)

应用快线 DIF 与慢线 DEA 的形态分析金融产品价值运行的规律,主要是应用指标与股价之间相背离的方法:比如快线 DIF 的走势与金融产品价格(股价)走势相背离,相背离的时间越长,买卖的信号越为准确,一旦出现指标与价格背离则应该随时关注买卖的信号是否出现,并及时采取行动。但是,完全根据以上原则来指导交易员的实际操作,有时候准确性并不能令人满意,应根据不同的投资品种,了解该品种价格运行的具体情况,经过实践、摸索和总结,综合运用 5 天、10 天、20 天移动平均线和 MACD 线以及 K 线组合,从而提高判断的准确性。

【拓展阅读】

通常我们还可以参考以下技术指标对金融市场进行技术分析与预测。比如:MA(均线)、BBI 多空指标、EXPMA 指数平均线、HMA 高价平均线、LMA 低价平均线、VMA 变异平均线、BOLL—M 布林—主图叠加、XT 箱体、JAX 济安线、瀑布线 PBX、ENE 轨道线、MIKE 麦克支撑压力、BBIBOOL 多空布林线,这些指标的算法及使用方法各有特色,针对不同的市场状况采用不同指标，能起到意想不到的参考效果。

拓展阅读：单位换算导致的航空事故

拓展阅读：蝴蝶效应

【趣味学习】

不超过三人作为一组，选定上证市场或深证市场某一支股票，综合应用 K 线组合、移动平均线、MACD，写一篇三页左右的文章阐明你对该股票价格走势的分析，并对后市进行分析，并持续跟踪验证理论的正确性（或不适用性）。注意：必须穿插图表来说明你的分析与结论。

思考提示：

1. 在股票交易系统上选定上证市场或深证市场某一支股票比如万科（000002）。

2. 观测万科 A 日 K 线、周 K 线、月 K 线。

3. 应用 K 线组合、移动平均线、MACD 理论分析万科 A 年度、月度、周度、日线级别价格走势，得出你的分析结论。

4. 持续跟踪一个月以上验证万科 A 分析的正确性，若不正确说明原因（或不适用性）。

5. 必须穿插图表来说明你的分析与结论。

第六章　数学与艺术

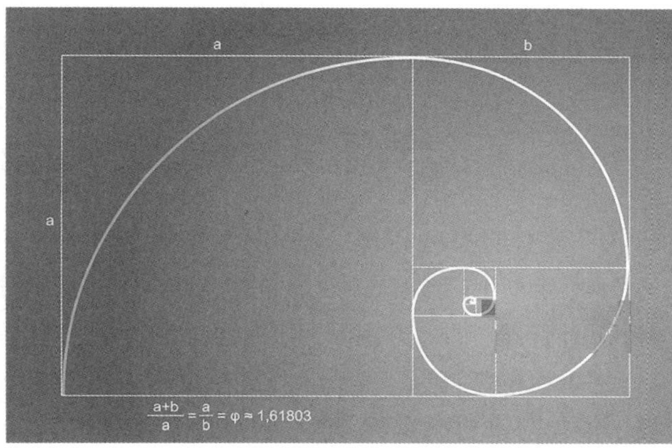

没有数学，就没有艺术。

——帕西沃里

【学习目标】

1. 了解数学与艺术的关系。

2. 从数学与美术、数学与音乐和数学与文学几个方面了解数学和艺术是如何水乳交融、互相促进、共同发展的。

【教学提示】

数学和艺术密不可分。本章首先介绍了数学中的透视学、黄金分割、对称性等在美术中的应用，以及数学和艺术结合的明珠——分形；然后介绍了数学在音乐发展中的作用，介绍了一些数学家在音乐方面的巨大成就；最后从数学与诗歌、数学与对联、数学与小说等几个方面介绍了数学和文学。

数学是研究数与形的一门科学，是逻辑思维的产物。而艺术是用形象来反映现实，

拓展阅读：数学与摄影

但比现实更具有典型性的社会意识形态，美术、音乐、文学、戏剧、电影等都属于艺术。那么，严谨的数学与浪漫的艺术有没有关系呢？答案是肯定的，考察人类的历史进程，我们会发现几乎人类一切科学的发展和进步都或多或少用到数学。当然，艺术也不例外。其实数学既是一门科学，其本身也是一门艺术，数学的简洁美、对称美、和谐美对许多艺术流派的发展都有着深远的影响，数学充当了研究、提高、简化和完善艺术的工具，甚至有些艺术作品没有数学知识是不可能创作出来的。而对数学的艺术追求也是数学发展的重要动力。下面我们就从数学与美术、数学与音乐和数学与文学几个方面来看看数学与艺术是如何紧密结合、相互促进的。

一、数学与美术

美术与数学之间似乎没有明显的相似之处，但事实上却有着深刻而紧密的联系。剖析我们比较熟知的绘画、雕塑、工艺美术、建筑艺术等美术作品，其中隐含着代数、平面几何、立体几何、解析几何、拓扑学、透视学、对称性质和旋转变化等诸多数学知识。无论是哪种美术作品，材质和色彩可以千变万化，却总离不开形状和尺寸，而形和数是数学的研究对象。数学使得美术更易掌握，美术使得数学平易近人，可以说，数学是没有上色的美术，美术是数学的形象表达。

我们看下面两幅作品，左边一幅是中世纪的作品，明显没有空间的感觉，换而言之，它不像我们在三维空间看到的真实场景。右边一幅是文艺复兴时期的作品，看起来远近分明，立体感很强。

图 6－1　中世纪与文艺复兴时期画作对比

为什么会有这样鲜明的对比和本质的不同呢？很简单，因为文艺复兴时期艺术家拥有了数学工具——透视学，文艺复兴时期成了绘画艺术史的分水岭。中世纪宗教绘画具有象征性和超现实性，而到了文艺复兴时期，描绘现实世界成为画家的重要目标。

如何把三维的现实世界绘制到二维的画布上，其本身就是一个现实的数学问题。在欧洲艺术创作领域公认有两次最大的创新，一次是文艺复兴，另一次是上世纪初兴起的现代艺术。事实上，两次大的变革都与几何学的变革有关。前者与三维透视几何有关，后者与N维几何和非欧几何有关。

1435年阿尔伯蒂(Leon Battista Alberti，1404—1472)写作《论绘画》一书，作为文艺复兴时期的第一本论述透视的著作，显然是具有开创性的。阿尔伯蒂认为艺术的美应与自然相符，而数学是认识自然的钥匙，他主张利用透视法进行艺术创作。他认为做一个合格的画家，首先要精通几何学。在《论绘画》中，他写道："如果一名画家尽可能精通所有的自由艺术，那将令人愉悦；但首先我希望他懂得几何学。"

事实上，将三维空间场景中的不同平行线画在二维画布上时，需要满足三个定理：

定理1 与画面垂直的平行线交于一点，该点称为主没影点(也称一点透视)；

定理2 与画面既不垂直、也不平行的两族平行线各交于一点，称为对角没影点，两个对角没影点与主没影点共线，且与主没影点等距；

定理3 与画面平行的一族平行线仍然是平行的。

无论画什么，透视学都是基本功，它将直接决定着你画的正确与否。文艺复兴时期最重要的透视学家是15世纪意大利艺术家和数学家弗朗西斯卡(P. Francesca，约1415—1492)。在《绘画透视论》中，他开始利用透视法来绘画，并写了三篇论文，试图证明利用透视学和立体几何原理，能够从数学秩序中推演出现实世界。

艺术家达·芬奇对透视学也做出了重要贡献，他通过对透视理论的研究，使素描艺术得到前所未有的发展，成为闻名于世的一代艺术宗师。达·芬奇把透视学分成三个分支：线透视、色透视和隐没透视。分别研究物体的大小、颜色和形状同该物体与眼睛距离的关系。达·芬奇说："欣赏我的作品的人，没有一个不是数学家。"达·芬奇认为，绘画的目的是再现自然界，而绘画的价值就在于精确地再现。因此，绘画是一门科学，和其他科学一样，其基础是数学。他指出：任何人的研究，如果没有经过数学的证明，就不能说是真正的科学。他还认为，"一个人如果怀疑数学的极端可靠性，就会陷入混乱，他将永远不可能平息科学中的诡辩，只会导致空谈和毫无结果的争论。"达·芬奇藐视那些轻视理论而声称仅仅依靠实践也能进行艺术创造的人，认为正确的信念是"实践总是建立在正确的理论之上"。他将透视学看作是绘画的"舵轮与准绳"。在他的作品《最后的晚餐》中，达·芬奇就巧妙而精确地运用了透视法则，把一切透视都集中在耶稣的头上，在视觉上使他成为统辖全局的中心人物。

图6-2 达·芬奇

其实更早之前，数学中的黄金分割以及几何图形的对称性等规则就开始用于指导艺术创作。古希腊著名数学家和美学家毕达哥拉斯就提出“美在和谐”的观点，而最让人感到美与和谐的比例就是黄金分割比——0.618。众所周知的维纳斯的雕像令无数人惊叹、赞不绝口，这座雕像虽然不见双臂，却仍显得美丽动人，仪态万千，充满青春活力。

图6－3　达·芬奇《最后的晚餐》

图6－4　维纳斯雕像

图6－5　《蒙娜丽莎》

图6－6　埃菲尔铁塔

图6－7　帕特农神庙

拓展阅读:黄金分割

拓展阅读:黄金分割节和华罗庚优选法

此雕像的尺寸在诸多地方符合黄金分割比,维纳斯的美,既是艺术的美,更是数学美的体现。黄金分割比应用于绘画中的例子还有很多,比如著名的艺术家达·芬奇,如果你仔细研究他最有名的几幅画《蒙娜丽莎》《最后的晚餐》等,你会发现里面蕴含了太多太多的黄金分割。此外达·芬奇成功地运用了数学透视法,在蒙娜丽莎的背后画了岩石和流水如梦幻般的景致。黄金分割也是建筑艺术中美的源泉。比如雅典著名的帕特农神庙,它的高(从台基到屋顶)与宽(南北向)的比为黄金比。并且神庙内的众多雕塑作品中都使用了黄金比。人们在巴黎圣母院、印度泰姬陵等著名的建筑中也都发现了黄金比。法国巴黎的埃菲尔铁塔高 300 米,在离地 57 米、115 米和 276 米处各有平台,第二层平台接近整座铁塔的黄金分割点。位于上海黄浦江畔的东方明珠广播电视塔,是亚洲第一、世界第三高塔,它的塔身高达 462.85 米,仿佛一把刺天长剑,直冲云霄。通过在塔身上设计晶莹耀眼的上球体、下球体和太空舱,既使得游客能登高俯瞰城市的景色又使得高而瘦长的塔身有了曲线变化,更加奇妙的是上球体的位置恰好在塔身的黄金分割点,这使得整座塔显得非常协调美观。

图 6-8 天坛祈年殿

对称性也在美术创作中大量应用。从一些出土的陶碗、印章上的图案我们可以发现,早在古代两河流域的先民已经广泛使用了对称性。中国北京天坛祈年殿、故宫的太和殿以及印度的泰姬陵等都是完美对称的杰作。

数学中的镶嵌也经常出现在美术创作中。下图左是多边形镶嵌的地砖图案,画面显得独特而富有现代化气息。下图右是荷兰著名艺术家埃舍尔(1898—1972)的镶嵌作品"天使与恶魔",从该作品中我们看到了复杂而具体图形之间的完美镶嵌,没有一点空隙。埃舍尔从一个艺术家的角度，利用数学家的发现，发掘了美，创造了美。他在已知的 17 种抽象平面分割群组形式上创造了许多具象镶嵌图案，他的许多作品令数学家感到震惊。

拓展阅读：美丽的密铺图形

拓展阅读：嵌套

图 6－9　多边形镶嵌

图 6－10　天使与恶魔

此外，一些二次曲面也常常用于现代建筑的设计中。常用的二次曲面有球面、椭球面、单叶双曲面和双曲抛物面。比如，球心在原点、半径为 R 的球面方程为 $x^2+y^2+z^2=r^2$。球面的一部分形状，在罗马小体育馆、上海世博会罗马尼亚馆等建筑中均有用到。

图 6－11　罗马小体育馆

图 6－12　上海世博会罗马尼亚馆

中心在原点的椭球面的方程为 $\frac{x^2}{a^2}+\frac{y^2}{b^2}+\frac{z^2}{c^2}=1(a>0,b>0,c>0)$。中国国家大剧院用到了椭球面的形状。

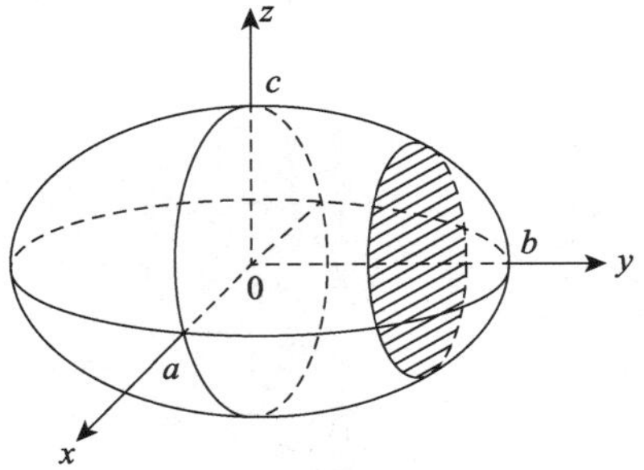

图 6－13 椭球面

图 6－14 中国国家大剧院

单叶双曲面方程为 $\frac{x^2}{a^2}+\frac{y^2}{b^2}-\frac{z^2}{c^2}=1$，它是一种直纹面，在建筑上被广泛应用。比如在广州电视塔、巴西利亚大教堂、圣路易斯科学中心天文馆等建筑中都用到了单叶双曲面形状。

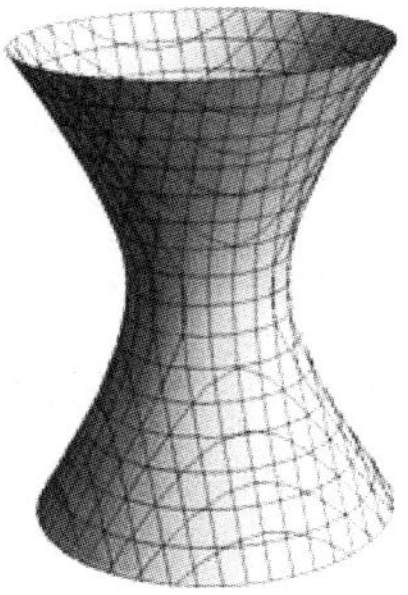

图 6－15 单叶双曲面

图 6－16 广州电视塔

此外，双曲抛物面（马鞍面）$\frac{x^2}{a^2}-\frac{y^2}{b^2}=2z$，它也是一种直纹面，和单叶双曲面一样，双曲抛物面也在建筑上广泛应用。如慕尼黑奥林匹克体育馆、圣玛利亚大教堂等。

近年来，一门新兴的数学分支分形几何学的产生，使枯燥的数学不再仅仅是抽象的哲理，而是具体的感受，它搭起了科学与艺术之间的桥梁，把数学方程式的抽象转化为可见、易懂的艺术图画。严格而且正式地去定义分形是一件非常复杂而且困难的事情。但是，有一些不太正规的定义可以帮助我们理解分形的含义。在这些定义中，最为流行的一个定义是：分形是一种具有自相似特性的现象、图像或者物理过程。就是说，在分形中，每一组成部分都在特征上和整体上相似，只仅仅是变小一些而已。现在由计算机按照分形几何学的算法生成了千变万化、美妙神奇的分形图案，给人们带来了高度的现代艺术享受。我们欣赏几幅分形图，会发现分形图美丽、深邃、百看不厌，能给

拓展阅读：
神奇而
美丽的分形

人以极大的艺术震撼。科学依赖于分析，艺术凭借直觉，这些优美的“分形艺术”作品本身是科学的理性和艺术的感受完美的融合，是数学和艺术的统一。

图6－17　分形作品

数学为美术增添了理性的光辉，美术为数学罩上了艺术的美感，二者相辅相成，共同促进。

二、数学与音乐

数学和音乐之间的关系源远流长，若干个世纪以来，无论是在音符的音调上，音乐的旋律上，抑或是在乐器的制作上都透露着数学的踪迹。在计算机和电子技术飞速发展的今天，数学和音乐的联系则更加密切，在音乐理论、音乐作曲、电子音乐合成等许多方面都需要用到数学。

微积分创始人莱布尼兹曾说过“音乐是数学在灵魂中无意识的运算，音乐，就它的基础来说，是数学；就它的出现来说，是直觉。”数学家西尔威斯特也曾经说过“音乐是感性的数学，数学是理性的音乐。”爱因斯坦则更为风趣地说过：“我们这个世界可以由音乐的乐符组成也可以由公式组成。”

早在公元前6世纪，毕达哥拉斯学派已经开始用数学方法研究琴弦震动，并建立了关于音乐的理论。他们认识到琴弦产生的声音与琴弦的长度有着密切的关系，拨动弦的每一种和谐的乐音，都能表示为整数比，由增大成整数比的弦的长度，能够产生全部的音阶。而且还发现和谐声是由长度成整数比的同样绷紧的弦发出的。于是，毕达哥拉斯音阶（the Pythagorean Scale）和调音理论诞生了，而且在西方音乐界占据了统治地位。毕达哥拉斯认为，音乐之所以神圣而崇高，就是因为它反映出作为宇宙本质的数的关系。从毕达哥拉斯时代开始，音乐研究在本质上就被认为是数学性的，与数学联系成一体了。这种联系构成了中世纪教育的内容。中世纪的教学课程包括算术、几何、球面几何学（天文学）、音乐，这就是著名的四艺。相应地，这四门课程分别被认为是纯粹的数学、静止的数学、运动的数学以及对数学的应用，因而这些课程通过数字而进一步联系起来了。毕达哥拉斯音阶和音调理论的这种统治地位直到十二平均律及相应的音调理论的出现才被彻底动摇。

在我国,孔子说的六艺"礼、乐、射、御、书、数",其中"乐"指音乐,"数"指数学。孔子早就把音乐和数学并列在一起了。我国的七弦琴(即古琴)取弦长 1,7/8,5/6,4/5,3/4,2/3,3/5,1/2,2/5,1/3,1/4,1/5,1/6,1/8 得所谓的 13 个徽位,含纯律的 1 度至 22 度,非常自然,是很理想的弦乐器。我国著名的古琴家查阜西早就指出,要学好古琴,必须有一定数学素养。

我们知道十二平均律是世界上通用的、把一组音(八度)分成十二个半音音程的律制。它就是假定高低八度之间的 12 个音,每相邻两个音的频率之比都相等。设一个音阶中 12 个音的频率依次为 $a_0,a_1,\cdots a_{12}$,那么 $a_0,a_1,\cdots a_{12}$ 组成一个等比数列,即:$\frac{a_{12}}{a_{11}}=\frac{a_{11}}{a_{10}}=\frac{a_{10}}{a_9}=\cdots=\frac{a_1}{a_0}=q$,公比 q 是多少呢?朱载堉算得 $q=\sqrt[12]{2}$,则 $a_{12}=a_0q^{12}=a_0(\sqrt[12]{2})^{12}=2a_0$。设第 i 个音的弦长为 T_i,则 $\frac{T_{i+1}}{T_i}=\frac{1}{q}(i=1,2,\cdots 12)$。十二平均律解决了音量问题,对于转调极为方便。现在广泛使用的钢琴黑白键盘就是按照十二平均律的原理制作的,十二平均律是中华民族的骄傲。

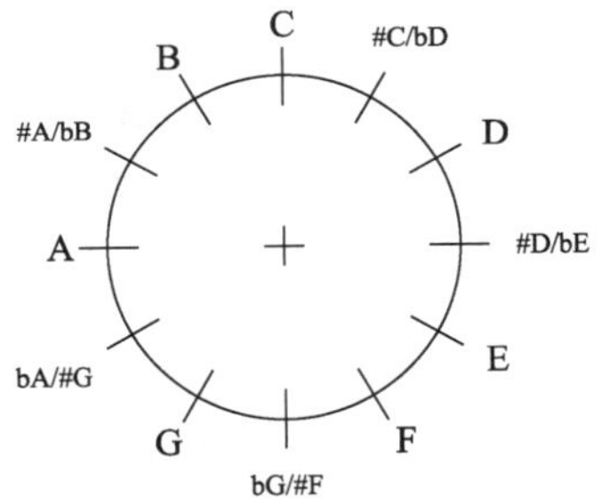

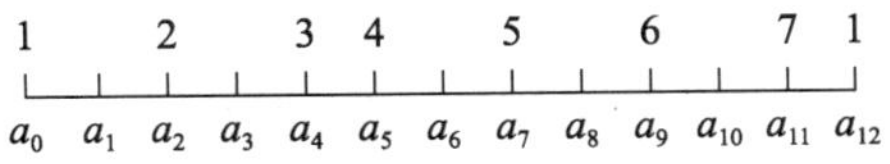

随着数学和音乐的不断发展,人们对它们之间关系的理解和认识也在不断地加深,音乐中处处闪现着理性的数学。数学中存在着平移变换,音乐中也存在着平移变换。我们把第一个小节中的音符移到第二个小节中去,就出现了音乐中的平移,这实际上就是音乐中的反复。作曲者创作音乐作品的目的是为了淋漓尽致地抒发自己内心情感,可是内心情感是通过整个乐曲来表达的,并在主题处得到升华,而音乐的主题有时正是以某种形式反复出现的。比如西方乐曲《圣者的行进》。当然,音乐中不仅仅出现平移变换,可能会出现其他的变换及其组合,比如反射变换等等。此外,研究发现贝多芬、莫扎特、巴赫、巴托克、舒伯特等著名的音乐家的作品中都流淌着黄金分割完美和谐的旋律,这些音乐的音节、乐曲中的大小高潮大多都在乐曲的 0.618 的交叉点上。如巴托克《钢琴协奏曲》,贝多芬《第九交响曲》等。肖邦也很注意乐谱的数学规则、形式和结构,有位研究肖邦的专家称肖邦的乐谱“具有乐谱语言的数学特征”。

1952 年 12 月在武汉召开的全国聂耳、冼星海作品研讨会上，武汉音乐学院院长作了一篇题为《论〈义勇军进行曲〉的数列结构》的学术报告，引起了广泛的关注。该文先后讲述了黄金分割、华罗庚的 0.618（优选法）、菲波那契数列，并据此分析了《义勇军进行曲》的曲式结构，该文建立在数学基础之上，提出了一种突破传统式结构理论的观点。这篇论文引起的轰动不仅在于聂耳的杰作及论文本身论点的新颖，更在于引起音乐工作者的思考：音乐的创作，需要改变自身的知识结构，需要充实更多科学知识，包括数学知识。

此外，许多数学家在音乐方面取得了巨大的成就，为音乐的发展做出了贡献。著名数学家欧几里得，写过音乐方面的著作，研究过谐音的配合，制定过音阶。数学家欧拉、笛卡儿都有关于音乐理论的著作，1650 年笛卡儿出版了《音乐概要》一书，1731 年欧拉写了一本以声乐为主题的著作《建立在确切的谐振原理基础上的音乐理论的新颖研究》，在这两本书中，音乐与数学达到了水乳交融的地步。1732 年，丹尼尔·伯努利在对弦乐器的研究中得到一个二阶常微分方程：它的解乃是一个零阶贝塞尔函数。18 世纪初英国数学家泰勒（Taylor，1685—1731）获得弦振动频率 f 的计算公式：$f=\frac{1}{2l}\sqrt{\frac{T}{\rho}}$，$l$ 表示弦的长度、T 表示弦的张紧程度、ρ 表示弦的密度。19 世纪著名的数学家——约瑟夫·傅里叶（Joseph Fourier）证明了所有的乐声，不管是器乐还是声乐，都可以用数学式来表达和描述，而且证明了这些数学式是简单的周期正弦函数的和。每种声音有三种品质：音调、音量和音色。傅里叶还发现音调与音乐曲线的频率有关，音量与曲线的振幅有关，而音色则与周期函数的形状有关。当然，我们也可以做一些尝试来验证这样的结论：由一段三角函数图像出发，我们只要对它进行适当的分段，形成适当的小节，并在曲线上选取适当的点作为音符的位置所在，那么就可以作出一节节的乐曲。由此可见，我们不仅能用黄金分割来作曲，也可以从纯粹的函数图像出发来作曲。

某些音乐家拥有很高的数学天赋，又或者数学家对音乐有着自己独到的理解，都不是奇怪的偶然，而是数学与音乐融会贯通的必然。我们通过音乐抒发情感，我们可以不用语言，仅通过音乐与他人甚至动物、植物来进行简单或复杂的情感上的沟通和交流。而数学则是以一种理性的、抽象的方式来描述世界，使人类对世界有一个客观的、科学的理解和认识。数学贯穿人类文明的始终，数学和音乐的结合是一种感性和理性的融合，数学和音乐经受了岁月的考验，互相渗透，互相促进，互相融合。

三、数学与文学

数学与文学表面上是两个独立的学科，看似风马牛不相及，实际上数学和文学有着奇妙的统一性。雨果曾说过：“数学到了最后阶段就遇到了想象，在圆锥曲线、对数、概率、微积分中，想象成了计算的系数，于是数学也成了诗。”

福楼拜也曾说：“越往前走，艺术越要科学化，同时，科学也要艺术化，两者从山麓分手，又在山顶汇合。”如果翻开文学史的画卷，我们会发现：数学常常为文学家所利用，而一些数学家同时也是作家或诗人。

以数字入诗，能够显示出奇妙的美感和独特的艺术魅力。如“一去二三里，烟村四五家，楼台六七座，八九十枝花。”宋人邵雍的这首诗生动地描写了自然朴实的乡村景象，这首诗共20个字，把10个数字全部用上了，用数字反映远近、村落、亭台和花，通俗自然，脍炙人口。《西游记》第三十六回有这样一首诗：“十里长亭无客走，九重天上现星辰。八河船只皆收港，七千州县尽关门。六宫五府回官宰，四海三江罢钓纶。两座楼头钟鼓响，一轮明月满乾坤。”十个数字由大到小，把夜色写得静美无比，可谓独具匠心。数字在文学中，还有一层特殊的含义，即数字通常都是虚指的，而且往往还有夸张成分在内。我们熟悉的名句“飞流直下三千尺，疑是银河落九天”、“白发三千丈，缘愁似个长”、“三十功名尘与土，八千里路云和月”、“三万里河东入海，五千仞岳上摩天”，其中的数字都是虚指的，并且都含有夸张成分。

数字入联，也妙不可言。南阳诸葛武侯的祠堂里有一副对联：取二川，排八阵，六出七擒，五丈原明灯四十九盏，一心只为酬三顾；平西蜀，定南蛮，东和北拒，中军帐变卦土木金爻，水面偏能用火攻。此副对联不仅概述了诸葛亮的丰功伟绩，而且用上了“一二三四五六七八九十”各个数字和“东南西北中金木水火土”十个字，真是含义丰富，结构奇巧。

有趣的是，一些数学名词也可以嵌入对联或者诗歌中。“世事再纷繁，加减乘除算尽；宇宙虽广大，点线面体包完”，此联以数学名词比喻世事万象，言简意赅，韵味独特；还有一联则更是别有寓意：“恋爱自由无三角，人生幸福有几何！爱情如几何曲线，幸福似小数循环”，巧妙运用数学现象寄寓美好的祝愿，构思之巧，让人拍案称赞。国外也有很多诗人在自己的作品中运用数学的概念和意境。17世纪，英国著名诗人约翰·多恩(John Donne，1572—1631)和安德鲁·马佛尔(Andrew Marvell，1621—1678)分别通过欧式几何中的圆、平行线之类的数学概念来类比爱情。多恩《告别辞：不要悲伤》中将一对恋人的灵魂比作圆规的两脚：

即使是两个，也得似这样
和坚固的两脚圆规相同，
你的灵魂是定脚，它坚强
不动，另一脚动，它才动
尽管它居坐在两者中心，
另一个在远处漫游时分，
它侧身，倾听它的动静，
另一个回家，它也直起身
你对我就是如此，我像那

另一个脚，斜行于边沿；
你的坚定使我的圆无偏差，
使我的终点汇合于起点。

在诗中，圆规两脚趾间的呼应象征着爱情的忠贞与和谐，终点汇于起点则象征着爱情的完美和永恒。

数学也是作家刻画聪明人物的一种工具。大家熟悉的金庸的武侠小说中，写了许多不可思议的中国古代算术怪题。例如《射雕英雄传》第二十九回中，瑛姑问“将一至九这九个数字排成三列，不论纵横斜角，每三个数字相加都是十五，如何排法?”黄蓉答：“九宫之义，法以灵龟，四二为肩，八六为足，左三右七，戴九履一，五居中央，”这个口诀最先出于北宋刘牧著的《易数钩隐图》，和这个口诀匹配的还有一首诗：四季九花二重开，三杨五柳七处栽。八哥一唱六鸟应，九宫奇境仙人来。”《射雕英雄传》中黄蓉出给瑛姑的第三道题：“今有物不知其数，三三数之剩二，五五数之剩三，七七数之剩二，问物几何?”这个是中国古代著名算题，出自《孙子算经》，它的系统解法是秦九韶在《数书九章・大衍求一术》中给出的。大衍求一术（也称作“中国剩余定理”）是中国古算中最有独创性的成就之一，属现代数论中的一次同余式组问题。我国明朝数学家程大位将此题解法写成诗歌“三人同行七十稀，五树梅花二一枝，七子团圆正半月，除百零五便得知”。金庸的武侠小说中五花八门的数学难题，增添了小说的趣味，也吸引了很多数学爱好者。

图6-18 孙子算经

俄国大作家列夫・托尔斯泰（Leo Tolstoy，1828—1910）在他的文学作品《战争与和平》中利用数学来支持自己的历史理论。托尔斯泰利用古希腊著名的芝诺悖论——阿基里斯追不上乌龟①来说明：历史不能够作为一系列离散的事件，而是一个连续的过程，是无穷小量（“历史的微分”）的和（“积分”）。只有找到求和的方法，人们才有望认识历史的法则。著名的作家王蒙也是数学爱好者，他说：“回想童年时代花的一大部分时间用在做数学题上，这些数学知识此后直接用到的很少，但是数学的学习对于我的思维训练却是极其有益的。”他在《我的人生哲学》中，多次通过数学概念来思考人生。此外，有许多作家甚至创作了数学小说。例如，英国作家赫胥黎（A. Huxley，1894—1963）在他的小说《小阿基米德》中讲述了一个关于数学和音乐小天才吉多（Guido）的故事。故事里的吉多自己发现了毕达哥拉斯定理的一个集合证明。美国作家约翰・里斯

① 阿基里斯与乌龟的悖论：在跑步比赛中，如果跑得最慢的乌龟一开始领先跑得最快的希腊勇士阿基里斯，那么乌龟永远也不会被阿基里斯追上。因为要想追到乌龟，阿基里斯必须先到达乌龟现在的位置；而等阿基里斯到了这个位置之后乌龟已经又前进了一段距离。如此下去，阿基里斯永远追不上乌龟。

(John Reese,1910—1981),在《谋杀的符号逻辑》(1966)里面讲述了利用布尔代数来侦破杀人案件的故事。

不仅数学可以入诗、入联、入文,而且可以用诗歌描述数学题。在古代,数学问题及解答、运算等常常会以诗歌的形式来描述,这使得数学问题变得生趣盎然。

(1)百羊问题

明代大数学家程大位著的《算法统宗》一书,有一道诗歌形式的数学应用题,叫百羊问题。

甲赶羊群逐草茂,乙拽一羊随其后,
戏问甲及一百否?甲云所说无差谬。
所得这般一群凑,再添半群小半群,
得你一只来方凑,玄机奥妙谁猜透?

此题的意思是:一个牧羊人赶着一群羊去寻找青草茂盛的地方。有一个牵着一只羊的人从后面跟来,并问牧羊人:"你的这群羊有100只吗?"牧羊人说:"如果我再有这样一群羊,加上这群羊的一半又1/4群,连同你这一只羊,就刚好满100只。"谁能用巧妙的方法求出这群羊有多少只?

此题的解是:$(100-1)\div(1+1+\frac{1}{2}+\frac{1}{4})=36$(只)

(2)李白打酒

李白街上走,提壶去打酒;
遇店加一倍,见花喝一斗;
三遇店和花,喝光壶中酒。
试问酒壶中,原有多少酒?

这是一道民间算题。题意是:李白在街上走,提着酒壶边喝边打酒,每次遇到酒店将壶中酒加一倍,每次遇到花就喝去一斗(斗是古代容量单位,1斗=10升),这样遇店见花各3次,把酒喝完。问壶中原来有多少酒?

此题用方程解。设壶中原来有酒x斗,得,

$$2[2(2x-1)-1]-1=0$$

解得$x=\frac{7}{8}$

(3)宝塔装灯

这是明代数学家吴敬编著的《九章算法比类大全》中的一道题,题目是:

远望巍巍塔七层,红光点点倍加增,
共灯三百八十一,请问顶层几盏灯?

设塔顶有x盏灯,则$x+2x+4x+8x+16x+32x+64x=381$

顶层的盏数：$x=3$（盏）

近几十年，为了研究文学作品，人们也愈来愈多地使用数学手段，本来属于人文科学的语言学向自然科学快速靠拢，从而诞生了一门新的学科——数理语言学。数理语言学用数学的方法研究语言，给语言以定理化和形式化的描述。当前，世界各国的学者纷纷采用数学方法研究文学作品，取得了优异的成果。《静静的顿河》是苏联著名作家肖洛霍夫的一部力作。此书于1941年获得斯大林奖金，1965年肖洛霍夫因此书获得诺贝尔文学奖，成为第一位获此殊荣的苏联作家。《静静的顿河》是描写顿河流域哥萨克的史诗性作品，但小说出版后，流亡海外的一些作家认为这部小说的内容是抄袭哥萨克作家克留柯夫的。理由是《静静的顿河》面世时，肖洛霍夫很年轻，并无相关生活经验和阅历，而且此前也没有写过类似的作品。为弄清真相，捷泽等学者从《静静的顿河》中随机挑出2000句话，再从肖洛霍夫和克留柯夫各一部小说中随机挑出500句话，输入计算机进行比较，最终认定《静静的顿河》的作者就是肖洛霍夫。

在人们心目中，大凡数学家日日夜夜痴迷于数学，同数学打交道。事实上，古今中外有许多数学家都有相当深厚的文学功底，微积分奠基人之一莱布尼兹从小对诗歌和历史怀有浓厚的兴趣。近代数学奠基人之一高斯在阿根廷读大学期间，最喜好的两门学科是数学和语言，并终生保持对它们的爱好。法国著名数学家柯西曾在意大利一所大学里讲过文学诗词课，并著有《论诗词创作法》。我国著名数学家华罗庚教授也是一位能诗能文的大家，他的名句“聪明在于勤奋，天才在于积累”和“勤能补拙是良训，一分辛苦一分才”早已成为人们的座右铭。著名数学家和数学教育家苏步青教授，同样把诗歌作为终身的业余爱好。

中国古代文化源远流长，沉淀十分深厚。古圣先贤给我们留下了丰富的文化遗产。诗、词、曲、赋、传奇、小说、散文中，名篇佳作如林，而数学往往镶嵌其中。鲜明的数学语言，使文学充满活力，言简意赅。数学在文学中闪耀着光辉，与文学糅合在一起，相辅相成，交相辉映。

在我们的生活中，处处充满艺术的气息，同时也弥漫着数学的魅力。随着科学的一体化，数学和艺术密不可分。正如数学家波莱尔的一句名言：“数学只是一门艺术，或者只是一门科学、科学的皇后、科学的仆人，甚至是艺术与科学的结合。”

【拓展阅读】

拓展阅读：中国剩余定理韩信点兵

秦九韶（1208—1261）精研星象、音律、算术、诗词、弓剑、营造之学，是一位既重视理论又重视实践，既善于继承又勇于创新的数学家。他完成了数学巨著《九章数学》，他提出的大衍求一术（一次同余方程组问题的解法，也称为中国的剩余定理）和正负开方术（一种求解一元高次方程数值解的算法，被称为秦九韶程序）对后世数学的发展产生了广泛深远的影响。世界各国,从小学、中学乃至大学的数学课程几乎都接触到了他的定理、定律和解题原则。秦九韶的成就也代表了中世纪世界数学发展的主流与最高水平,在世界数学史上具有崇高的地位。美国著名的科学史家萨顿说过,秦九韶是“他那个民族,他那个时代,并且确实也是那个时代最伟大的数学家之一”。

【趣味学习】

1. 先作一个正三角形,挖去一个“中心三角形”(即以原三角形各边的中心为顶点的三角形),对剩下的3个小三角形再分别重复以上的做法,如果用上面的方法连续做下去,研究剩下的图形(谢尔宾斯基三角形)的周长和面积的变化规律。

解析:设原三角形的边长为1,则第 n 个图形的周长为 $\frac{3^n}{2^{n-1}}$。

第一个三角形的面积为 $\frac{\sqrt{3}}{4}$,第 n 个图形的面积为 $(\frac{3}{4})^{n-1}\cdot\frac{\sqrt{3}}{4}$。

2. 将9个连续正整数填入 3×3 的方格内,使每一横行、每一竖列及两条对角线的3个数之和都等于60。

17	24	19
22	20	18
21	16	23

解析:中心数字20,根据口诀“九宫内,二四为肩,六八为足,左七右三,戴九履一,五居中央”得出。

3. 古希腊数学家丢番图对数学的发展做出过巨大的贡献,但是关于丢番图生平的记录非常少,他唯一的简历是从《希腊诗文集》中找到的。这是由麦特罗尔写的丢番图的“墓志铭”。“墓志铭”是用诗歌形式写成的:

“过路的人!
这儿埋葬着丢番图。
请计算下列数目,
便可知他一生经过了多少寒暑。
他一生的六分之一是幸福的童年,
十二分之一是无忧无虑的少年。
再过去七分之一的年程,

他建立了幸福的家庭。
五年后儿子出生,
不料儿子竟先其父四年而终,
只活到父亲岁数的一半。
晚年丧子老人真可怜,
悲痛之中度过了风烛残年。
请你算一算,丢番图活到多大,
才和死神见面?”

请你算一算,丢番图到底活到多少岁?

解析:设丢番图活了 x 岁

则:$x = \frac{1}{6}x + \frac{1}{12}x + \frac{1}{7}x + 5 + \frac{1}{2}x + 4$

得:$x = 84$

所以丢番图活到了 84 岁。

第七章　密码与数学

没有根基也许可以建一座小屋，
但绝对不能造一座坚固的大厦。
——戈德里克(Oded Goldreich)

【学习目标】

1. 了解密码学发展简史。
2. 了解简单的加密解密及密码破译的主要方法。
3. 知道密码与数学的关系，了解其中的一些数学人物及其所做的贡献。

【教学提示】

密码学的历史几乎和人类的历史一样长，本章只介绍了历史上使用比较广泛的密码。每一种密码都有许多故事，教学中可以适当编排，以故事的形式进行讲述。对于学习者，由于篇幅有限，每一种密码的加密解密以及破译的内容讲解不是很多，有关细节内容需要课后自己去查阅和了解。

现代生活已离不开密码了。小到我们每天都要使用的电脑、手机、银行、电子商务，大到国家安全、战争等都离不开密码。

密码学是研究通信安全保密的科学，其目的是保护信息在信道上传输过程中不被他人窃取、解读和利用，它主要包括密码编码学和密码分析学两个相互独立又相互促进的分支。前者研究将发送的信息（明文）变换成没有密钥不能解或很难解的密文的方法；而后者则研究分析破译密码的方法。其发展经历了相当长的时期。

在第一次世界大战之前，密码学几乎是不为人知的，几乎没有什么文献披露这方面的信息。密码及其发展仅由军事和秘密部门所控制。

第二次世界大战期间，由于战争的需要，密码学家们将密码学和数学结合起来研究，使数学成了研究密码编码学和密码分析学的重要理论基础。由于数学家的加入，密码研究开始取得根本性的进展，最具代表性的有香农的论文——《保密系统的通信理论》和《通信的数学理论》，他将安全保密的研究引入了科学的轨道，从而创立了信息论的一个新学科。

从 20 世纪 50 年代初期到 60 年代末期的 20 年中，在密码学的研究方面公开发表的论文也不多，但大卫·卡恩（David Kahn）于 1967 年出版的著作——《破译者》使密码学的研究涉及了相当广泛的领域，使不知道密码学的人了解了密码学，因此密码学的研究有了新的进展。

自 20 世纪 70 年代初期到现在，随着计算机科学与技术的发展，促进了密码学研究的兴起和发展，人们使用密码学技术来保护计算机系统中信息的安全。因此，在密码学的研究和应用等方面取得了许多惊人的成果和理论。具有代表性的有：

（1）由赫尔曼（Hellman）和迪菲（Diffie）于 1976 年发表的“密码学的新方向”一文提出了公开密钥密码学（即公开密钥或双密钥体制），打破了长期沿用单密钥体制的束缚，提出了一种新的密码体制。公开密钥体制可使收、发信息的双方无须事先交换密钥就可秘密通信。

（2）由霍斯特节（Horst Festal）研究小组于 20 世纪 70 年代初着手研究美国数据加密标准（Data Encryption Standard，DES），并于 1973 年发表了“密码学与计算机保密”等有价值的论文，该文论述了他们的研究成果并被美国标准局（NBS）采纳，于 1977 年正式公布实施为美英数据加密标准并被简称为 DES 标准。

上述密码学的发展可粗略地划分为三个阶段：第一阶段（1949 年之前）的密码学可以说不是什么学科，仅为一门艺术；第二阶段（1949 年到 1975 年）可以说是密码学研究的“冬天”，成果和论文少且为单密钥体制，但在这一阶段有如 Shaman 的理论和 David Kahn 的著作并为密码学奠定了坚实的理论基础；第三阶段（1976 年到现在）可以说是密码学研究的“春天”，密码学的各种理论和观点百花齐放，应用成果累累。

一、古典密码

古典密码是密码学的渊源,这些密码都是由基于字符的密码算法构成的,可用手工或机械操作实现加解密。不同的密码算法是字符之间互相代换或者是互相置换,好的密码算法是结合这两种方法,每次进行多次运算。虽然现在已经很少采用了,但原理还是没变。重要的变化是算法对位而不是对字符进行变换,实质上这只是字母表长度的改变。

古典密码的基本运算有两种:代替(Substitution)和换位(Transposition)。代替是指每一个或一组字符被另一个或一组字符所取代;换位是不改变明文字符,而按一定规则重新安排字符次序。实际的密码算法是执行一系列这两种基本运算的不同组合,即得到所谓的乘积密码。

比较有名的古典密码是恺撒(Kaiser)密码、维吉利亚(Vigenere)密码、维尔南(Vernam)密码、普莱费厄(Playfair)密码和希尔(Hill)密码等。

1. 斯巴达手杖

长期的战争使得斯巴达人发展出了自己的一套加密方式。公元前 5 世纪,斯巴达人就使用一种名为"scytail"的器械,把一个带状物,呈螺旋形紧紧缠在一根权杖或木棍上,之后再沿着棍子的纵轴书写文字,在这条带状物解开后,上面的文字将杂乱无章,收信人需用一根同样直径的棍子重复这个过程看到明文。这是人类历史上最早的加密器械。

斯巴达手杖的加密原理属于密码学中的"换位法"。因为它通过改变文本中字母的阅读顺序来达到加密的目的。例如在缠绕于木棍的纸带上写下下面的英文文字:

TOMMORR

OWMIDNI

GHTATTA

CK (明天 午夜 进攻)

表明了军事行动的时间。然而把纸带从木棍上解下来,顺序地读上面的内容,就成了:

T O G C O W H K M M T M I A O D T R N T R I A

外人看来,这是一串毫无意义的文字。

2. 波利比奥斯(Polybius)加密法

目前已知的最早的密码是在公元前 2 世纪,由一位希腊人波利比奥斯提出来的。他将 26 个字母排列在一个 5 × 5 的方格里,其中 i 和 j 填在同一格,呈棋盘状,如下所示:

	1	2	3	4	5
1	a	b	c	d	e
2	f	g	h	ij	k
3	l	m	n	o	p
4	q	r	s	t	u
5	v	w	x	y	z

于是每个字母对应一数 $\zeta\eta$,其中 ζ 是该字母所在行的标号,η 是列标号。如 c 对应 13,r 对应 42 等。使用这种密码可以将明文 secure message transmission

转换为密文:43 15 13 45 42 15 32 15 43 43 11 22 15 44 42 11 33 43 32 24 43 43 24 33

在古代这种棋盘密码曾被广泛使用。

3. 凯撒(Kaiser)密码

凯撒密码是将每个字母向前推移 k 位。例如 k = 3 便有如下明文和密文对应关系:

明文:	a	b	c	d	e	f	g	h	i	j	k	l	m
密文:	D	E	F	G	H	I	J	K	L	M	N	O	P
明文:	n	o	p	q	r	s	t	u	v	w	x	y	z
密文:	Q	R	S	T	U	V	W	X	Y	Z	A	B	C

于是对于明文:

data security has evolved rapidly

可得加密的密文:

G D W D V H F X U L W B K D V H Y R O Y H G U D S L G O B

不同的 k 可得不同的密文。

若令 26 个字母分别对应整数 0 ~ 25,则 Kaiser 加密变换实际上是

$$C \equiv m + k \bmod 26$$

其中 m 是明文对应的数据,C 是与明文对应的密文数据,k 是加密用的参数,也称为密钥。

例如:data security

对应于数据序列:3 0 19 2 18 4 2 20 17 8 19 24

k = 3 时得密文序列:6 3 22 3 21 7 5 23 20 11 22 1

对应的密文为:G D W D V H F X U L W B

若选取 k_1、k_2两个参数，其中 k_1与 26 互素，令 $C \equiv k_1 m + k_2 \mod 26$

这种变换称为仿射变换。$k_1 = 1$ 时，便是 Kaiser 变换。

例如：$k_1 = 7$，$k_2 = 10$，则明文：please send monkeys

对应的数据为：16 12 5 1 19 5 19 5 14 4 13 15 14 5 25 19

通过变换 $C \equiv 7m + 10 \mod 26$ 可得：18 16 19 17 13 19 12 19 4 12 23 11 4 19 3 13

对应的密文为：R P S Q M S M S D L W K D S C M

从密码学的角度来看，恺撒密码属于"单表替换"加密，而且替换的规则很简单。这种密码其实很容易破解。然而，恺撒加密的思想对于西方古典密码学的发展有较大影响。事实上，直到第二次世界大战结束，西方所使用的加密方法大多属于"字母表替换"加密，只是替换的规则越来越复杂而已。

4. 单表替换的克星——频度分析

以上密码均可归结为单表替换密码。公元 9 世纪，阿拉伯的哲学家、数学家、密码学家阿尔·金迪（公元 801—873 年）提出了解密的频度分析方法，利用每个字母出现的频率不同，通过分析计算密文字符的出现频率，破译密码。

图 7－1 密码分析学创始人阿拉伯学者金迪

金迪曾经著有哲学、数学、医学、占星学、铸剑、烹调、字谜等方面的著作 270 余部。1987 年，发现了他在大约公元 850 年写的《解码手册》，这是历史上最早的研究用频率分析法破解密码的文献。

基于字母和单词的统计学特性的频率分析方法一直是破解密码的最基本和最常用的方法。

当然金迪的方法只能破解较原始的单表替换加密方法，对于较复杂的多表替换加密方法是无能为力的。

下面列出的表格引自 Algoritmy 网站。它列出了英文的 26 个字母在日常用语中出现的频率。

字母	A	B	C	D	E	F
频率(%)	8.167	1.492	2.782	4.253	12.702	2.228
G	H	I	J	K	L	M
2.015	6.094	6.966	0.153	0.772	4.025	2.406
字母	N	O	P	Q	R	S
频率(%)	6.749	7.507	1.929	0.095	5.987	6.327
T	U	V	W	X	Y	Z
9.056	2.758	0.978	2.360	0.150	1.974	0.074

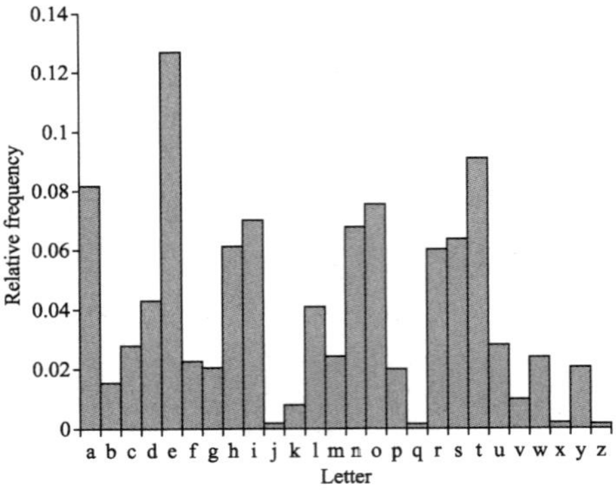

案例:

16 世纪晚期,英国的菲利普斯利用频度分析法成功破解了苏格兰女王玛丽的密码信,信中策划暗杀英国女王伊丽莎白,这次解密将玛丽送上了断头台。

1628 年 4 月,由于一个年轻人破解了雨格诺教徒的密码,亨利二世孔代亲王攻占了久攻不克的雷阿尔蒙特城。

1781 年,美军破译了克林顿将军与康华利将军的通讯信件,使英国舰队增援约克敦的计划失败,并迫使康华利投降,确立了独立战争的胜利。

5. 维吉尼亚(Vigenère)密码

从 13 世纪的意大利开始,欧洲经历了一场倡导人文精神和思想解放的文艺复兴运动。这一时期,欧洲诸国开始进行现代意义上的外交活动,纷纷在别国建立大使馆并互派大使。

身处异国的大使要向自己的政府汇报高度机密的信息,却只能通过两国之间的公共邮政系统来传递。而各国的情报机构又心照不宣、肆无忌惮地拆看别国的外交邮件。为此,外交官们不得不绞尽脑汁使用各种复杂的加密方法来写信;另外,情报机关也在费尽心机破解这些信。各方智斗的结果促进了密码技术的飞速发展。

法国外交家布莱斯·德·维吉尼亚(Blaise de Vigenère)发明了一种方法来对同一条信息中的不同字母用不同的密码进行加密。这样,同样的 E 在一个位置可能被 M 所取代,而在另一个位置的 E 则有可能以 K 的面目出现。这样,就可以防止任何人利用频率分析法解密该条信息。

方法如下:设密钥 $K = k_1k_2...k_n$,明文 $M = m_1m_2...m_n$,加密变换

$$E_k(M) = c_1c_2...c_n$$

其中 $c_i \equiv (m_i + k_i) \bmod 26, i = 1, 2, \cdots n$。

维吉尼亚密码在当时广受欢迎,是因为其原理简单,使用方便。它主要使用一张字母表矩阵,其中第一行是任意给定的字母替换表,第二行是第一行表顺移一位(第一位的字母移至最后一位)而形成的字母替换表,第三行又是第二行表顺移一位,以下各行以此类推。

	a	b	c	d	e	f	g	h	i	j	k	l	m	n	o	p	q	r	s	t	u	v	w	x	y	z
A	A	B	C	D	E	F	G	H	I	J	K	L	M	N	O	P	Q	R	S	T	U	V	W	X	Y	Z
B	B	C	D	E	F	G	H	I	J	K	L	M	N	O	P	Q	R	S	T	U	V	W	X	Y	Z	A
C	C	D	E	F	G	H	I	J	K	L	M	N	O	P	Q	R	S	T	U	V	W	X	Y	Z	A	B
D	D	E	F	G	H	I	J	K	L	M	N	O	P	Q	R	S	T	U	V	W	X	Y	Z	A	B	C
E	E	F	G	H	I	J	K	L	M	N	O	P	Q	R	S	T	U	V	W	X	Y	Z	A	B	C	D
F	F	G	H	I	J	K	L	M	N	O	P	Q	R	S	T	U	V	W	X	Y	Z	A	B	C	D	E
G	G	H	I	J	K	L	M	N	O	P	Q	R	S	T	U	V	W	X	Y	Z	A	B	C	D	E	F
H	H	I	J	K	L	M	N	O	P	Q	R	S	T	U	V	W	X	Y	Z	A	B	C	D	E	F	G
I	I	J	K	L	M	N	O	P	Q	R	S	T	U	V	W	X	Y	Z	A	B	C	D	E	F	G	H
J	J	K	L	M	N	O	P	Q	R	S	T	U	V	W	X	Y	Z	A	B	C	D	E	F	G	H	I
K	K	L	M	N	O	P	Q	R	S	T	U	V	W	X	Y	Z	A	B	C	D	E	F	G	H	I	J
L	L	M	N	O	P	Q	R	S	T	U	V	W	X	Y	Z	A	B	C	D	E	F	G	H	I	J	K
M	M	N	O	P	Q	R	S	T	U	V	W	X	Y	Z	A	B	C	D	E	F	G	H	I	J	K	L
N	N	O	P	Q	R	S	T	U	V	W	X	Y	Z	A	B	C	D	E	F	G	H	I	J	K	L	M
O	O	P	Q	R	S	T	U	V	W	X	Y	Z	A	B	C	D	E	F	G	H	I	J	K	L	M	N
P	P	Q	R	S	T	U	V	W	X	Y	Z	A	B	C	D	E	F	G	H	I	J	K	L	M	N	O
Q	Q	R	S	T	U	V	W	X	Y	Z	A	B	C	D	E	F	G	H	I	J	K	L	M	N	O	P
R	R	S	T	U	V	W	X	Y	Z	A	B	C	D	E	F	G	H	I	J	K	L	M	N	O	P	Q
S	S	T	U	V	W	X	Y	Z	A	B	C	D	E	F	G	H	I	J	K	L	M	N	O	P	Q	R
T	T	U	V	W	X	Y	Z	A	B	C	D	E	F	G	H	I	J	K	L	M	N	O	P	Q	R	S
U	U	V	W	X	Y	Z	A	B	C	D	E	F	G	H	I	J	K	L	M	N	O	P	Q	R	S	T
V	V	W	X	Y	Z	A	B	C	D	E	F	G	H	I	J	K	L	M	N	O	P	Q	R	S	T	U
W	W	X	Y	Z	A	B	C	D	E	F	G	H	I	J	K	L	M	N	O	P	Q	R	S	T	U	V
X	X	Y	Z	A	B	C	D	E	F	G	H	I	J	K	L	M	N	O	P	Q	R	S	T	U	V	W
Y	Y	Z	A	B	C	D	E	F	G	H	I	J	K	L	M	N	O	P	Q	R	S	T	U	V	W	X
Z	Z	A	B	C	D	E	F	G	H	I	J	K	L	M	N	O	P	Q	R	S	T	U	V	W	X	Y

例如，明文：data security，密钥：szpt。首先将 M 分解成为长为 4 的序列：data secu rity

每一节利用密钥 szpt 加密，得密文：VZIT KDRN JHIR，多表密码加密算法结果将使得对单表置换用的简单频率分析方法失效。

破译：

图 7－2　查尔斯·巴贝奇

很多年以来，人们一直认为维热纳尔（Vigenère）密码是不可破解的，但一个独立的英国富人查尔斯·巴贝奇（Charles Babbage），在 19 世纪 50 年代打破了此神话。查尔斯·巴贝奇通过寻找重复的字母段破解了这个密码系统。当然，维热纳尔密码的优势在于这种密码被假定为它将不同位置的字母进行不同的加密。比如同一段文字中的“APPLE” 可能在前面表现为“UTPEK”，但在后面则被表现为“BQNGF”。同样，像“PHONE”这样的字母也会被进行不同的加密。但是，第一个和第三个“APPLE”都会被编码为“UTPEK”。第一个“APPLE”中的“A”会用“G”来进行编码，而第三个“APPLE”中的“A”也同样是用“G”来编码。发生这种情况是因为第三个“APPLE”是排在第一个“APPLE”后面第 35 个字母，而 5 字密钥 GREEN 会在重复 7 次之后又回到了最开始。在任何比密钥要长得多的加密信息中，都会不可避免地出现类似这样的重复。而一个解密者应该如何才能揭示加密文件的真正面目呢？比如，如果加密文字“UTPEK”出现了两次，中间隔着 35 个字母，那么他就可以推断出密钥的长度是35的整除数。或者换种说法，他可以推断出35是密钥的倍数。（约数或称除数是一个数字被除之后不会有余数。比如35的除数就是1、5、7和35。）如果获得了足够多类似的线索，解密者就可以知道密钥的确切长度。一旦他知道了密钥长度，他就可以对加密信息进行日常频率分析。数学在解密工作中总是放在首位的：解密者首先会计算出密钥的长度，这步工作甚至是在他要考虑密钥的具体内容是什么之前所要做的。（请参看2016年由安建导演的44集电视连续剧《解密》，将数学在解密工作中的重要作用讲得非常清楚。）

图7-3　巴贝奇设计的计算机

巴贝奇的独具创意的技巧开创了一片密码术的新天地，并且将数学工具引入到了以前被认为专属于文字学的领域之中。即使一种编密码系统没有明确地使用数学，但其中隐藏的格式却通常需要以数学的方式进行整理。

巴贝奇，英国人，出生于一个富有的银行家家庭，曾就读于剑桥大学三一学院。巴贝奇在1812年初次想到用机械来计算数学表；他制造了一台小型计算机，能进行某些8位数的数学运算。1823年得到政府的支持，设计出一台容量为20位数的计算机。他于1834年设计了分析机（现代电子计算机的前身）的原理。在这项设计中，他曾设想根据储存数据的穿孔卡上的指令进行任何数学运算的可能性，并设想了现代计算机所具有的大多数其他特性，但因1842年政府拒绝进一步支援，巴贝奇的计算器未能完成。斯德哥尔摩的舒茨公司按他的设计于1855年制造了一台计算器。

6. 弗纳姆（Vernam）密码

也称代数密码，它先将明文和密钥都化为二进制数码，其加密过程是：

$M = m_1 m_2 m_3 \ldots$　　$m_i = 0$ 或 1，　　$i = 1, 2, \ldots$

$k = k_1 k_2 k_3 \ldots$　　$k_j = 0$ 或 1，　　$j = 1, 2, \ldots$

$E_k(M) = c_1 c_2 c_3 \ldots$，其中

$c_i \equiv (m_i + k_i) \bmod 2$　　$i = 1, 2, 3, \ldots$

弗纳姆加密算法实际上是在（0，1）字母上运用Vigenère加密算法。优点在于$(m_i + k_i) \bmod 2$运算非常容易实现。而且

$$c_i + k_i = m_i \bmod 2$$

这里的加法都是指不进位的二进制加法。

7. 美国总统杰斐逊发明的加密器

托马斯·杰斐逊（Thomas Jefferson，1743—1826），美国第三任总统（1801—1809），

图 7－4 杰斐逊的画像

美国《独立宣言》的主要作者。他不但是杰出的政治家，还身兼作家、律师和小提琴手，创办了弗吉尼亚大学。他也是农业学、园艺学、建筑学、词源学、考古学、数学、测量学及古生物学等学科的专家，被认为是美国历史上最具智慧的总统之一。

杰斐逊甚至对密码学也颇有研究。他于 1795 年发明了一种加密装置叫作杰斐逊圆盘。

杰斐逊圆盘有 36 片同样大小的木制转轮，套在一根铁杆上。每片转轮的圆周边缘上刻有乱序的 26 个字母。其使用方法是：进行秘密通信的双方必须各自拥有一个完全一模一样转轮的加密器。

当一方要把一段文字（不超过 36 字）秘密通知身处异地的对方时，只需要转动加密器上的各片转轮，使这段文字正好出现在同一行上，此时，转轮上排列的其他 25 行都是无意义的乱码；再把其中任意一行的乱码抄下来交给信使。信使并不知道这段乱码文字的意义，只负责把它送交对方。

对方收到乱码信后，只需要拿出自己保存的同样装置，转动上面各片转轮，让其中一行的排列和这段乱码同处在一行上，然后再查看其他 25 行上的内容，其中必然有一行显示出加密者要传达的信息，而其他行显示的都是乱码。

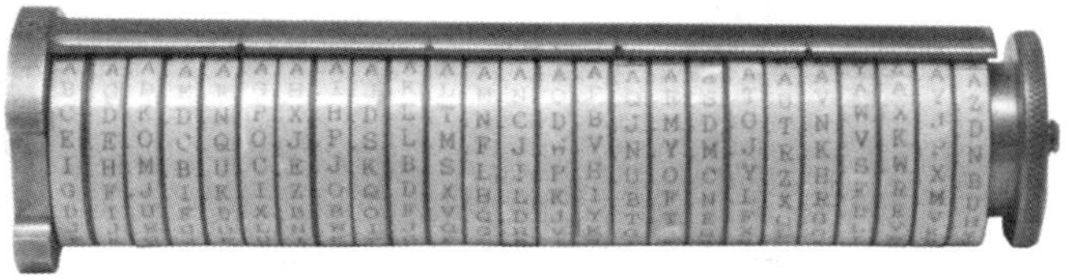

图 7－5 杰斐逊加密器

杰斐逊圆盘属于多表替换加密（每个转轮相当于一张替换字母表），它很难被破解，除非得到通信双方所使用的加密装置。据称，美国军队到 20 世纪 60 年代仍在使用它。当然，这种加密器的缺点也是很明显的，即它每次只能传送简单的信息，长度不能超过转轮的片数，而且参与通信的各方不能多。

8. 普莱费尔（Playfair）密码

经莱昂·普莱费尔提倡在英国军队和政府使用。

它有一些不太明显的特征：密文的字母数一定是偶数；任意两个同组的字母都不会相同，如果出现这种字符必是乱码和虚码。

它使用方便而且可以让频度分析法失效，在 1854 年到 1855 年的克里米亚战争和 1899 年的布尔战争中有广泛应用。但在 1915 年的“一战”中被破译了。

普莱费尔密码的密钥是一个 5×5 矩阵。例如下面的矩阵便是由密钥 FIVESTARS

导出的，其中J当作I处理。

F	I	V	E	S
T	A	R	B	C
D	G	H	K	L
M	N	O	P	Q
U	W	X	Y	Z

对每一对明文 m_1，m_2 加密方法如下：

①若 m_1 和 m_2 在同一行，则密文 c_1 和 c_2 分别紧靠 m_1，m_2 右端的字母。其中第一列看作是最后一列的右方。

②若 m_1 和 m_2 在同一列，则密文 c_1 和 c_2 分别是紧靠 m_1，m_2 下方的字母。这里第一行看作是最后一行的下方。

③若 m_1，m_2 不在同一行，也不在同一列，则 c_1 和 c_2 是由 m_1 和 m_2 确定的矩阵的其他两角的字母，并且 c_1 和 m_1，c_2 和 m_2 同行。

④若 $m_1 = m_2$，则插入空字母（比如Q）于重复字母之间。

⑤若明文字母数为奇数，将空字母Q加在明文的末端。

例如：M = Playfair cipher was actually invented by wheat stone

先将明文M分解为两个字母一对：

pl　ay　fa　ir　ci　ph　er　wa　sa　ct　ua　lq

ly　in　ve　nt　ed　by　wh　ea　ts　to　ne

通过加密可得密文：

QK　BW　IT　VA　AS　OK　VB　IG　IC

TA　WT　QZ　KZ　AW　ES　MA　FK　KE

ZG　IB　CF　RM　PI

二、近代密码

1. 隐谜（Enigma）密码

保密通信在战争中应用的历史源远流长。在第一次世界大战中，德、英、法、俄等国都设立了密码局。争斗中，大家互有胜负：德军截获到俄军的无线电通信，洞悉了其军事部署，结果把拥有优势兵力的俄国人打得大败，战败导致俄国国内爆发了十月革命；法国人则数次破译了德军的密码，成功粉碎了德军攻占巴黎的行动。1917年，英国人破译了德国外交部部长齐默尔曼发给德国驻墨西哥大使并要求转交给墨西哥总统的一份绝密电报。从电报中得知，德国将重新开始"无限制海战"，用潜艇攻击包括美国等中立国在内的海上商运船，并建议墨西哥入侵美国，以阻止美国介入欧洲的战争，还承诺帮助墨西哥从美国手中夺回得克萨斯、新墨西哥和亚利桑那三州。英国人把电报的内容透露给了美国人,美国人因此勃然大怒,于是向德国宣战。第二年,德国被打败,宣布投降,签署了《凡尔赛条约》。这是第一次世界大战中最成功的一次密码破译。

虽然密码的应用已经在第一次世界大战中大显身手,但密码学作为一门学科,在当时并没有很大的发展,使用的加密方法与古代相比并没有什么创新,只是增加了一些难度。

当时的密码技术还存在一个严重的缺陷:所有的加密和解密都是手工操作,手工操作速度慢、效率低,所以不能使用太复杂的密码系统。

正是在这种局面下,德国电气工程师亚瑟·谢尔比乌斯的发明,带来了密码技术的一场革命。

亚瑟·谢尔比乌斯(Arthur Scherbius,1878—1929)出生于德国一个小商人家庭,慕尼黑技术学院电气专业毕业,1903 年在汉诺威技术学院获博士学位,1918 年与他人合作开公司,推销自己的专利产品。谢尔比乌斯有很多发明,包括异步电机、电子枕头、加热陶瓷等。当然,其中最有名的发明就是被他取名为"隐谜"(Enigma,音译"英格玛")的密码机了。

图 7-6　亚瑟·谢尔比乌斯

"隐谜"(Enigma)是世界上第一台电气机械装置的密码机,其形状如同一台打字机。

从图中可以看到,"隐谜"密码机由以下几个部分组成:

(1)键盘:如同普通打字机的键盘,但只有 26 个字母的按键,没有标点符号;基于安全的理由,"隐谜"电报中不使用标点符号;

(2)字母板:位于键盘之后,板上显示 26 个字母,每个字母下面有一个小灯泡,这是为了显示加密或解密后的字母;

图 7-7　"隐谜"密码机

(3)转轮和反射轮:位于字母板后,在盖板之下,从外面只能看到 3 个转轮的部分齿状边缘和表示转动位置的数字。转轮是密码机的最关键部件,其形状和内部结构如图。转轮的圆周上刻有 0～25 的数字或 26 个字母,两面各有 26 个接头排列成圆环,均表示 26 个字母;在内部,两面的接头则通过电线相互连接,形成字母间的一种映射关系,不同的电线接法会产生不同的映射;转轮转动后,接线位置随之顺移,映射关系也跟着变化。反射轮的结构与转轮类似。三个转轮和一个反射轮都套在同一根轴上，反射轮在最左边。每当键盘上键入一个字母，位于最右边的转轮就会转一格；右转轮每转完一圈26格，中转轮就会转一格；中转轮每转完一圈26格，左转轮就转一格。反射轮则始终不动。

(4)插口板：位于键盘下方，密码机的正面。上面有26个插口，代表26个字母；可以用一根电线插头把任意两个插口连接起来，表示两个字母互换；密码机在工作时，一般要连接12个插口，即有6对字母要互换。

图7－8 “隐谜”密码机加密过程

“隐谜”的加密过程如下：

①设好3个转轮的初始值，并用6根插头电线连好插口板上的6对插口；

②在键盘上输入明文，每打一个字母，该字母信号就会通过相应的电线传到插口板；

③在插口板上，如果该字母正好属于6对连接起来的，则互换字母，否则不互换，再通过接线圆环把字母信号传到右转轮上；

④右转轮通过内部电线的连接方式，对输入的字母作替换，然后传到中转轮，同时右转轮转动一格；

⑤中转轮再对字母作替换，然后传到左转轮；这时如果右转轮正好转了一圈，则中转轮转动一格，否则中转轮不转；

⑥左转轮再对字母作替换，然后传给反射轮；这时如果中转轮正好转了一圈，则左转轮转动一格，否则左转轮不转；

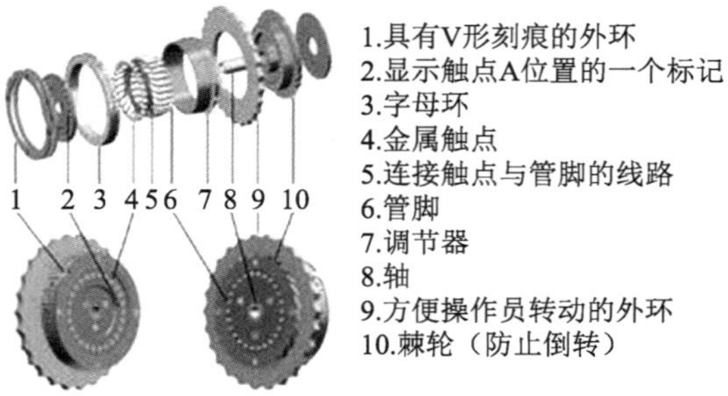

图7－9 恩尼格玛机旋转盘的结构

图7－10 相对排列的三个旋转盘

⑦反射轮也对字母作替换，然后传回给左转轮，反射轮永远不转动；

⑧字母信号再从左转轮、中转轮、右转轮和插口板依次传回，每经过一处都要作一次字母替换；

⑨最后，信号传到字母板上，使相应字母下面的小灯泡亮，这就是加密后的字母。

由于反射轮的作用，使得“隐谜”的解密变得异常简单。其过程与加密完全相同：在设定好了与加密时一样的转轮初始值和插口接线后，在键盘上打入密文，则经过以上步骤后，在字母板上就显示出了明文。

一台“隐谜”可以有多少种替换呢？

(a)3 个转轮的排列位置可以是任意的，所以有 $3!=6$ 种；

(b)3 个转轮的排列确定后，一共可以有：$26^3=17576$ 种

(c)插口板上，从 26 个字母中选取 6 对互换字母的方式有

$$\frac{1}{6!}\frac{26\times 25}{2}\frac{24\times 23}{2}\cdots\frac{16\times 15}{2}=100\ 391\ 791\ 500 \text{ 种}$$

所以替换表的总数 $=6\times 17576\times 100\ 391\ 791\ 500=1\ 058\ 691\ 676\ 442\ 000$ 种

如此巨大的数字，用任何统计方法对它都无能为力！

图 7－11 “隐谜”密码机

“隐谜”开始的市场销售并不好，直到英国前海军大臣丘吉尔在 1923 年出版的回忆录《第一次世界大战危机》中提到，英国人破解了德军的密码，获悉了他们的电报往来，从而赢得了战争的胜利。德国人至此才知道，自己在第一次世界大战中屡屡受挫的一个重要原因。德国军方开始改进自己的密码系统，这时，他们看中了“隐谜”这一革命性的密码装置。据说希特勒在看了“隐谜”密码机的演示后非常兴奋，深信它是不可破译的，因此下令在军队中全面装备“隐谜”。据统计，德军大约购买了 3 万台“隐谜”。可惜，谢尔比乌斯没有看到后来“隐谜”鼎盛时期的到来。1929 年，他死于一场马车事故。

后来德军屡受重创，希特勒和他的手下却从来没有怀疑自己的密码系统出了问题。希特勒及其将领们的错误在于，他们低估了数学家的智慧，低估了数学的威力；而且他们不明白这样的辩证道理，机器既然可以用来编密码，当然也能用来破密码。

2.“隐谜”的破译

第一次世界大战后的波兰，对德国人的密码系统一直了如指掌。但 1928 年，波兰密码局发现德军开始使用一种全新的密码，这种密码根本无法破译，他们日益不安。不

久,他们做出了一个很有远见的决定:培养数学专业的学生来帮助破译密码。

经过大量严格的筛选,最后只剩下3名最优秀的学生:雷耶夫斯基、齐加尔斯基、鲁日茨基。正是这三位年轻的波兰数学家,后来破译了曾经被认为是不可能被破译的“隐谜”密码,其中雷耶夫斯基居功至伟。

图7-12 雷耶夫斯基

图7-13 齐加尔斯基

图7-14 鲁日茨基

波兰密码局通过各种情报渠道了解到一些德国人使用“隐谜”的规定:

(1)相互间进行通信的“隐谜”都有相同的初始设定,其中包括转轮的排列和起始位置以及插口板上的连线法,初始设定每天变更一次。

(2)发报员在每发一份电文前,先任意选取3个字母,作为“隐谜”加密电文时3个转轮的起始位置,这3个字母被称为密钥;然后把转轮调到当天规定的起始位置,把个人密钥连续加密两遍,得到一组6个字母的密钥字符串;最后把密钥字符串加在密文前,用无线电发报机发出。

(3)收报员收到加密的电文后,先把自己密码机的转轮调到当天规定的起始位置,然后输入密文前6个字母的密钥字符串,解密得到3个字母的密钥;再把3个转轮分别调到这3个字母的位置,开始解密正式的电文。

但是波兰人即使掌握了这些信息,他们对“隐谜”仍然无可奈何。

由于常规的破译方法对于“隐谜”毫无作用,雷耶夫斯基决定从分析“隐谜”的工作原理着手。他发现从数学的角度来看,“隐谜”的作用就是对26个字母进行置换。他在获得了关于“隐谜”工作原理的置换群方程后,断定只要解出这些方程,就能破解“隐谜”。但是在一般情况下,置换群的结构很复杂,所以这些方程几乎无法解出。

幸运的是,他发现了“隐谜”两个致命的弱点,使得局面完全改观:第一个弱点来自于“隐谜”的结构。“隐谜”上有个反射轮,其作用是使得加密和解密的过程完全一样,即如果键入字母a得到k,则键入k就能得到a。如此操作当然很方便,但对于密码的安全来说,这种方便是一场灾难。因为这使得其置换群结构变得简单:所有的置换T都是字母两两对换,这就大大降低了求解置换群方程的难度。第二个弱点来自于它的操作规程。每份“隐谜”电文的开头都有一组6个字母的密钥字符串,它是通过把反映转轮初始位置的3个字母密钥重复加密得到的。重复加密的目的是为了确保接收方能够获得解密电文所需的密钥,但它也提供了求解置换群方程的钥匙。

雷耶夫斯基利用数学中的“群论”,采用“矩阵置换求解”的方法,计算出了“隐谜”的转轮情况和配线情况,将“隐谜”体制撕开了一道裂口,最终与另外两位数学家一起,开发出了破解“隐谜”的“回转机”。回转机由6个转轮组成,相当于2台“隐谜”机的对接。

回转机可以连续运转,依次显示 $26^3=17576$ 个转轮初始位置所对应的特征集置换中所包含的圈的长度和个数。把这些数据记录下来后,再调换转轮的排列位置,让回转机重新运转,就可以得到转轮的另一排数据了。这样,经过大约1年的连续运行,终于收集到了全部数据。自此,在计算出每天密码的特征集后,只要花几分钟查一下分类记录,就可以知道它所对应的转轮排列和初始位置了。

1939年秋,数学家艾伦·图灵来到了位于伦敦以北70公里处的布雷契莱庄园。布雷契莱庄园是第二次世界大战时期英国的情报中心“超级机密”研究所,专门从事破译德军密码的秘密基地。

当时的情况是:德军占领波兰后,波兰密码局也随即停止了密码破译的工作。但波兰密码局将自己的主要成果转交给了英国军方。波兰人能阅读有5轮置换3个密转轮的英格玛。但德国人又启用了2个,后来又增加到8个密转轮,这使得破译更为复杂和费时。

图7-15 “炸弹”密码机

以艾伦·图灵为首的英情报人员研制了“炸弹”机,用于破译英格玛。“炸弹”机极为精细的部件需要保养及维修人员,也需要报务员整天在有关频率中等待信号并接收无线讯号。包括辅助人员在内,大约有10 000人在布雷契莱庄园工作。

2015年英美联合拍摄的电影《The Imitation Game(模仿游戏)》在中国大陆地区上映,讲述了“计算机科学之父”艾伦·图灵的传奇人生,故事主要聚焦于图灵协助盟军破译德国密码系统“英格玛”,从而扭转“二战”战局的经历。

艾伦·麦席森·图灵(Alan Mathison Turing,1912 年 6 月 23 日—1954 年 6 月 7 日)，英国数学家、逻辑学家，被称为计算机之父，人工智能之父。1931 年图灵进入剑桥大学国王学院，毕业后到美国普林斯顿大学攻读博士学位，“二战”爆发后回到剑桥，后曾协助军方破解德国著名的隐谜密码系统，帮助盟军取得了“二战”的胜利。2013 年 12 月 24 日，在英国司法部长克里斯·格雷灵(Chris Grayling)的要求下，英国女王向图灵颁发了皇家赦免。英国司法部长宣布，“图灵的晚年生活因为其同性取向而被迫蒙上了一层阴影，我们认为当时的判决是不公的，这种歧视现象现在也已经遭到了废除。为此，女王决定为这位伟人送上赦免，以此向其致敬。”图灵对于人工智能的发展有诸多贡献，提出了一种用于判定机器是否具有智能的试验方法，即图灵试验，至今，每年都有试验的比赛。此外，图灵提出的著名的图灵机模型为现代计算机的逻辑工作方式奠定了基础。

有关图灵的一些轶事：

★两次报考剑桥三圣学院(Trinity college，最负盛名)未被录取，只好进了剑桥国王学院(King's College)，攻读数学。

★不善言辞，有些木讷害羞，常咬指甲。在剑桥大学是一个衣着随便、不打领带的著名教授，妇孺皆知的怪才。

★患过敏性鼻炎，遇花粉流鼻涕不止——所以戴防毒面具骑自行车上班，“招摇过市”，成为剑桥大学的一大奇观。

★自行车掉链从不修理——发现链条总是踏到一定的圈数时下滑，骑车时特别留心计算，能做到在链条下滑前一刹那停车。后来在脚踏板旁装了一个小巧的机械计数器，到圈数时就停，歇口气再重新运动起来。

★“二战”时期担心英国会失败，把积蓄换成银子埋藏起来，“二战”后却忘了埋藏地点。

3. 希尔密码

希尔(Hill)密码是运用基本矩阵论原理的替换密码，由 Lester S. Hill 在 1929 年发明。每个字母当作 26 进制数字：A = 0，B = 1，C = 2……一串字母当成 n 维向量，与一个 n × n 的矩阵相乘，再得出结果 MOD26。注意用作加密的矩阵(即密钥)必须是可逆的，否则就不可能译码。

希尔密码是基于矩阵的线性变换，希尔密码相对于前面介绍的移位密码以及放射密码而言，其最大的好处就是隐藏了字符的频率信息，使得传统的通过字频来破译密文的方法失效。

若要发出信息 action，则需要利用矩阵乘法给出加密方法和加密后得到的密文，并给出相应的解密方法。

假定每个字母都对应一个非负整数，空格和 26 个英文字母依次对应整数 0 ~ 26。

假设将单词中从左到右，每 3 个字母分为一组，并将对应的 3 个整数排成三维的列向量，加密后仍为三维的列向量，其分量仍为整数。

设三维列向量 X 为明文,要选一个矩阵 A 使密文 $Y = AX$,还要确保接收方能由 Y 准确地解出 X。因此 A 必须是一个 3 阶可逆矩阵。这样就可以由 $Y = AX$ 得 $X = A^{-1}Y$。为了避免小数引起误差,并且确保 Y 也是整数向量,A 和 A^{-1}的元素应该都是整数。

注意到,当整数矩阵$|A| = 1$ 时,A^{-1}也是整数矩阵。

(1)加密

①把明文依次翻译成 3 行的矩阵,位数不足的用 0 补足。

②构造一个加密矩阵 A。

③计算 $Y = AX$,即得密文。

(2)解密

①根据矩阵 A 求出 A^{-1}。

②$X = A^{-1}Y$,即得明文。

三、现代密码

1. 单钥密码体制

单钥密码体制又叫传统密码算法,是指能够从解密密钥中推算出加密密钥,反过来也成立。在大多数的单钥密码体制中,加密密钥和解密密钥是相同的,它要求发送者和接收者在通信之前协商一个安全的密钥,因此有时单钥密码也称为对称密码。单钥密码体制的安全性主要取决于算法和密钥的长度,泄漏密钥就意味着任何人都能对消息进行加密、解密。

单钥密码体制不仅可以用于数据加密,也可以用于消息认证。但是单钥密码体制存在着严重的缺陷:在进行安全通信之前,通信的双方必须通过安全信道商定和传送密钥,而在实际的通讯网中,通信双方很难确定一条合理的安全通道;另外一个问题就是密钥的管理。在拥有大量用户的计算机通信网络中,N 个相互进行保密通信的用户需要 $N(N-1)/2$ 个密钥;当 N 值比较大的时候,密钥管理的开销极大,密钥只能记录在计算机内存或外存上,这本身就是极不安全的。

分组密码一般的设计原则包括:

①分组长度 n 要足够大,使分组代替字母表中的元素个数 2^n 足够大,防止明文穷举攻击法奏效。

②密钥量要足够大(即置换子集中的元素足够多),尽可能消除弱密钥并使所有密钥无特殊性可分析,以防止密钥穷举攻击奏效。但密钥又不能过长,以利于密钥的管理。

③由密钥确定代替的算法要足够复杂,充分实现明文和密文的扩散和混淆,没有简单的关系可循,要能抗击各种已知的攻击,如差分攻击和线性攻击等。

④加密和解密运算简单,易于软件和硬件的快速实现。

⑤数据扩展。一般无数据扩散，在采用同态置换和随机化加密技术时可引入数据扩展。

⑥差错传播尽可能地小。

为了抗击统计分析破译法，需要实现三条要求，香农（Shannon，美国数学家）曾建议采用扩散（diffusion）和混淆（confusion）法。所谓扩散，就是将明文及密钥的每一位数字的影响尽可能迅速地扩散到输出密文的较多个数字中，以便隐蔽明文数字的统计特性。在理想情况下，明文的每一 bit 和密钥的每一 bit 应影响密文的每一 bit，即实现所谓的“完备性”。香农提出的“混淆”概念目的在于使作用于明文的密钥和密文之间的关系复杂化，使明文和密文之间、密文和密钥之间的统计相关性极小化，从而使统计分析攻击法不能奏效。扩散和混淆原则是设计分组密码的基本准则，达到良好的扩散和混淆效果是分组密码设计的核心问题。香农还提出了“乘积”的方法，所谓“乘积密码”，是将若干个密码复合。例如，设有两个子密码 T 和 S，我们先以 T 对明文进行加密，然后再以 S 对所得的结果进行加密，则乘积密码可表示为 F = ST。利用这种方法常可将简单易于实现的密码组合成复杂的更为安全的密码。

分组密码的特点是将明文消息编码后的数字序列在密钥的控制下变换成等长的数字序列。分组密码的输入输出序列长度预先已确定（一般二者相等），故从本质上看，这种密码可看作是字长为分组长度的数字序列的代换密码。

著名的数据加密标准（Data Encryption Standard，DES）是分组密码家族的一个成员，它作为世界范围的标准已经有 20 多年的历史了。其他比较有名的分组密码算法还有国际数据加密算法（IDEA）GOST 等。

（1）DES（Data Encryption Standard）

数据加密标准 DES（Data Encryption Standard）算法由 IBM 公司开发，并被美国国家标准局（NIST）于 1977 年 2 月采纳作为“非密级”应用的一个标准，此后，DES 成为全世界使用最广泛的加密标准。DES 是迄今为止应用最为广泛的一种加密算法，也是最具代表性的一种分组密码体制。DES 对于推动密码理论的发展和应用起到了重大作用，掌握和了解这一算法的基本原理、设计思想、安全性分析等问题，对于研究分组密码理论和其实际应用具有重要意义。

DES 是一种对二元数据进行加密的方法，数据分组长度为 64 位，密文分组长度也是 64 位，没有数据扩展。其算法的基本思想是：

通过循环或迭代，将简单的基本运算（例如左移、右移、模 2 加法等）和变换（选择函数、置换函数）构造成数据流的非线性变换（加密变换或解密变换）。DES 算法的数据流程的基本框架是固定的，通过密钥分解将一个实际上是 56 位（二进制）（64 位密钥去掉奇偶校验位，刚好是 56 位）的密钥分解成 16 个 48 位（二进制）的子密钥，每个子密钥控制一次循环或迭代。加密与解密的密钥和流程是完全相同的，区别仅仅是加密与解密，使用子密钥序列的操作顺序刚好相反。

DES 算法在历史上曾发挥重要作用,但也存在以下问题:①DES 密钥空间的规模 256 位对实际安全而言太小。②DES 的密钥存在弱密钥、半弱密钥和互补密钥。③DES 里的所有计算,除去 S 盒,全是线性的。S 盒的设计对密码算法的安全性至关重要。然而,美国国家安全局并没有公布 S 盒的设计原则,因此,有人怀疑 S 盒里隐藏了"陷阱门(trapdoors)",如果是这样,美国国家安全局就能轻易地解密消息。

由于 DES 的密钥空间小,针对 DES 算法进行穷举攻击就可以取得成功。在 1998 年 7 月,电子前沿基金会(EFF)使用一台 25 万美元的电脑在 56 小时内破译了 DES 密钥。1999 年 1 月 RSA 数据安全会议期间,EFF 通过遍布全世界的 10 万台计算机的协同工作,用 22 小时 15 分钟就宣告破解了一个 DES 的密钥。此外,关于 DES 的攻击还有差分密码分析方法和线性密码分析方法。

(2)AES(Advanced Encryption Standard)

从各方面来看,DES 已走到了它生命的尽头,为了替代已经超龄服役的 DES 算法,NIST 于 1997 年 1 月开始了公开筛选 DES 替代者——高级加密标准(AES)的工作。其目的是为了确定一个非保密的、全球免费使用的分组密码算法,用于保护下一世纪政府的敏感信息,并希望成为秘密和公开部门的数据加密标准。AES 的确立过程简介如下:

①1997 年 9 月 12 日,NIST 在联邦登记处公布了征集 AES 候选算法的通告。并对候选者提出以下基本要求:(a)比 Triple - DES 快,且至少和 Triple - DES 一样安全;(b)应当具有 128 比特分组长度和 128/192/256 比特密钥长度;(c)具有较大的灵活性。

②1998 年 8 月 20 日,NIST 召开了第一次候选大会并公布了 12 个国家的 15 个候选算法。

③1999 年 3 月 22 日,NIST 召开了第二次 AES 候选会议,从中选出 5 个候选算法:MARS(IBM)、RC6(MIT)、Serpent(英、以、美)、Twofish(美)和 Rijndael(比利时)。

④2000 年 10 月 2 日,NIST 宣布比利时的密码学家 Joan Daemen 和 Vincent Rijmen 设计的"Rijndael 算法"最终获胜。

Rijndael 之所以能当选 AES,主要是因为:

①运算速度快。在无论有无反馈模式的计算环境下的软硬件中,Rijndael 都表现出非常好的性能。

②对内存的需求非常低,使它很适合用于受限制的环境。

③算法可靠。使用非线性结构的 S 盒,表现出足够的安全余地。

④Rijndael 算法的设计策略是宽轨迹策略(Wide Trail Strategy),这种策略能有效抵抗差分分析和线性分析攻击。

⑤Rijndael 是一个分组迭代密码,被设计成 128/192/256 比特三种密钥长度,可用于加密长度为 128/192/256 比特的分组,相应的轮数为 10/12/14,分组长度和密钥长度设计灵活。

⑥密钥安装的时间很好,也具有很高的灵活性。

⑦操作简单,并可抵御时间和能量攻击,此外,它还有许多未被特别强调的防御性能。

由上可见,Rijndael 汇聚了安全性能、效率、可实现性和灵活性等优点,Rijndael 的当选是众望所归。

2. 公钥密码体制

单钥密码体制的特点是解密密钥与加密密钥相同或者很容易从加密密钥导出解密密钥。在单钥密码体制中,加密密钥的暴露会使系统变得不安全。单钥密码系统的一个严重缺陷是在任何密文传输之前,发送者和接收者必须使用一个安全信道预先商定和传送密钥。在实际的通讯网中,通信双方则很难确定一条合理的安全通道。

由 Diffie 和 Hellman 首先引入的公钥密码体制克服了单钥密码体制的缺点。它的出现是密码学研究中的一项重大突破,也是现代密码学诞生的标志之一。

在公钥密码体制中,解密密钥和加密密钥不同,从一个难以计算出另一个,解密运算和加密运算可以分离。通信双方无须事先交换密钥就可建立起保密通信。

公钥密码体制克服了单钥密码体制的缺点,特别适用于计算机网络中的多用户通信,它大大减少了多用户通信所需的密钥量,节省了系统资源,也便于密钥管理。

1977 年李维斯特(Rivest)、沙米尔(Shamir)和阿德尔曼(Adleman)提出了第一个比较完善的公钥密码算法,这就是著名的 RSA 算法。自从那时起,人们基于不同的计算问题,提出了大量的公钥密码算法。比较重要的有 RSA 算法、Merkle – Hellman 背包算法、McEliece 算法、ElGamal 算法和椭圆曲线密码算法等。

设计公钥密码体制的关键是先要寻找一个合适的单向函数,大多数的公钥密码体制都是基于计算单向函数的逆的困难性建立的。例如,RSA 体制就是典型的基于单向函数模型的实现。这类密码的强度取决于它所依据的问题计算的复杂性。值得注意的是,公钥密码体制的安全性是指计算安全性,而绝不是无条件安全性,这是由它的安全性理论基础即复杂性理论决定的。

单向函数在密码学中起一个中心作用。它对公钥密码体制的构造研究是非常重要的。虽然目前许多函数(包括 RSA 算法的加密函数)被认为或被相信是单向的,但目前还没有一个函数能被证明是单向的。

RSA 公钥加密算法是 1977 年由罗纳德・李维斯特(Ron Rivest)、阿迪・萨莫尔(Adi Shamir)和伦纳德・阿德曼(Leonard Adleman)一起提出的。当时他们三人都在麻省理工学院工作。RSA 就是他们三人姓氏开头字母拼在一起组成的。

RSA 是目前最有影响力的公钥加密算法,它能够抵抗到目前为止已知的绝大多数密码攻击,已被 ISO 推荐为公钥数据加密标准。

RSA 算法基于一个十分简单的数论事实:将两个大素数相乘十分容易,但是想要对其乘积进行因式分解却极其困难,因此可以将乘积公开作为加密密钥。

图 7-16 RSA 公钥加密算法的提出者

3. 密码分析技术

密码分析学是密码学的一个重要分支,同密码编码学并列。一般说来密码分析学是研究在不掌握密钥的情况下,利用密码体制的弱点来恢复明文的一门学科。对一个密码系统采取截获密文进行分析的这类攻击称作被动攻击(Passive attack)。密码系统可能遭受的另一种攻击是主动攻击(Active attack),即非法入侵者主动向系统窜扰,采用删除、更改、增添、重放、伪造等手段向系统插入假消息,以达到损人利己的目的。

如果能够根据密文确定出明文或密钥,或者能够根据明文—密文确定出密钥,则我们说这个密码是可破译的。否则,我们说这个密码是不可破译的。

密码分析者攻击密码的方法主要有以下三种:

①穷举攻击:是指密码分析者用试遍所有密钥的方法来破译密码。穷举攻击所花费的时间等于尝试次数乘以一次解密(加密)所需的时间。显然可以通过增大密钥量或加大解密(加密)算法的复杂性来对抗穷举攻击。当密钥量增大时,尝试的次数必然增大。当解密(加密)算法的复杂性增大时,完成一次解密(加密)所需的时间增大。从而使穷举攻击在实际上不能实现。

②统计分析攻击:是指密码分析者通过分析密文和明文的统计规律来破译密码。统计分析攻击在历史上为破译密码做出过极大的贡献。许多古典密码都可以通过分析明文字母和字母组的频率而破译。对抗统计分析攻击的方法是设法使明文的统计特性不带入密文。这样,密文不带有明文的痕迹,从而使统计分析成为不可能。

③数学分析攻击:是指密码分析者针对加密算法的数学依据通过数学求解的方法来破译密码。为了对抗这种数学分析攻击,应选用具有坚实数学基础和足够复杂的加密算法。

此外,攻击密码分析者可利用的数据来分类,可将破译密码的类型分为以下三种:

①仅知密文攻击:即密码分析者仅根据截获的密文来破译密码。

②已知明文攻击:即密码分析者根据已经知道的某些明文—密文对来破译密码。例如,密码分析者可能知道从用户终端送到计算机的密文数据以一个标准词“Login”开头。又例如,加密成密文的计算机源程序特别容易受到这种攻击,这是因为诸如 begin、end、if、then、else 等词在密文中有规律地出现,密码分析者可以合理地猜测它们。近代密码学认为,一个密码仅当它能够经得起已知明文攻击时才是可取的。

③选择明文攻击:即密码分析者能够选择明文并获得相应的密文,这是对密码分析者最有利的情况。计算机文件系统和数据库特别容易受到这种攻击,因为用户可随意选择明文,并得到相应的密文文件和密文数据库。

密码编制学的任务是寻求生成高强度密码的有效算法,满足对消息进行加密或认证的要求。密码分析学的任务是破译密码或伪造认证密码,窃取机密信息或进行诈骗破坏活动。进攻与反进攻、破译与反破译是密码学中永无止境的矛与盾的竞技。

一个密码,如果无论密码分析者截获了多少密文和用什么方法进行攻击都不能被攻破,则称为是绝对不可破译的。绝对不可破译的密码在理论上是存在的。但是,如果能够利用足够的资源,那么任何实际的密码都是可破译的。因此,对我们更有实际意义的是在计算上不可破译的密码,如果一个密码不能被密码分析者根据可利用的资源所破译,则称为在计算上是不可破译的。

【拓展阅读】

第二次世界大战中与密码有关的经典战役

拓展阅读:
幸存者偏差

决定战争胜负的因素是什么?每个人可能都有不同的答案。比如,有人会把胜利归功于统帅的英明决断、武器的精良、国力的强弱或人心向背、战士们的坚韧不拔和勇敢无畏。然而,第二次世界大战时期的英情报局高官温特博瑟姆(F. Winterbotham)却把二次大战的胜利归因于“科学的拯救”。一批卓越的数学家和工程师,充分运用数学知识和科学技术,破译了曾认为是不可能被破译的德国“隐谜”和“洛伦兹(Lorenz)”密码以及日本海军的密码,获得了大量的“超级”情报。

1. 不列颠空战

1940 年 5 月,德军以闪电战击溃英法联军,英军被迫从法国敦刻尔克港口狼狈地撤回本土。当时的英国陆军几乎已失去武装,空军则从飞机数量、质量和飞行员的技术上与德国相比均处于劣势。德国空军认为,一旦德国飞机越过英吉利海峡,在德军的狂轰滥炸下,英国很快就会投降。

于是,1940 年 7 月 10 日至 1941 年 10 月 12 日,爆发了第二次世界大战中规模最大的空战——不列颠空战。德国参战的有空军主力 3 个航空队和 2669 架飞机,战斗机和轰炸机各占一半,而英国只有 700 架战斗机和 500 架轰炸机,德国占有 2∶1 的优势。然而,空战的结果,德国被击落1733架飞机,损失空勤人员近6000人;英国只损失了915架,牺牲飞行员414人。英德双方飞机损失比0.527:1,飞行员损失比0.069:1。

遭受重大损失的希特勒不得不放弃了征服英国的计划,英国得到了喘息机会,并且逐步开始恢复元气。

后来的解密档案表明,“超级”情报居功至伟。德国空军司令戈林做梦也不曾想到,他发给德国空军将领的详细指令,数小时后便落到英国首相丘吉尔和他的空军参谋长手中。

通过破译“隐谜”电报,英国人准确地掌握了德国空军的所有行动计划,有哪些航空中队,多少架飞机,何时起飞,轰炸目标等。英军的战斗机飞行员则惊奇地发现,上司对敌人行动的预判总是如此精准,使得他们经常能在与敌机交火中占得上风。当然,他们并不知道破译密码之事,那是只有极少数人掌握的“超级机密”。

2. 阿拉曼战役

阿拉曼战役,是第二次世界大战北非战场上,轴心国德国司令埃尔温·隆美尔所指挥的非洲装甲军团与英国伯纳德·蒙哥马利将军统领之英联邦军队在埃及阿拉曼进行的战役。

隆美尔是希特勒手下最杰出的将领之一,以足智多谋、英勇善战著称。1941年,他在北非沙漠地区以灵活机动的战术接连击败英军,被称为“沙漠之狐”。

然而,“超级”情报使得局面逐渐扭转。英国人从隆美尔与德军总部的“隐谜”电报来往中,了解到其部队的动向和兵力分布,从而总能在隆美尔最出乎意料的地方给予沉重打击。

隆美尔一直用电报催促总部务必及时把部队急需的各种补给品运到。总部则回电详细告知运输船队的航线、到达港口和日期,结果这些运输船队无一例外全部被击沉。

为防止德国人怀疑“隐谜”密码被破译,英国人故意用简单加密的密文向敌方港口城市的一个不存在的谍报人员发去电报,称赞他提供的极有价值的情报,还给他加了工资。

在完全掌握了隆美尔部队的装备和兵力情况,并了解到他们已处于弹尽油干的境地后,英军统帅蒙哥马利发动了著名的阿拉曼战役,向隆美尔部队发起了猛攻。

这次,隆美尔终于被打得大败而逃。这场战役的胜利彻底扭转了北非战场的形势。盟军在阿拉曼的胜利致使纳粹德国和意大利王国欲占领埃及、控制苏伊士运河,占有战略资源丰富的中东的希望破灭。这场战役结束了非洲装甲军团的攻势,此场战役后轴心国于北非战场转入战略撤退运作。

3. 中途岛海战

中途岛战役是第二次世界大战的重要战役,也是美国海军以少胜多的著名战役。

1941年12月7日,日本偷袭珍珠港,使美国太平洋舰队遭受了重大损失:20余艘战舰被炸沉,300多架飞机被毁,伤亡4000余人,太平洋战争爆发。

战争初期，由于准备不足，日本海军处在优势和主动地位，美军则节节败退。然而，作为同盟国，美国与英国联合破译了日本海军密码 JN－25。于是，“超级”情报开始在对日战争中大显身手。

1942 年 5 月，日本联合舰队司令官、海军大将山本五十六在成功策划了珍珠港偷袭后，决定占领美军在太平洋上另一个重要基地——中途岛。

中途岛，面积只有 4.7 平方公里，其特殊的地理位置决定了它战略地位的重要性。该岛距美国旧金山和日本横滨均相距 2800 海里，处于亚洲和北美之间的太平洋航线的中途，故名中途岛。另外它距珍珠港 1135 海里，是美国在中太平洋地区的重要军事基地和交通枢纽，也是美军在夏威夷的门户和前哨阵地。中途岛一旦失守，美太平洋舰队的大本营珍珠港也将唇亡齿寒。

山本五十六亲自率领一支庞大的舰队，向目的地出发。但是这一次他没有那么幸运了。通过“超级”情报，美国太平洋舰队司令、海军上将尼米兹洞悉了山本五十六的企图。

美军提早派遣航母离港，赶在山本的潜艇警戒线成型以前进入伏击地点，使山本的所有预警措施归于无效。

日军按时对阿留申群岛展开了象征性的攻击，但美军航母专心设伏，没有被引诱北上。

1942 年 6 月 4 日凌晨，日军四艘航空母舰的舰载飞机直扑中途岛的美军机场，岛上早有准备的美军飞机全部起飞，使日军轰炸机扑了个空。

正当日军第一批飞机返航，第二批待飞时，从埋伏在附近海面的美军舰队上起飞的各种轰炸机在空中成批出现，日军措手不及。

在短短的 8 分钟内，日本三艘大型航空母舰“赤城”、“加贺”、“苍龙”号被击沉，“飞龙”号受重创，“三隈”号重巡洋舰被击沉。

双方损失对比	航空母舰	舰艇	飞机	阵亡人数
美国	1	1(驱逐舰)	147	307
日本	4	1(重巡洋舰)	332	3500

中途岛海战改变了太平洋地区日美航空母舰实力对比。日军仅剩大型航母 2 艘、轻型航母 4 艘。美国海军不仅在此战役中成功地击退了日本海军对中途环礁的攻击，还因此得到了太平洋战区的主动权，所以这场战役可说是太平洋战区的转折点。

【趣味学习】

1. 这是发生在百度贴吧的一件趣闻。

曾经有一位男生向一个心仪的女生表白，说了一句：“I love you.”那位女生给了男生一个摩斯密码，说解出来了才和他约会。男主角苦思冥想好久都没能解出来，只好在百度贴吧上登出了这道题目：

* * * * -/* - - - -/- - - - */* * * * -/* * * * -/* - - - -/- - - * */* - - - -/* * * * -/* - - - -/- * * * */* * * - -/* * * * -/* - - - -/- - - - */* * - - -/- * * * */* * - - -/* * - - -/* * * - -/- - * * */* * * * -

你能帮他求解出来吗？

解析：破解一共需五个步骤，其中有一个步骤是替代密码。

对摩斯密码来说，数字长码表如下图所示：

数字长码表

字符	电码字符	字符	电码字符	字符	电码字符	字符	字符
0	- - - - -	1	* - - - -	2	* * - - -	3	* * * - -
4	* * * * -	5	* * * * *	6	- * * * *	7	- - * * *
8	- - - * *	9	- - - - *				

所以解码出来分组后的数字分别是，41－94－41－81－41－63－41－92－62－23－74，观察到每个组合的个位数都不超过 4，特别是只有 7 和 9 两个数字后面有 4，其他的都没有。

可以联想到日常用的手机键盘，如图所示若第一个数是键的位置，第二个数是在这个键上的第 i 个字母，那么按照上面的组合解码可得：

G Z G T G O G X N C S

我们知道其中有一个步骤是替换密码，而 QWE＝ABC 的格式是被世人所认可的，也就有可能成为密码的码表。（QWE＝ABC 其实是将电脑键盘上的键位按照顺序对应于字母 ABC 即

Q＝A，W＝B，E＝C，R＝D，T＝E，Y＝F，U＝G，I＝H，O＝I，P＝J，A＝K，S＝L，D＝M，F＝N，G＝O，H＝P，J＝Q，K＝R，L＝S，Z＝T，X＝U，C＝V，V＝W，B＝X，N＝Y，M＝Z

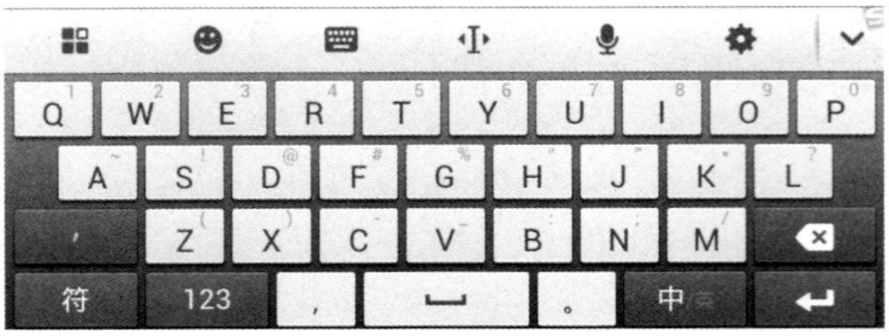

翻译过来就是　O　T　O　E　O　I　O　U　Y　V　L

按照栅栏法排列这些字母，分成两排：

O　T　O　E　O　I

O　U　Y　V　L

按照从右往左从上往下依次读，即可得到最终答案：

I　L　O　V　E　Y　O　U　T　O　O

2. EH FDVHIXO IRU DVVDVVLQDWRU

这是某一天恺撒大帝的家人向他发送的紧急信件的内容。它到底是什么意思呢？

解析：公元前44年，远征帕提亚的前3天，3月15日一大早，元老院要在庞培所建设的石雕剧场召开会议，除意大利以外的其他属国原定在这次会议上通过更改恺撒称号为"皇帝"的议案。

奇怪的是那天早上，恺撒的妻子做了一个噩梦，她极力挽留恺撒不要去参加这场会议。恺撒不顾妻子的劝告，执意要去。就在到达会场前一刻，他收到了一封密信，如果恺撒这时掉头离开，他仍旧有生还的机会。

平时恺撒家族进行秘密通信时都采用将拉丁字母顺序向后顺延3位，将原文按照一定的规律用另外的文字、数字、符号表示出来。恺撒收到的密信就是用这种方式写成的。将各个字母提前3位，恢复到原本的字母，解出的密文如下：

BE CAREFUL FOR ASSASSINATOR

也就是"小心暗杀者"。此时恺撒似乎也嗅到了身边潜伏的一丝杀机，但他并不知道那个杀手是谁。收到密信的恺撒仍旧决定出席会议。在元老院里，令他没有想到的是布鲁特斯将尖刀刺入他的胸膛，"布鲁特斯，原来是你……"

3. 下面是一首脍炙人口的唐诗，你能解出来吗？

北八春开裘弓难愁置与门台满见风月风散不不着云酒羌风东天君卷即来入暖得瀚惨饮笛掣门山雪地飞千珠锦控海淡归纷红送路上白雪树帘衾都阑万客纷旗君山空草忽万湿薄护千里胡暮冻去回留折如树罗将铁百凝琴雪不去路马胡一梨幕军衣丈中琵下翻时转行天夜花狐角冷冰军琶辕轮雪不处

解析:这是根据斯巴达手杖加密原理加密得到的。原文为《白雪歌送武判官归京》

白雪歌送武判官归京

(唐代)岑 参

北风卷地白草折,胡天八月即飞雪。
忽如一夜春风来,千树万树梨花开。
散入珠帘湿罗幕,狐裘不暖锦衾薄。
将军角弓不得控,都护铁衣冷难着。
瀚海阑干百丈冰,愁云惨淡万里凝。
中军置酒饮归客,胡琴琵琶与羌笛。
纷纷暮雪下辕门,风掣红旗冻不翻。
轮台东门送君去,去时雪满天山路。
山回路转不见君,雪上空留马行处。

第八章　魔术与游戏中的数学

数学好玩。

——陈省身

【学习目标】

1. 从魔术与游戏中感悟数学的所在、魅力和神奇，同时也是体现数学文化最好的途径之一。

2. 通过魔术与游戏，不仅在玩的过程中追求一次偶然的刺激或取胜，而且更关心的是如何找到取胜的秘诀，更热衷于探讨一般的规律，从中提高逻辑思维能力、推理能力、抽象能力、分析能力和创新能力，这方面的训练是其他训练难以代替的。

3. 感受数学知识的研究方法，加深对数学的情感，让数学文化更加平易近人。

【教学提示】

一些魔术与游戏中涉及数学的内容很多，本章也只是介绍了几个，让大家体会一下数学的思考角度，很多时候会将魔术与游戏中的奥秘、疑问迎刃而解。通过本章的学习让大家看到数学的视角、数学的思考方式多么奇妙和重要。

图 8－1 陈省身

在我们的日常生活、工作当中，有很多问题是完全可以用数学的眼光、数学的思维方式去解决，这种时候你会觉得数学是很神奇、很好玩儿、很有意思的东西。难怪陈省身大师曾经在 2002 年北京国际数学家大会期间，为“中国少年数学论坛”活动题词“数学好玩”，鼓励青少年喜爱数学、学好数学。

陈省身，美籍华裔数学家，被誉为“微分几何之父”，并取得很多重要成就。曾先后任教于国立西南联合大学、芝加哥大学和加州大学伯克利分校，是原“中央研究院”数学所、美国国家数学研究所、南开数学研究所的创始所长。培养了包括廖山涛、吴文俊、丘成桐、郑绍远、李伟光等著名数学家。他还曾获得美国数学学会颁发的肖内夫奖（1970 年）、斯蒂尔奖（1983 年）。并曾获得德国洪堡奖、俄罗斯罗巴切夫斯基数学奖等众多、重大奖项。

一般认为，魔术与游戏让人轻松愉快，趣味盎然，人人乐于参与；而数学则艰深困难，枯燥乏味，大多令人望而生畏。其实游戏与数学关系非常密切，二者有类似的元素和结构，同时数学比游戏更高一筹。

数学有两个基本元素：给定的集合以及运算规则。这里的集合可能是“数的集合”、“几何形体的集合”、“函数的集合”，甚至更为抽象的其他集合；而这里的运算规则可能是加、减、乘、除、微分、积分等。

游戏也有两个基本元素：给定的集合是“道具”，以及游戏规则。这里的集合中道具是游戏活动范围内某些物体的集合。例如，一堆棋子、一副扑克，甚至更为抽象的数字等；而这里的游戏规则是对游戏活动所作的要求或限制。

说数学比游戏更高一筹是因为游戏较具体、直观，玩游戏的人追求过程的刺激，每次都尽力使每一局获胜；而数学则较抽象，数学家不满足于一次偶然的取胜，他们更关心如何找到取胜的秘诀，许多看起来完全不同的游戏，在数学家眼里，本质上却是一回事。无论是魔术还是游戏，都能够引起大家的好奇心，觉得很好玩，在很多数学工作者、爱好者的眼中，已经将数学看成是很好玩的东西。

一、魔术大师一直使用但却未必明白的道理

1. 没有搞清原理的猜心术

猜心术形象的解释是指能“看透人心”的小游戏。比如，首先为你呈现的是 6 张牌，让你选好一张，不要告诉任何人。然后盯着电脑看 5 秒钟的时间。哇！奇迹出现了，又呈现出 5 张牌，这里面竟然没有你想的那张牌！神奇！我们不要相信这种猜心

术，我们要相信科学，相信事实，多学习知识，猫腻就会被你发现。

在魔术大师表演的众多魔术中，其中有一个使用月历设计的“猜心术”：随便取出一张月历，随便找一位观众在月历中画一个正方形框出16个数字，然后魔术师用笔在一张纸上写下一个数字，折起纸密封于一个信封内。接下来，魔术师会让一位观众在这个方框内随便取一个数字，然后把这个数字所在的行和列中的其他数字划掉，只留下这个数字；之后在该方框内剩下的数字中再随便取一个数字，然后把这个数字所在的行和列中的其他数字划掉，只留下这个数字。依此类推，继续做下去，最后方框内原有的16个数字只剩下4个。此时，魔术师请观众算一算留下的四个数字之和是多少。等观众算出这个和数后，魔术师告诉他：“其实，我早就猜出你的这个和数了，请你打开信封看看。”观众打开信封，发现魔术师写在纸上的数字正是这个和数，一时目瞪口呆。

你能给出解释吗？

现在我们来分析一下：任意框出16个数字后，记左上角的数字为 n，每一行数字组成一个公差为1的数列，每一列数字组成一个公差为7的数列，我们看到被选的4个数来自于不同的行和列，因此当行选定时，它一定为该处首位数字 $+0$、$+1$、$+2$、$+3$ 之一，而且只能有一个。于是，由于四个数字取自四个不同的行，它们所在的行的首位数字分别为 n、$n+7$、$n+14$、$n+21$，它们的和就应该是这四个数字 n、$n+7$、$n+14$、$n+21$ 分别加上 $+0$、$+1$、$+2$、$+3$，即和为

$$(n+n+7+n+14+n+21)+1+2+3=4n+48$$

其中 n 是左上角的数字。

再看看魔术师写下的四个角上的四个数字之和是什么？四个角上的数字分别是 n、$n+3$、$n+21$、$n+24$，其和也是 $4n+48$，这就是猜心术的奥秘。

同学们在思考这个问题的时候，也会有很多不同的结论：

(1)对角线上四个数字之和；

(2)四个角上的数字之和；

(3)中心四个数字之和等等。

事实上，我们可以发现只要知道某个位置的一个数字，这样4个数之和的结果也就知道了，比如记左上角那个数字为 n，则按照上面玩的规则，它们的和就应该是 $4n+48$。如果这个 n 是在其他位置，那么我们同样可以发现类似的规律（如下表），即只要知道16个数字中一个位置的数字 n，那么就知道这种玩法的4个数字之和。

探索关系，发现共性。事实上，通过最后一张表可以看到，我们在每一个小框里都给出了一个函数模型。

n $4n+48$	n $4n+44$	n $4n+40$	n $4n+36$
n $4n+20$	n $4n+16$	n ?	n $4n+8$
n ?	n $4n-12$	n $4n-16$	n $4n-20$
n $4n-36$	n $4n-40$	n $4n-44$	n ?

试一试：给出表中问号处的结果。

2. 充满玄机的数字游戏

“魔法”中有很多东西是和数学紧密联系在一起的，尤其是数字游戏。我们来看一下《刘谦的魔法签证》的第一章——魔术预言里的感应魔术。6 张写满数字的卡片，如图表：

1	3	5	7
9	11	13	15
17	19	21	23
25	27	29	31
33	35	37	39
41	43	45	47
49	51	53	55
57	59	61	63

第一张

2	3	6	7
10	11	14	15
18	19	22	23
26	27	30	31
34	35	38	39
42	43	46	47
50	51	54	55
58	59	62	63

第二张

4	5	6	7
12	13	14	15
20	21	22	23
28	29	30	31
36	37	38	39
44	45	46	47
52	53	54	55
60	61	62	63

第三张

8	9	10	11
12	13	14	15
24	25	26	27
28	29	30	31
40	41	42	43
44	45	46	47
56	57	58	59
60	61	62	63

第四张

16	17	18	19
20	21	22	23
24	25	26	27
28	29	30	31
48	49	50	51
52	53	54	55
56	57	58	59
60	61	62	63

第五张

32	33	34	35
36	37	38	39
40	41	42	43
44	45	46	47
48	49	50	51
52	53	54	55
56	57	58	59
60	61	62	63

第六张

魔术师随便在看台上请出一名观众，让该观众在 1 到 63 之间随便想一个图表中的整数。观众想了一个数字 45，魔术师请观众挑出上面印有观众心中数字（即 45）的卡片，观众挑出了第一、第三、第四、第六张卡片。魔术师神秘地说：“请把手放在这些卡片上，集中精神想着那一个数字，你的脑电波将会给我传递信息。”过了几秒，魔术师说：“我感觉到了是 45。”在场的观众都惊呆了，难道魔术师真的能感受到别人的脑电波吗？太神奇了！

解密：这个魔术是利用数学知识来设计的。容易证明：

命题1到63内的所有整数都可以表示成

$$k_1 \cdot 1 + k_2 \cdot 2 + k_3 \cdot 4 + k_4 \cdot 8 + k_5 \cdot 16 + k_6 \cdot 32$$

形式，并且表示方法唯一，其中 k_i 只取0或1，$i = 1,2,3,4,5,6$。

这6张牌上的数字是根据以上命题特殊构造的。最先在6张牌的第一个位置分别填上1,2,4,8,16,32。当1到63内的整数 n 被唯一地表示成：

$$k_1 \cdot 1 + k_2 \cdot 2 + k_3 \cdot 4 + k_4 \cdot 8 + k_5 \cdot 16 + k_6 \cdot 32$$

时，若 $k_i = 1$，就将 n 填在第 i 张牌上。同一张牌上的数字按大小依次填在第2～32个位置上。

比如：$3 = 1 \times 1 + 1 \times 2 + 0 \times 4 + 0 \times 8 + 0 \times 16 + 0 \times 32$，意味着第一张牌和第二张牌的第二个位置都填上3；

再比如：$5 = 1 \times 1 + 0 \times 2 + 1 \times 4 + 0 \times 8 + 0 \times 16 + 0 \times 32$，意味着第一张牌的第三个位置和第三张牌的第二个位置都填上5；

由于 $63 = 1 \times 1 + 1 \times 2 + 1 \times 4 + 1 \times 8 + 1 \times 16 + 1 \times 32$，所以在每张卡片的最后一个位置都填上63；

按照这样的结构，知道了1到63内的整数 n 出现在哪几张牌上，只要将这几张牌第一个位置上的数字相加就能确定 n。在上面表演中，由于观众指出了所想的数在第一、第三、第四、第六张卡片上，所以刘谦得出这个数是 $45 = 1 \times 1 + 0 \times 2 + 1 \times 4 + 1 \times 8 + 0 \times 16 + 1 \times 32$

揭示了这个游戏的奥秘，你也不妨试试表演了。

二、由简至繁，发现规律

1. 仅一堆石子

一种民间游戏——“取石子”

游戏规则：有一堆石子，甲乙两人轮流从中拿取石子，每人每次只能取走1颗或2颗石子，谁取到最后一颗石子谁赢。

请问有没有必胜的诀窍？

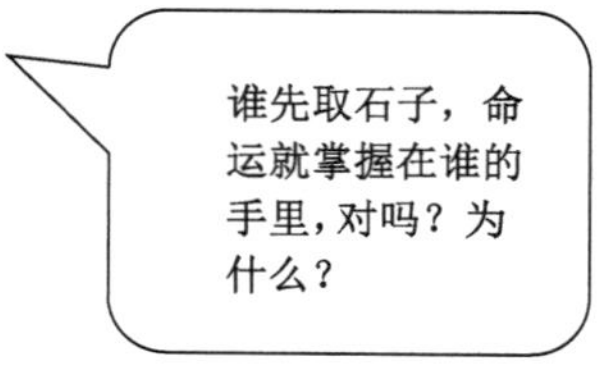

图8－2　一堆石子的“取石子”

按照上述游戏规则，以10、20、30颗石子进行游戏，进行完游戏你是不是就可以回答上面的问题了呢？

解读：

要想取到最后一颗石子，按照规则，上一次取后留下的石子数不能是1或2，至少为3，如果留下3颗石子，那么不论对方按照规则取1颗还是2颗，自己都一定能将剩下的2颗或1颗石子取完。同样的分析知道，要想取得这一赢局，前一次取后应当留下6颗，依此类推。

结论1 在一堆石子的情况下，留下3的倍数颗石子就是赢局。

可见赢一次可以是偶然，要想掌握全局不是偶然，需要大脑和智慧。

2. 两堆石子

游戏规则：有两堆石子，甲乙两人轮流从中拿取石子，每人每次只能在其中一堆中取走1颗或2颗石子，以最后石子取完者为胜。先以两堆石子数较少玩起，发现规律，总结一下如何才能掌握胜局！

图8-3 两堆石子的"取石子"

解读：

首先考虑一个极端情况：假如其中一堆石子全部取完了，那么按照一堆石子情况的讨论，赢局就是另一堆剩下3的倍数颗石子。但是如何保证一堆取完后，另一堆剩下的恰好有3的倍数颗石子呢？其实，只要使得两堆石子数除以3所得余数相同即可。此时，对方在其中一堆中取走几颗石子，你就从另一堆中取走同样多颗石子，这样就能始终保持留下的两堆石子数除以3余数相同，从而当一堆取完（余数为0）后，另一堆石子数是3的倍数。所以有：

结论2 在两堆石子的情况下，留下两堆石子数除以3所得余数相同，就是赢局。

可见赢一次偶然，但是要想掌握全局需要知识加智慧。

3. 任意多堆石子

游戏规则：有任意多堆石子，甲乙两人轮流从中拿取石子，每人每次只能在其中一堆中取走1颗或2颗石子，以最后石子取完者为胜。

结论3 只要除以3所得余数（1或2）相同的石子堆是成对出现的，而被3整除的石子堆数量不论多少个，都是赢局。

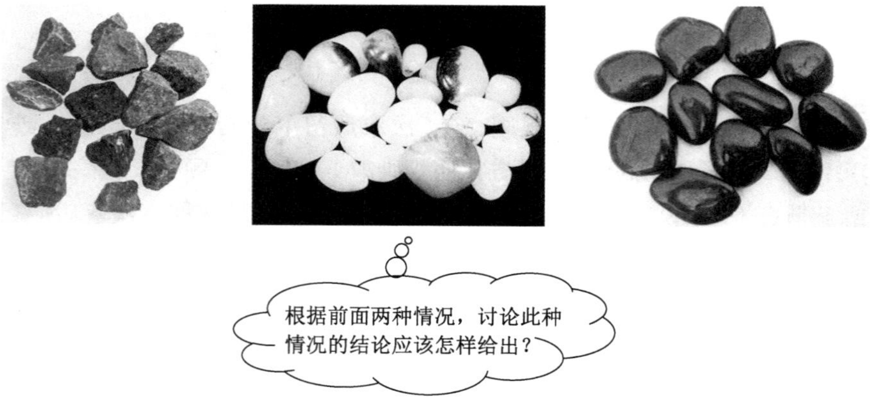

图 8－4　任意多堆石子的“取石子”

可见赢一次纯属偶然，要想掌握全局情况，用数学的思维方式及智慧更容易做到。

4.“躲 30”游戏

“躲 30”游戏由两人进行。从 1 开始，双方轮流报数，每人每轮至少报一个数，最多报两个数，以最终数到 30 的人为输。如果让你先数，你是否能保证取胜呢？

> 胜局掌握在谁的手里？

解读：要想把 30 留给对方，就应把 3 的各种倍数 21、24、27 等留给对方，也就是要把除以 3 后余 2 的各数 2、5、8、11、14、17、20、23、26、29 留给自己。

> 问题1：按照这种思维改变游戏规则，最后数到30者为胜，你先数的话有什么样的取胜策略？

> 问题 2：如果题目改为数到 29 为胜、数到 28 为胜，策略各是怎样的？

问题 1　解读：把 3 的倍数留给自己。

问题 2　解读：若数到 29 为胜，则把 3 的倍数留给对方；若数到 28 为胜，则把余 2 的数留给对方。

5. 猜帽子游戏

老师带领 7 个人玩游戏，有 7 顶帽子，4 顶白色帽子，3 顶黑色帽子，6 个人坐着围成一圈,还有一个人坐中间,围着坐的6个人只能看到5个人的头(被坐在中间的人挡住视线),老师给每个学生都戴上眼罩,然后再给每个学生戴上一顶帽子。现在只解开坐在圈上的6名学生的眼罩,坐在中央的学生的眼罩依然戴着,请大家猜自己头顶上的帽子颜色。当6个人摘下眼罩,静静地想了好大一会儿,中间的人举手告诉老师他知道自己头上的帽子是什么颜色。请问如果你是坐在中间位置的人,你知道自己头顶上的帽子是什么颜色的吗?是怎么知道的?

拓展阅读:
猜帽子游戏

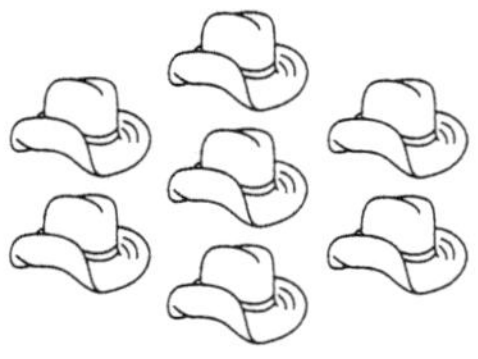

图8-5　7顶帽子

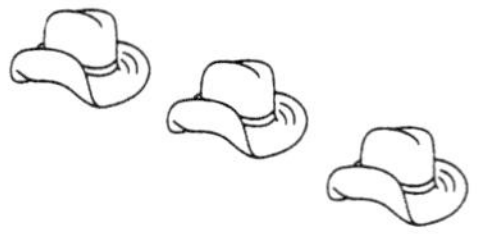

图8-6　3顶帽子

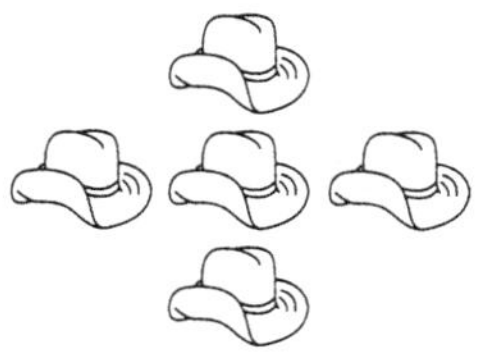

图8-7　5顶帽子

由简至繁,发现规律,从中感悟和学习数学文化。

坐在圈上的6个人解开眼罩后能看到5个人的帽子的颜色(由于中间人的遮挡)。但是大家静静地想了好大一会儿,解开眼罩的人没猜到自己头上帽子的颜色,反倒坐在中间依然被遮双眼的人猜到了。你会不会觉得很神奇呢,你能给出解释吗?

分析1:图8-6,现在我们把问题简化成3人猜3顶帽子,此时圈上坐2人,中间坐1人(事实上是3人在一条线段上了),先戴上眼罩,然后将2顶白色的帽子及1顶黑色的帽子给他们戴上,再摘掉两端人的眼罩,经过一会儿的思索,结果中间仍然被遮双眼的人猜到了自己帽子的颜色。结论是中间那个人戴的肯定是白色的帽子,否则圈上两个人会一眼看到,然后马上猜到是黑色,因为仅有一顶黑色,不需要任何的思考。由于圈上的两个人看到中间人戴的是白色的帽子,而每个人既看不到自己的帽子也看不到被遮挡的那个人的帽子,所以猜不到自己头上戴的帽子,而坐在中间那个人能想到在坐在圈上的人猜不到的情况下可以确定自己戴的是白色的帽子。

分析2:图8-7,现在将问题再扩展到5个人猜5顶帽子,3顶白色帽子,2顶黑色帽子,周围一圈的人改为4人,中间坐1人,游戏的其他玩法都没有改变,戴上眼罩、戴上帽子、解开圈上人的眼罩,然后老师让大家猜自己头上帽子的颜色,大家静静地想了好大一会儿……最后还是中间被遮住眼睛的人猜到了自己所戴帽子的颜色。为什么?结论是中间那个人戴的肯定是白色的帽子,如果不是白色而是黑色的帽子,那么圈上还应该有1人戴黑色的帽子,这样圈上有2人可以马上看到戴黑色帽子的2个人,此时就能够马上知道自己帽子的颜色,但是事实上是经过好大一会儿的思考,坐在圈上的人也没有结论,所以中间那个人戴的肯定是白色的帽子。

回到原问题,图8-5引用刚才的方法,可以知道坐在中间那个人戴的是白色的帽子。否则，如果坐在中间的人戴的是黑色的帽子，必定会有戴黑色帽子的 2 个人坐在圈上，那么总有坐在圈上的人会看到 3 顶黑色的帽子，这样的话也不会需要静静地想好大一会儿就应该知道答案了，所以坐在中间的人戴的是白色的帽子。

讨论题：如果你是坐在圈上的人，在什么情况下你可以知道自己头顶上帽子的颜色，在什么情况下无论如何也是不知道的？可以将各种情况穷尽。

6.“尼姆”游戏与斐波那契数列

斐波那契数列的发明者是意大利数学家斐波那契（1170—1240），它是由“兔子繁衍”问题产生的，是一个十分重要而神奇的递推数列：

1、1、2、3、5、8、13、21、34、55、89、144、233、377、610、987……

拓展阅读：斐波那契数列之歌

这个数列的组成规则是，从第三项起，后边的每一项都等于它前面两项之和。这个数列与大自然植物的关系极为密切，几乎所有花朵的花瓣数都来自这个数列中的一项数字：菠萝表皮方块形鳞苞形成两组旋向相反的螺线，它们的条数必须是这个数列中紧邻的两个数字（如左旋 8 行，右旋 13 行）；还有向日葵花盘……倘若两组螺线条数完全相同，岂不更加严格对称？可大自然偏不！直到最近的 1993 年，人们才对这个古老而重要的数列给出真正满意的解释：此数列中任何相邻的两个数，次第相除，其比率都最为接近 0.618034……这个值，它的极限就是所谓的黄金分割数，神奇至极。

“尼姆”游戏规则是由两个人轮流从一堆粒数不限的石子中取石子若干，先取的一方可以取任意粒，但不能把这堆石子全部取走，以后每人每次取走的石子数目都不能超过另一个人刚取走石子数的 2 倍，且每人每次至少要取走一粒石子，这样交替地进行下去，直到全部石子被取光为止，谁先取到最后一粒，谁就获胜。

假设开局时有 1000 粒石子，那么有没有什么窍门可以使先取走的人稳操胜券？

有学者利用斐波纳契计数法证明，在这个游戏中，若所有石子的粒数是个斐波纳契数的话，那么后取的一方稳操胜券；而如果所有的石子数不是一个斐波纳契数的话，那么先取的一方稳胜。真是太神奇了，令人惊讶。

问题分析与求解：

假定开局时堆中有 8 粒石子（8 是个斐波那契数），按照游戏规则，先取走者不能把 8 粒一次取尽，他最多可以取 7 粒，6 粒，5 粒……，显然这些取法将让他立即失败。譬如说，他如果拿 5 粒的话，那么后者可以把剩下的 3 粒全部拿走（少于 5 粒的两倍）。由于最后一粒包括在内，所以后者马上就赢了。

于是先取走者考虑了一个比较好的办法，第一次先取 2 粒，这时后者不能一下子就取胜。那么，他的最优对策又将如何？

后取走者的正确对策是取掉 1 粒，使得留下来的石子数是 5 粒。请注意 5 是一个比 8 小一号的斐波那契数，也就是说下了一层楼。通过这种“层层下楼”的办法，后者可以稳操胜券。

由于 1000 不是一个斐波那契数，按照上面的分析，先走者只要拿掉 13 粒石子，使得剩下的石子数为 987 粒（987 是一个斐波那契数），然后步步为营地小心对待，他就可以稳赢无疑。

许多游戏的取胜之道是斗智，而非斗力，这就是一个好例子。

三、神奇的数字小游戏——手机尾号与年龄

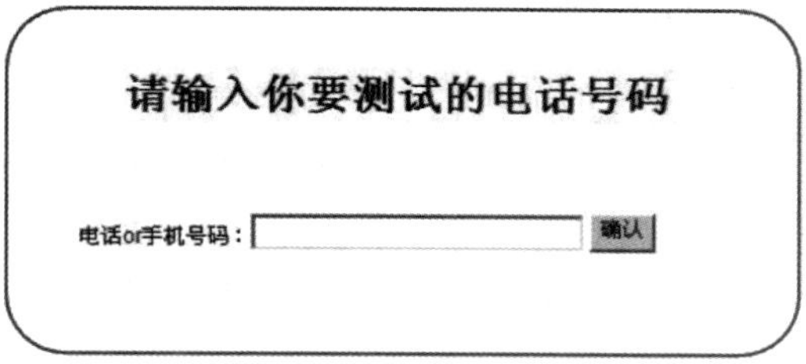

如果现在是 2016 年，验证你的手机号，会有貌似神奇的一幕：

（1）看一下你手机号的最后一位；

（2）把这个数字乘上 2；

（3）然后加上 5；

（4）再乘以 50；

（5）把得到的数目加上 1766；

（6）用这个数目减去你出生的那一年。

现在你看到一个三位数，百位数为你的手机尾号，后两位是你的年龄。

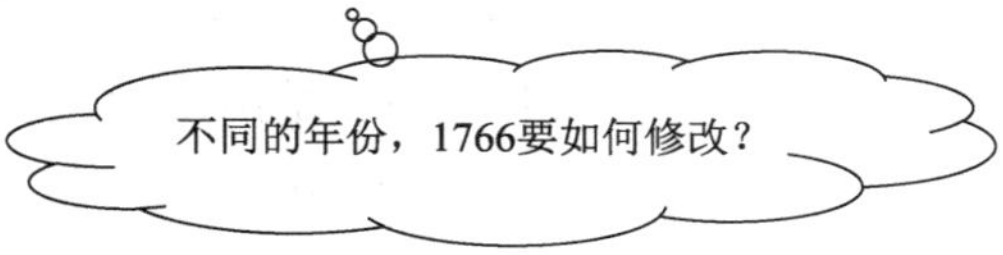

解读：$50(2n+5)+1766-$ 生年

$=100n+(2016-$ 出生年份）

$=100n+$ 你的年龄其关键在于，

$50\times 2n=100n$；$50\times 5+1766=2016$

四、游戏中的数学逻辑

1. 有 A、B 两人，各取一张卡片，两张都写着一个自然数的数字卡片，两人卡片上的两数之差为 1，但每人只能看见对方手里的数字而不知道自己的。下面是他们两人的一段对话：

A：我不知道我拿的是什么数。

B：我也不知道我拿的是什么数。

A:我还是不知道我拿的是什么数。

B:我也还是不知道我拿的是什么数。

A:我也还是不知道我拿的是什么数。

B:我现在知道我拿的是什么数了。

A:我也知道我拿的是什么数了。

请问卡片上的数字各是什么数字?

自然数是从1开始的,答案A为6,B为7,原因是:

(1)“A:我不知道我拿的是什么数。”说明B手上至少是2(如果是1,则A为2)

(2)“B:我也不知道我拿的是什么数。”说明A手上至少是3(如果是1,则B为2;如果是2,则B为3)

(3)“A:我还是不知道我拿的是什么数。”说明B手上至少是4(如果是2,则A为3;如果是3,则A为4)

(4)“B:我也还是不知道我拿的是什么数。”说明A手上至少是5(如果是3,则B为4;如果是4,则B为5)

(5)“A:我也还是不知道我拿的是什么数。”说明B手上至少是6(如果是4,则A为5;如果是5,则A为6)

(6)“B:我现在知道我拿的是什么数了。”说明A手上是6(如果是7以上,则B不知道自己的是什么)

(7)“A:我也知道我拿的是什么数了。”说明B只可能是7。

2. 有一个小村庄住着50户人家,每户人家都养了一只狗。有一次村子里出疯狗了,大家在一起商议:每天上午大家都要到每一户人家去查看狗,一旦发现自己家的狗是疯狗时,必须在当晚开枪把自家的疯狗用枪打死,这村子的人家都有这样一种本领,就是能看出别人家的狗到底是不是疯狗,但是看不出自家狗是不是疯狗,并且互相不能告知真相。第一天,第二天,村子里没有枪声,到了第三天晚上,村子里响起了枪声,村子里所有的疯狗都被杀死了。问村子里到底有多少条疯狗?

分析1:假设有一个人发现他所观察的除自己家外的49家中有48家是好狗,1家是疯狗,由于对自己家的狗无法判断,因此这时候他认为至少有1只疯狗,至多2只(加上自己家的)。

如果是1,即自己的狗也是好狗,只有他看到那只狗是唯一的疯狗,设其主人为甲,那么甲就会看到别人的狗都是好狗,而甲又清楚一定存在疯狗,这只能是甲自己的狗,这样的话甲第一天就会开枪杀狗。但是第一天并没有人开枪,这就说明甲并没有看到“别人家的狗都是好狗”,因此疯狗数不是1而是2。“有一个人”自己不属于“49家好狗阵营”而是属于“2家疯狗阵营”——除了自己和甲之外的48家是好狗。所以第二天他就会开枪杀死自己家的狗。

甲和“有一个人”的情形完全一样,基于同样的推理也会在第二天开枪,所以,如果第二天有人开枪的话就意味着疯狗数是2，但是第二天没有人开枪。因此“有一个人发现他所观察的除自己外的49家中有48家是好狗，1家是疯狗”这个假设不成立。

疯狗数不是2，更不是1。

分析2：假设有一个人发现他所观察的除自己外的49家中有47家的狗是好狗，2家是疯狗，由于对自己家的狗无法判断，因此这时候他认为至少有2只疯狗，至多3只（加上自己家的）。

如果是2，即自己的狗也是好狗，他看到那2只狗是疯狗，设其主人为甲、乙，那么甲会推理疯狗数是1或2，如果是2，第二天甲和乙都会开枪，但是第二天还是没人开枪，所以只能是3，也就是说“有一个人”自己不属于“48家好狗阵营”而是属于“3家疯狗阵营”。

所以第三天有人开枪，就说明“有一个人”、甲、乙都意识到自己家的狗是疯狗，他们就开枪了。

五、展台设计中的数学模型

某公司在文博会馆场地设了一个中心展示台，展示本公司所设计的小饰件，四面都可供顾客参观，60件产品，每边都要有21件产品，问第一天如何摆放？

随后每天卖出4件，连续5天，每边仍然有21件供顾客参观，问这几天应该如何摆放？

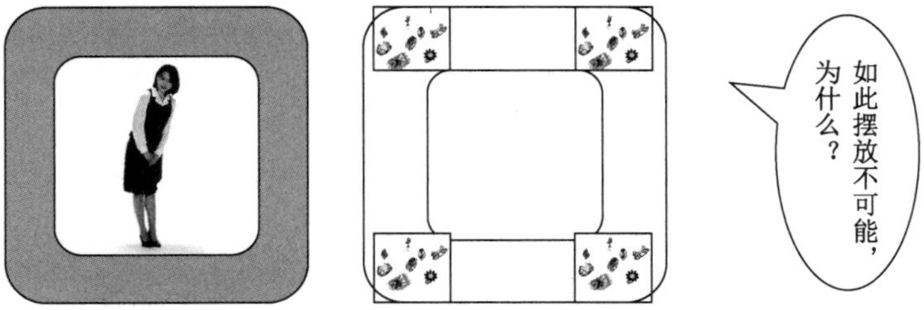

讨论下面这种摆放模式：

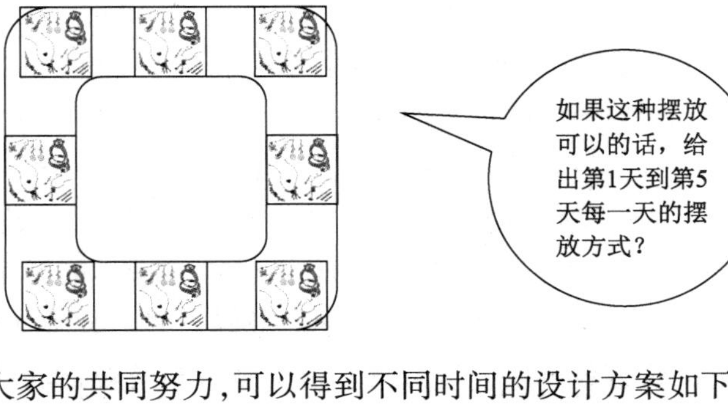

解读：经过大家的共同努力，可以得到不同时间的设计方案如下：

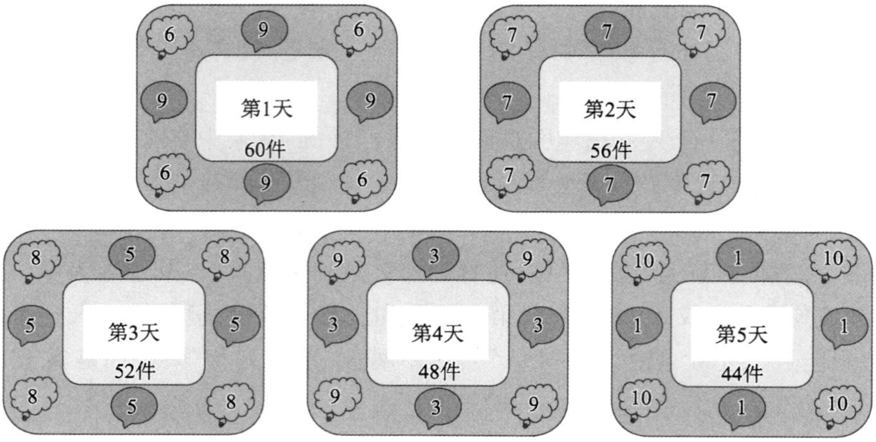

而我的答案：

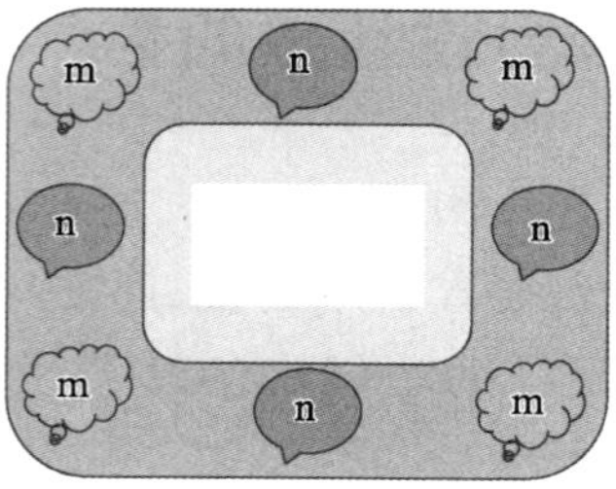

第一天	第二天	
$4m+4n=60$	$4m+4n=56$	
$2m+n=21$	$2m+n=21$	
第三天	第四天	第五天
$4m+4n=52$	$4m+4n=48$	$4m+4n=44$
$2m+n=21$	$2m+n=21$	$2m+n=21$

数学是人类智力的创造物，因而学习数学就成为训练人的智力、提高人的智力水平最为有效的途径之一。对培养人的智力的功效、培养人的思维的深度广度以及系统性而言，再没有其他任何一门学科能与数学相比了。什么才能使一个人的智力得到发展而具备这样的素养呢？物理学家伦琴认为："第一是数学，第二是数学，第三还是数学。"足见数学在开发人的智力方面起到巨大的作用。而在数学的学习过程中，数学文化方面的熏陶也是促进学生学习数学、感悟数学的最好方式。数学文化是通过感知获得的，而不是依凭认知、说教就可以直接习得。很多魔术与游戏，也是与数学息息相关的，同时也体现了数学文化方面的气息。

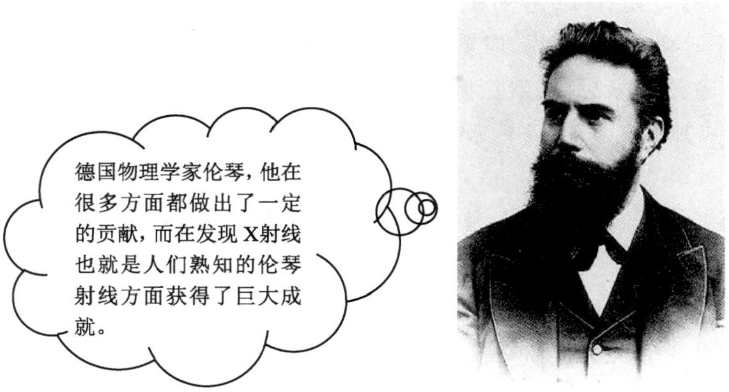

图8－8 伦琴

【拓展阅读】

抓堆问题

一、有一堆谷粒(假设100粒)，甲、乙轮流抓，每次可抓1~5粒。甲先抓，规定谁抓到最后一把谁赢。问甲应该如何抓才能赢？为什么？

不如先设 $n=100$，看看有没有什么规律可循。

如果思路还是理不清，不如再特殊化一些，分别让 $n=1$、$n=2$ 、$n=3$、$n=4$、$n=5$、$n=6$、$n=7$、$n=8$……或者再多些看看，应该会受到启发。

$n=1$、$n=2$、$n=3$、$n=4$、$n=5$ 时甲赢

$n=6$ 时乙赢

$n=7$ 时甲先1粒，剩6粒，此时根据上面甲赢

$n=8$ 时甲先2粒，剩6粒，甲赢

$n=9$ 时甲先3粒，剩6粒，甲赢

$n=10$ 时甲先4粒，剩6粒，甲赢

$n=11$ 时甲先5粒，剩6粒，甲赢

$n=12$ 时乙赢

$n=13$ 时，甲先1粒，甲赢

$n=14$、$n=15$、$n=16$、$n=17$ 时甲赢

$n=18$ 时乙赢 ……

注意到“把6的倍数留给乙方，甲会赢”这个规律是猜测的规律，现在证明。

“把6的倍数留给乙方，甲会赢”。也就是要证明“对于所有的自然数 k，把 $n=6k$ 留给乙方，甲会赢”，它是关于自然数 k 的命题，我们很自然地想到用数学归纳法进行证明。

首先 $k=1$ 时命题成立，也就是把 $n=6$ 留给乙方，甲会赢；

再设 $k-1$ 时命题成立，意味着已知“把 $n=6(k-1)$ 留给乙方，甲会赢”；

要证明“k 时命题也成立”，即要证明“把 $n=6k$ 留给乙方，甲会赢”。

把 $n=6k$ 留给乙方后，轮到乙抓，且每次只可抓 1～5 粒。当乙抓 1 粒、2 粒、3 粒、4 粒、5 粒时，对应地甲抓 5 粒、4 粒、3 粒、2 粒、1 粒。总之需要保证甲与乙所抓的和为 6 粒。

这样留给乙的是 $n=6k-6$ 粒，即 $n=6(k-1)$ 粒。而根据归纳假设，此时命题成立。

再来看原来“有 100 粒谷粒”的问题，就知道甲先取 4 粒后，给乙留下 96 粒，甲就会掌握胜局。因此甲如果面对的不是 6 的倍数（大于 6）粒谷粒，抓后余下 6 的倍数粒果粒就胜券在握了。

二、抓三堆

有三堆谷粒，例如 100 粒、200 粒、300 粒，甲乙轮流抓，每次只能从一堆中抓，最少抓 1 粒，可抓任意多粒。甲先抓，规定谁抓到最后一把谁赢。问甲是否有必胜策略？甲应该如何抓才能赢？为什么？

原问题中是三堆谷粒分别为 100 粒、200 粒、300 粒，现在把它一般化为三堆谷粒的数目为 (a,b,c)，例如 $(100,200,300)$。这里借用了三维向量的符号，三堆谷粒分别的数目为向量的三个分量。

这样，谁把三堆谷粒的数目抓为 $(0,0,0)$，就意味着谁抓到了最后一把，就是赢者。现就各种特殊情况进行分析：

1）只有一堆时，即状况为 $(a,0,0)$，此时先抓者必胜，因为先抓者一把就把第一堆的 a 粒全部抓完了，状态就变成 $(0,0,0)$。

2）只有两堆时，即状况为 $(a,b,0)$。

若 $a=b$，即状况为 $(a,a,0)$，此时后抓者必胜。因为甲先抓后，结果或剩一堆，成为 $(a,0,0)$ 的状况，一把可抓完。或剩两堆，乙抓后，可以使之又成为新的 $(d,d,0)$ 的状况，且 $d<a$，继续由甲抓，有限步后将在甲抓后只剩一堆，由乙抓成 $(0,0,0)$。

若 $a\neq b$，不妨设 $b>a$，即状况为 $(a,b,0)$，此时先抓者必胜。因为先抓者可以把第二堆抓掉 $b-a$ 个，使状况转化为 $(a,a,0)$。即两堆相等的状况留给乙方，这就是赢局。

3）三堆都有，且其中至少有两堆相等，即状况为 (a,a,c)，此时先抓者必胜。因为先抓者可以把第三堆全抓完，使状况转化为 $(a,a,0)$。即两堆相等的状况留给乙方，这就是赢局。

4）三堆都有，且其中任意两堆都不相等，即状况为 (a,b,c)，且 a,b,c 两两不等。不妨设 $a<b<c$，下面进行一一分析。

情况一：若 $a=1$，于是起始状态是 $(1,2,3)$，该情况后抓者胜。抑或说把 $(1,2,3)$ 状况留给对方的，自己可以取胜，这就是赢局。起始状态是 $(1,2,3)$，对方取子后只有六种情况：

(0,2,3),(1,0,3),(1,2,0)

(1,1,3),(1,2,2),(1,2,1)

前3种情况都只剩下两堆,而且石子数目不同,你总可以从其中一堆中取出若干颗使两堆石子数目相同,形成赢局;后3种情况中都有两堆石子数相同,你只需把不同的那堆全部取走即可。

对(1,2,c)状况,其中$c>3$。此时先抓者胜。

对(1,3,c)状况,其中$c>4$。此时先抓者胜。因为先抓者只要把第三堆抓成剩2个,就变成(1,3,2)状况,也就是(1,2,3)的状况,从而必胜。

对(1,4,c)状况,$c>4$,起始情况是(1,4,5),与(1,2,3)的分析方法一样,经用穷举法分析和证明,该情况后抓者胜。抑或说把(1,4,5)状况留给对方的,自己可以取胜,这就是赢局。

这样类似地分析,可以得到如下结论:

把(1,2,3)状况留给对方的,自己可以取胜;

把(1,4,5)状况留给对方的,自己可以取胜;

把(1,6,7)状况留给对方的,自己可以取胜;

把(1,8,9)状况留给对方的,自己可以取胜。

于是归纳、猜测:把($1,2m,2m+1$)的状况留给对方,自己可以取胜,这就是赢局。

情况二:若$a=2$,即状况(2,b,c)。

由于$a<b<c$,因此起始状况是(2,3,c),此时先抓者胜;先抓者可把状况转化成(2,3,1)状况,从而必胜。

对(2,4,5)状况,此时必定先抓者胜。因为先抓者只要把第一堆抓剩1个,就转化成(1,4,5)的状况,从而必胜。

对(2,4,6)状况,经用穷举法分析和证明,该情况下后抓者胜;抑或说把(2,4,6)的状况留给对方,自己可以取胜,此种状况就是赢局。

这样类似地分析下去,可以得到如下结论:

把(2,4,6)的状况留给对方,自己可以取胜;

把(2,5,7)的状况留给对方,自己可以取胜;

把(2,8,10)的状况留给对方,自己可以取胜;

把(2,9,11)的状况留给对方,自己可以取胜。

于是归纳、猜测:把($2,4m,4m+2$)或($2,4m+1,4m+3$)的状况留给对方,自己可以取胜。

情况三:$a=3$时,即状况为(3,b,c)

起始状态是(3,4,c),$c>4$。

再往下的情况是(3,5,c);(3,6,c);(3,7,c);(3,8,c);(3,9,c)。

这样类似地分析下去,可以得到如下结论:

把(3,4,7)的状况留给对方,自己可以取胜;

把(3,5,6)的状况留给对方,自己可以取胜;

把(3,8,11)的状况留给对方,自己可以取胜;

把(3,9,10)的状况留给对方,自己可以取胜;

于是归纳、猜测:把$(3,4m,4m+3)$或$(3,4m+1,4m+2)$的状况留给对方,自己可以取胜。

进一步还可继续研究下去,$a=4,5,6,7$……等等情况取胜的策略,但是大家已经看到表达起来会相当烦琐,这种方法解决问题也是相当复杂。

下面介绍解决"抓三堆"问题更简单易行的方法,它不是局部的、枝节的,而是本质的,是与上述方法完全不同的新方法,我们简称它为"二进制"方法。

1)"二进制"方法表示正整数

通常表示正整数的方法是"十进制"方法,共有0,1,2,3,4,5,6,7,8,9十个数字,再用位置区别它们表达的意义。右起第1位的数字表达它本身的意义;右起第2位的数字表达它乘以10以后的意义;右起第3位的数字表达它乘以100以后的意义;右起第4位的数字表达它乘以1000以后的意义,等等。例如876543表达的意义是$3+(4\times10)+(5\times100)+(6\times1000)+(7\times10000)+(8\times100000)$。

"二进制"表示正整数只用0,1两个数字,再用位置区别它们表达的意义。右起第1位的数字就表达它本身的意义;右起第2位的数字表达它乘以2^1以后的意义;右起第3位的数字表达它乘以2^2以后的意义;右起第4位的数字表达它乘以2^3以后的意义等等。例如1011011表达的意义写成"十进制"数是

$$1+(1\times2^1)+(0\times2^2)+(1\times2^3)+(1\times2^4)+(0\times2^5)+(1\times2^6)$$

2)模2加法

对于"二进制"表示的正整数定义一种加法,称为"模2加法"。定义如下:把两个"二进制"表示的正整数上下按位置由右侧对齐,各列相加,列的加法定义为$0+0=0$,$0+1=1$,$1+0=1$,$1+1=0$

这种加法满足交换律、结合律。

3)用"二进制"的方法解决"抓三堆"问题的步骤

步骤一　上下对齐,模2相加

用二进制表示这三堆谷粒数,写成3行,并上下按位置由右侧对齐,各列按"模2加法"相加,得到一个"和"。例如对(2,3,4)、(5,8,13)的状况分别可以得到:

$$\begin{array}{lrrr} 2 & 0 & 1 & 0 \\ 3 & 0 & 1 & 1 \\ 4\ +) & 1 & 0 & 0 \\ \hline & 1 & 0 & 1 \end{array} \qquad \begin{array}{lrrrr} 5 & 0 & 1 & 0 & 1 \\ 8 & 1 & 0 & 0 & 0 \\ 13\ +) & 1 & 1 & 0 & 1 \\ \hline & 0 & 0 & 0 & 0 \end{array}$$

步骤二　判断输赢

如果“和”中全是0,则后抓者有必胜策略;若“和”中有1,则先抓者有必胜策略。

步骤三　确定“抓哪堆”

“和”中出现1时,先抓者按以下办法决定“抓哪堆”:从“和”的最左边的1所在的列,寻找某行的谷粒数中相应的列也有1,则确定在那堆中抓谷粒。

步骤四　确定“抓多少粒”

从该堆中抓走谷粒的数目,应该使得抓完后各行再做“模2加法”时“和”中全是0。

具体地,可以如下计算在该堆中“抓多少粒”:第一,要想使原来的“和”的最左边的1在新的“和”中变为0,就要把该堆中同列的那个1变为0,也即应在该堆中抓去那个1所表达的粒数。第二,再从左往右找“和”中下一个1,要想使新的“和”中这个1变为0,必须且只需改变该堆中同列的那个数字:是1则变为0,是0则变为1。如果该堆中同列的那个数字是1,则把刚才算得的“抓去粒数”加上这个1所表达的粒数,成为新的“抓去粒数”,如果该堆中同列的那个数字是0,则把刚才算得的“抓去粒数”减掉这个1所表达的粒数,成为新的“抓去粒数”,就是最终的在该堆中应该“抓多少粒”。

在该堆中抓去这么多的粒数,新的“和”中所有数字将全是0。

几点说明,读者可自行思考其中的道理:

1. 不会出现找不到这个1的情况,因为如果这列中全是0的话,该列的“和”也应该是0,不会是1。

2. 可能该列中有不止一个1,这时从哪一堆中抓起都是可行的。

3. 不会减成一个负数,这是二进制数的特点决定的。二进制数任何一位数字1所表达的十进制数,都比“它右边所有位数字都是1的二进制数”所表达的十进制数大1。

例1　设原始状态为(2,3,4),则先抓者胜。

解:首先把2,3,4用二进制数写出,共三行,然后把三行按位置由右侧对齐,各列按“模2加法”相加,得到一个“和”。“和”中有1,从而先抓者胜。

$$\begin{array}{lcccc} 2 & & 0 & 1 & 0 \\ 3 & & 0 & 1 & 1 \\ 4 & +) & 1 & 0 & 0 \\ \hline & & 1 & 0 & 1 \end{array}$$

抓的策略:从“和”中最左边的1向上看,该列中第三行有1,于是确定应该从第三堆中抓,即从4粒的那堆抓。

计算“抓去粒数”:先是这个1表达的粒数 $2^2=4$(结果101右起第三位的数字所表达的意义);然后再从左往右找“和”中下一个1,是最右边的那个1,该堆中与此1同列的那个数字是0,则把刚才算得的“抓去粒数”4减掉这个1所表达的粒数 $2^0=1$(100右起第一位的数字所表达的意义),成为新的“抓去粒数”3。

结论:先抓者从4粒的那堆抓,抓3粒,则先抓者能胜。

例2　设原始状态(5,8,13),则后抓者胜。

解：首先把 5，8，13 用二进制数写出，共三行。然后把三行按位置由右侧对齐，各列按“模 2 加法”相加，得到一个“和”。“和”中全是 0，从而后抓者可以获胜。

5	0	1	0	1
8	1	0	0	0
13 +)	1	1	0	1
	0	0	0	0

获胜的策略：先抓者无论怎么抓，都会使新的“和”中出现 1。后抓者就可以从新的“和”中最左边的 1 向上看，寻找该列的 1，从而确定“在哪堆中抓”。然后再确定“抓多少粒”，等等。

例 3　设原始状态为（5，12，13），则先抓者胜。

解：首先把 5，12，13 用二进制数写出，共三行。然后把三行按位置由右侧对齐，各列按“模 2 加法”相加，得到一个“和”。“和”中有 1，从而先抓者胜。

5	0	1	0	1
12	1	1	0	0
13 +)	1	1	0	1
	0	1	0	0

抓的策略：从“和”中最左边的 1 向上看，该列中三行都有 1，这表明从三堆中的任何一堆抓都可以取胜。不妨从第二堆中抓，即从 12 粒的那堆抓。

计算“抓去粒数”：先是这个 1 表达的粒数 $2^2 = 4$（结果 0100 右起第三位的数字所表达的意义）；然后再从左往右找“和”中下一个 1，发现右边没有 1 了；因此“抓去粒数”就是 4。

结论：先抓者从 12 粒的那堆抓，抓 4 粒，则先抓者能胜。

事实上，先抓者这样抓过以后，局面就转化为例 2 的局面了。

例 4　设原始状态为（100，200，300），先抓者能胜。

解：首先把 100，200，300 用二进制数写出，共三行。然后把三行按位置由右侧对齐，各列按“模 2 加法”相加，得到一个“和”。“和”中有 1，从而先抓者胜。

100			1	1	0	0	1	0	0
200		1	1	0	0	1	0	0	0
300 +)	1	0	0	1	0	1	1	0	0
	1	1	0	0	0	0	0	0	0

抓的策略：从“和”中最左边的 1 向上看，该列中第三行有 1，这表明从第三堆中抓，即从 300 粒的那堆抓。

计算“抓去粒数”：先是注意这个 1 表达的粒数是 $2^8 = 256$（结果 110000000 右起第八位的数字所表达的意义）；然后再从左往右找“和”中下一个 1，发现只有右边紧挨着的是 1，它表达的是 $2^7 = 128$；再从“和”中这个 1 向上看，发现该列第三行是 0；因此“抓去粒数”就是 $256 - 128$，为 128。

结论：先抓者从 300 粒的那堆抓，抓 128 粒，则先抓者能胜。

人物介绍:约翰·纳什

图8-9 纳什

约翰·纳什,1928年6月13日出生在美国西弗吉尼亚州(West Virginia)工业城布鲁菲尔德(Bluefield)的一个中产阶级家庭,他是一位带有传奇色彩的诺贝尔奖获得者。数学教授约翰·纳什是当今最著名的几个"疯子"之一,他疯狂离奇的经历被改编成了电影《美丽心灵》。他的数学理论纳什均衡更是越来越为人们所熟知。约翰·纳什的数学理论在当今社会各个领域,如经济学、生物学、物理学和社会科学都有广泛的应用。

1959年和1961年,约翰·纳什共进过两次精神病院。两次入院之间他异想天开地从麻省理工学院辞了职,提取了所有养老金,宣布他要去欧洲旅行。一个刚出精神病院的精神分裂症患者如何去面对一个比精神病院更加"疯狂"的宏观世界,实在令人诧异。

纳什不借助药物治疗而康复的案例引起了许多精神病学家的兴趣。他们研究他的生活起居和周边环境,希望他的病例有借鉴价值。20世纪七八十年代,博弈论研究在经济学领域飞速进展,纳什声名渐隆。1994年他夺得诺贝尔经济学奖后,一夜间开朗了许多,简直变了一个人。领奖后他在街上散步,常常有陌生人向他致敬:"纳什教授,祝贺你。"

案例一:

有两个犯罪嫌疑人被带到了警察局,他们被控告犯有抢劫罪,犯罪嫌疑人被带到了两个隔离的审讯室。警察对他们分别进行审讯,并告知他们:如果两人都认罪,将各判5年监禁;如果两人都不认罪,则各判1年监禁;如果一人认罪,另一人不认罪,则认罪者将被释放,不认罪者将被判10年监禁。那么,两个犯罪嫌疑人是选择认罪还是不认罪呢?

考虑其中一个犯罪嫌疑人,如果他选择认罪,那么可能的结果是判5年(另一个犯罪嫌疑人也认罪)或者0年(另一个犯罪嫌疑人不认罪);如果他选择不认罪,那么可能的结果是判10年(另一个犯罪嫌疑人认罪)或者1年(另一个犯罪嫌疑人不认罪)。显然,选择认罪远远好于不认罪,如果两个犯罪嫌疑人都是理性的,他们就都会选择认罪,这样两人各判5年。

两人都选择认罪就是一个纳什均衡,但是这对两个犯罪嫌疑人来说显然不是最佳的选择,因为他们还有一个更好的选择,就是两人都不认罪,此时他们只各判1年。但是这个最佳方案是不稳定的,他们不确定能否选到这个最好的方案,即使他们在被捕前商量好拒不认罪,在隔离审讯时他们也不敢不认罪:谁能保证对方不会因为那个有可能被释放的诱惑而背叛自己?选择认罪尽管不是最优的,至少不是最差的。

从纳什均衡却得出一个悖论:单个人的最优选择却没有导致全局最佳的结果。现实中的例子很多,如价格战的结果是两败俱伤。纳什均衡证明了一个道理:非合作博弈的情况下困境无法得到解除。

案例二:

纳什均衡也有可能产生两败俱伤的情况。

假设一个小镇上有唯一一家鸭脖店，不妨称其为A记鸭脖店。鸭脖的成本是2元，售价10元。由于小店的鸭脖味道十分鲜美，价格对小镇上的人来说完全能够接受，所以一直生意很好。有一天镇上突然新开了一家鸭脖店，我们称其为B记鸭脖店。B记的鸭脖和A记一样美味，成本售价也完全相同。这样，小镇上买鸭脖的顾客有差不多一半流向了B记。A记显然不能接受这种情况，即出一招降价到9元销售。这样顾客就全都回流到A记了，A记的生意依然很好。但B记也不傻，立马降价到8元。

这样你来我往，激烈的竞争导致两家最终都以成本价2元销售，这就是一个纳什均衡点。每一家都不能再降价，否则将是亏本销售；也不能单独提价，否则意味着没有销量。可见，尽管A记、B记两家店每一步都是为了自己利益最大化，可最终的结果是两家都受损，真是两败俱伤。这种情况在市场恶性竞争中经常出现。

纳什均衡理论是对市场经济中亚当·斯密"看不见的手"原理的挑战：按照斯密的理论，在市场经济中，每一个人都从利己的目的出发，而最终全社会能达到利他的效果。但是我们可以从纳什均衡中看到，从利己目的出发，结果损人不利己，既不利己也不利他。可见，市场经济也不是万能的。

约翰·纳什教授在博弈论课上做客座演讲时，经常是"我想讲讲纳什均衡的历史"，太深奥了，恐怕学生中没有多少人能听懂。可是这不妨碍整个教室坐满了听众，不但有选这门课的学生，还有闻讯而来的旁听者。

当地时间2015年5月23日，约翰·纳什夫妇遇车祸，在美国新泽西州双双遇难。

【趣味学习】

1. 宋朝文学家苏轼对诗词书画皆有很深的造诣。相传有一次他画了一幅《百鸟归巢图》。

一位颇具声名的明代诗人伦文叙，为此画题了一首诗：

天生一只又一只，三四五六七八只。

凤凰何少鸟何多，啄尽人间千万石。

人们十分诧异，名画有百鸟。可诗中没有"百"字的踪影，鸟儿数到八就结束了。那么画中的鸟是一百只还是八只呢？

解析：

原来诗中暗藏了一个算式，第二句不能读成"三、四、五、六、七、八只"而应读成"三四、五六、七八只"，$3\times4=12$，$5\times6=30$，$7\times8=56$，总共是$1+1+12+30+56=100$。配上此诗后，为《百鸟归巢图》增加了神秘感，身份陡增，更加昂贵。

2. 乾隆皇帝十分欣赏纪晓岚的知识渊博，有一次他故意出了一个以数字为谜底的词迷来考他，这个词谜颇为有趣：

下珠帘焚香去卜卦，
问苍天，侬的人儿落在谁家？
恨王郎全无一点真心话。
欲罢不能罢，
吾把口来压！
论文字交情不差，
染成皂难讲一句清白话。
分明一对好鸳鸯却被刀割下，
抛得奴力尽手又乏。
细思量心与口俱是假。

乾隆出了此谜十分得意，问纪晓岚："老爱卿，你可知此词谜底是什么？"纪晓岚略加沉思回答说："圣上才高千古，令人敬佩。这首词表面是一首好的绝情词，实际上每句各藏了一个数字。"

解析：

原来谜底是"一二三四五六七八九十"。
"下珠帘焚香去卜卦"是一（"下"去掉"卜"），
"问苍天，侬的人儿落在谁家"是二（"天"去掉"人"），
"恨王郎全无一点真心话"是三（"王"去掉"丨"和"、"），
"欲罢不能罢"是四（"罢"去掉"去"），
"吾把口来压"是五（"吾"去掉"口"），
"论文字交情不差"是六（"交"去掉"乂"），
"染成皂难讲一句清白话"是七（"皂"去掉"白"），
"分明一对好鸳鸯却被刀割下"是八（"分"去掉"刀"），
"抛得奴，力尽手又乏"是九（"抛"去掉"力"和"扌"），
"细思量心与口俱是假"是十（"思"去掉"心"和"口"）。

3. 魔术师让观众任意给出一个只要大于 101 的自然数，然后再把此数的每位数字顺序随意打乱，组成一个新的自然数，再将两数相减，然后让观众在所得结果中划掉一位不为 0 的数，其余的数报给魔术师，只见魔术师稍加思考，就可说出观众划掉的数字。神奇，难道魔术师有魔术眼？

解析：

两数相减后，将结果中的每位数字相加，结果都是 9。例如：

$835937-395387=440550, 4+4+5+5=18, 1+8=9$

$17283-82731=-65448, 6+5+4+4+8=27, 2+7=9$

根据这个规律，魔术师可以很快推算出观众划掉的那个不为 0 的数是几，懂了吗？

第九章　数学猜想谈

一门科学，只有当它成功地运用数学时，
才能达到真正完善的地步。

——马克思

【学习目标】

1. 了解数学猜想中的费马猜想、四色猜想、哥德巴赫猜想、孪生素数猜想和西塔潘猜想。

2. 了解其中的一些数学人物及其所做的数学贡献。

【教学提示】

数学中有大量的猜想，本章只介绍了其中的几个，其他猜想可以作为课后阅读内容。每一个猜想都是一个故事，教学中可以适当编排，以故事的形式进行讲述。对于学习者，由于篇幅有限，每一个猜想的内容讲解不是很多，很多细节内容需要课后自己去查阅和了解。

所谓猜想，百度百科的解释为：猜想，指猜测、猜度。语出清朝金松岑、曾朴著的长篇谴责小说《孽海花》第三十一回:“(彩云)正在盘算和猜想间,那晚忽见间壁如此兴高采烈的盛会,使她顿起了一种莫名其妙的感触,益发看得关心了。”而数学猜想是指关于数学学术方面的猜想(或称猜测、假设等),这些猜想有的被验证为正确的(例如费马猜想、卡塔兰猜想、庞加莱猜想、四色猜想、卡拉比猜想等),并成为定理;有的被验证为错误的(例如欧拉猜想、冯·诺伊曼猜想、西塔潘猜想等);还有一些正在验证过程中(例如黎曼猜想、贝赫和斯维讷通-戴尔猜想、周氏猜测、哥德巴赫猜想、孪生素数猜想、ABC 猜想、霍奇猜想、角谷猜想等)。数学猜想是以一定的数学事实为根据,利用类比、归纳、对称、仿造、逆向思维等方式方法而得到,其中包含着可贵的想象成分;数学猜想是推动数学理论发展的强大动力。数学猜想是数学发展中最活跃、最主动、最积极的因素之一,是人类理性中最富有创造性的部分。数学猜想能够强烈地吸引数学家全身心投入,积极开展相关研究,从而强力推动数学发展。数学猜想一旦被证实,就将转化为数学定理,汇入数学理论体系之中,从而丰富数学理论。

一、费马猜想(费马大定理)

皮耶·德·费马(Pierre de Fermat)(1601—1665),法国律师和业余数学家,被誉为“业余数学家之王”。他在数学上的成就不比职业数学家差,对现代微积分和概率论都有所贡献,但是他似乎对数论最有兴趣。

图 9-1 费马

公元前 6 世纪,古希腊的数学家、哲学家毕达哥拉斯提出并证明了毕达哥拉斯定理即勾股定理[注:公元前 11 世纪,《周髀算经》中记录着周朝数学家商高同周公的一段对话。商高说:“……故折矩,勾广三,股修四,径隅五。”意为:当直角三角形的两条直角边分别为3(勾)和4(股)时,径隅(弦)则为5。以后人们就简单地把这个事实说成“勾三股四弦五”,根据该典故称勾股定理为商高定理],即直角三角形斜边 z 的平方等于两直角边 x,y 的平方和 ($x^2+y^2=z^2$),一般的,毕达哥拉斯定理中的 x,y,z 为正实数。1637 年,费马在阅读丢番图(Diophantus,古希腊数学家,约公元 246—330)的《算术》拉丁文译本时,曾在第 11 卷第 8 命题旁写道:“将一个立方数分成两个立方数之和,或一个四次幂分成两个四次幂之和,或者一般地将一个高于二次的幂分成两个同次幂之和,这是不可能的。”这就是著名的费马猜想,也称费马大定理,即对于大于 2 的自然数 n,等式 $x^n+y^n=z^n$ 不可能成立,不论 x,y,z 取何正整数。对于 $n=2$ 的情况,我们很容易找到三个正整数,使得等式 $x^2+y^2=z^2$ 成立,例如 $3^2+4^2=5^2$,$6^2+8^2=10^2$。但是,对于 $n>2$,我们找不到三个正整数 a,b,c,它们会满足等式 $a^3+b^3=c^3$,读者如果有兴趣可以代入一些正整数试试。

费马猜想提出以后，数学家 E. T. 贝尔（Eric Temple Bell）（1883 —1960）在他的《大问题》（*The Last Problem*）一书中写到"在物理学、化学或生物学中，还没有任何问题可以叙述得如此简单和清晰，却长久不解。文明世界也许在费马大定理得以证明之前就已走到了尽头。证明费马大定理成为数论中最值得为之奋斗的事"。为了证明费马猜想，一批又一批的学者对它展开了研究，通过研究费马猜想，数学家们取得了很多丰硕的成果，数论的内容得到了极大的丰富，数论也取得了巨大的发展。

对于费马猜想还有一个这样的小故事，当年费马在写下这个猜想时，在书的旁边空白处写下了这样一段话：对此，我已发现了一个巧妙的证明，可惜这里页边的空白太小，写不下。后人对于这段话也有不同的猜测，一些人认为当时费马已经想到了一个方法来证明该猜想，但是，大部分人认为，费马并没有想到一个很好的方法来证明该猜想，可能他当时只是想到了一个方法来证明其中的某一个或几个特殊情况，而对于一般的情况并不适用。

为了证明费马猜想，后人进行了大量有成效的研究和探索。欧拉证明了 $n=3$ 的情形，费马自己证明了 $n=4$ 的情形。1825 年，狄利克雷和勒让德证明了 $n=5$ 的情形，1839 年，法国数学家拉梅证明了 $n=7$ 的情形，1844 年，库默尔提出了"理想数"概念，他证明了：对于所有小于 100 的素指数 n，费马大定理成立。20 世纪后期，计算机技术得到了快速发展，人类发明了超级计算机。在计算机的帮助下，人们已经证明了 n 从 3 一直到 400 万，费马定理都成立。虽然，计算机可以一万，一兆，一个数接一个数解决突破，周而复始，不知疲倦地工作，但是，n 是无穷的，计算机也无可奈何，束手无策。因此，我们必须找到一种一般性的方法来论证对于所有大于 3 的正整数 n，费马定理都是正确的。但对一般情况，在猜想提出的前三百年内数学家们都对费马大定理一筹莫展。直到 1955 年，日本数学家谷山丰首先猜测椭圆曲线与另一类数学家们了解更多的曲线——模曲线之间存在着某种联系；谷山的猜测后经韦依和志村五郎进一步精确化而形成了所谓"谷山—志村[注：谷山丰（1927—1958），日本数学家，毕业于东京大学，后来跟随志村五郎攻读博士学位。他的兴趣是虚数乘法论。在结婚前，他突然自杀，一个月后，新娘子也自杀了。志村五郎（1930—　），日本数学家，出生在静冈县，毕业于东京大学，普林斯顿大学名誉教授]猜想"。1985 年，德国数学家弗雷证明了"谷山—志村猜想"和费马大定理之间的关系，指出，只要证明了"谷山—志村猜想"是正确的，那么也就证明了费马猜想是正确的。于是，问题的焦点就转化为证明"谷山—志村猜想"。终于，1993 年 6 月，英国数学家安德鲁 · 怀尔斯宣称证明"谷山—志村猜想"成立，也就表明了他最终证明了"费马大定理"。虽然专家在对他的证明进行审查时发现了一个小漏洞，但是，通过一年的努力，安德鲁 · 怀尔斯修补了这个小漏洞，他的证明最终被刊在 1995 年的数学顶级国际期刊《数学年刊》（*Annals of Mathematics*）之上。

图 9-2 安德鲁·怀尔斯

英国著名的数学家安德鲁·怀尔斯 1953 年出生在英国的剑桥，父亲是一位工程学的教授。在少年时代，怀尔斯就已着迷于数学了。他在学校里喜欢做题目，然后把它们带回家，编写成他自己的新题目。根据他的回忆，他说："我以前找到的最好的题目是在我们社区的图书馆里发现的。"一天，小怀尔斯在弥尔顿街上的一个图书馆看见了一本 E. T. 贝尔写的书叫《大问题》。这本书叙述了费马大定理的历史，费马大定理让一个又一个的数学家望而生畏，在长达 300 多年的时间里都没有数学家能够解决它。怀尔斯 30 多年后回忆起被引向费马大定理时的感觉："它看上去如此简单，但历史上所有的大数学家都未能解决它。这里正摆着我—— 一个 10 岁的孩子——能理解的问题，从那个时刻起，我知道我永远不会放弃它，我必须解决它。"

1974 年，怀尔斯从英国的牛津大学 Merton 学院取得了数学学士的学位，之后就进入了英国的剑桥大学 Clare 学院攻读博士学位。1980 年，怀尔斯在英国剑桥大学取得博士学位后来到了美国普林斯顿大学，并成为这所大学的教授。在数学家科茨的指导下，怀尔斯成为一个著名的数论学家，即使他拥有广博的基础知识和数学修养，但他清楚地意识到，要证明费马大定理还是极为艰巨的。在费马大定理的证明中，其核心是要证明"谷山—志村猜想"，该猜想在两个非常不同的数学领域间建立了一座新的桥梁。1986 年夏末的一个傍晚，当时怀尔斯正在一个朋友家中喝茶。谈话间他得知里贝特已经证明了"谷山—志村猜想"与费马大定理间的联系。如果能够证明"谷山—志村猜想"，那么也就意味着证明了费马大定理。当时怀尔斯感到极大的震动，因为这意味着为了证明费马大定理，必须做的一切就是证明"谷山—志村猜想"，因此，怀尔斯把主要精力用在了研究"谷山—志村猜想"。怀尔斯望见了一条实现他童年梦想的道路。在怀尔斯决定全身心地投入费马大定理的证明之中时，他作了一个重大的决定：要完全独立和保密地进行研究。因为他意识到与费马大定理有关的任何事情都会引起太多人的兴趣，他必须集中自己的精力专心研究而不被他人分散，而这一点会因旁观者太多而做不到。因此，怀尔斯放弃了所有与证明费马大定理无直接关系的工作，任何时候只要可能他就回到家里工作,在家里的顶楼书房里他开始了通过“谷山—志村猜想”来证明费马大定理的战斗。这一战就是7年,在这长达7年的持久战中,只有他的妻子知道他在证明费马大定理。最后,经过7年的努力,怀尔斯终于完成了“谷山—志村猜想”的证明,同时,作为一个结果,他也就证明了费马大定理。

1995年,怀尔斯获得瑞典皇家学会颁发的Schock数学奖,1996年,他获得沃尔夫奖,并当选为美国科学院外籍院士。2005年获得邵逸夫奖。怀尔斯说:“再没有别的问题能像费马大定理一样对我有同样的意义。我拥有如此少有的特权,在我的成年时期实现我童年的梦想,那段特殊漫长的探索已经结束了,我的心已归于平静。”

对于费马猜想的意义,可以归纳为以下几点,第一,费马大定理是人类智力活动的一首长久而又绚丽的凯歌。该猜想的解决不仅是数学的荣耀,也是全人类在智力挑战中的一场胜利。第二,近300多年,在无数数学家的努力和艰难探索下,在解决费马大定理的过程中,数学家们发现和发展了很多数学问题,极大地推动了数学的发展。有人形容费马猜想是一个会下金蛋的鹅。第三,费马猜想极大地促进了其他学科的进步和发展。

为了纪念费马及其提出的费马猜想,世界上的很多国家都发行邮票以示纪念。如捷克和法国分别于2000年和2001年发行了纪念邮票。

图9-3 捷克2000年纪念邮票

图9-4 法国2001年纪念邮票

二、四色猜想

四色猜想又称四色问题,是世界三大数学猜想之一。该猜想是1852年由毕业于英国伦敦大学的弗朗西斯格斯里最先提出的。所谓的四色猜想就是:每个平面地图都可以只用四种颜色来染色,而且没有两个邻接的区域颜色相同。

四色猜想的提出者弗朗西斯格斯里大学毕业以后,在一家科研单位搞地图着色工作,多年以后,他发现一个非常有趣的问题,就是每幅地图都可以只用四种颜色着色。发现该现象以后,弗朗西斯格斯里就提出,在数学上是否能够给出一个严格的证明,来证明这样一种现象？于是，他和他正在读大学的弟弟决心试一试，但是，研究了很长的一段时间，他们研究所用的稿纸也写了一大摞，研究工作却没有任何的有效进展。因此，在第二年，他的弟弟就四色问题向他的老师也是著名的数学家摩尔根请教，虽然摩尔根在当时也是一名出色的数学家，但是对于四色问题，他一时也找不到很好的方法，于是，摩尔根写信给了另外一位有名的数学家哈密顿求教，哈密顿虽然研究了十几年，但是直到 1865 年哈密顿逝世为止，四色问题也没有能够解决。在 1872 年，英国当时最著名的数学家凯利正式向英国伦敦数学学会提出了这个问题，于是四色猜想成了世界数学界关注的问题，世界上许多一流的数学家都纷纷加入到四色猜想的证明中。

1878 年，数学家兼律师阿尔弗雷德肯普和泰勒两人分别提交了四色猜想的证明论文，他们都宣称证明了四色猜想。大家也都认为四色猜想问题得到了很好的解决。但是，在 1890 年，英国牛津大学就读的赫伍德以精确的计算指出了肯普在证明上的漏洞。泰勒的证明后来也被人们否定了。实际上阿尔弗雷德肯普和泰勒两人只是证明了四色猜想的一个较弱的命题——五色定理。即在对地图进行着色时，用五种颜色就够了。

虽然肯普的证明被发现是错误的，但是，肯普的证明阐明了两个重要的概念。一个概念是“构形”。他证明了在每张地图至少含有四种构形。同时，肯普提出的另一个概念是“可约”性，“可约”这个词的使用是来自肯普的论证。后来的科学家们对四色猜想的证明基本上是按照肯普的想法在进行。

四色猜想提出以后，有很多数学家投入到了四色猜想的证明之中，但是，数学家们取得的进展非常缓慢，可以说没有任何的突破性进展。随着计算机技术的发展，特别是高能计算机的出现，使得计算机的计算能力得到了极大的提升，因此，人们开始利用计算机来对四色定理进行研究和证明。1976 年 6 月，在美国伊利诺伊大学的两台不同的电子计算机上，数学家们用了 1200 个小时，作了 100 亿次判断得出，没有一张地图是需要五色的，数学家们也宣称最终证明了四色定理，轰动了世界。这是四色定理提出以来的一百多年时间里，吸引数学家与数学爱好者的一件大事，当两位数学家将他们的研究成果发表的时候，美国当地的邮局在当天发出的所有邮件上都加盖了“四色足够”的特制邮戳，以庆祝这一难题获得解决。虽然数学家们利用计算机对四色猜想进行了一定的证明，但是，相当一部分的数学家并不认为四色猜想得到了证明，他们只是认为计算机验证了很多种的情况，对于无穷多的情况计算机是无能为力的，所以，他们想寻找出一种一般的传统的证明方法来对四色猜想进行证明。

三、哥德巴赫猜想

克里斯蒂安·哥德巴赫（Christian Goldbach，1690—1764），又译歌德巴赫，德国数学家，他在数学上的研究以数论为主，作为哥德巴赫猜想的提出者而闻名。哥德巴赫并不是职业数学家，而是一个喜欢研究数学的富家子弟。他于 1690 年生于德国哥尼斯

拓展阅读:
激励一代人的
哥德巴赫猜想

堡,受过很好的教育。哥德巴赫喜欢到处旅游,结交数学家,然后跟他们通信。1742 年 6 月 7 日,他在给瑞士数学家欧拉的一封信里陈述了他著名的猜想——哥德巴赫猜想。1770 年,英国数学家爱德华·华林(Waring Edward)首先将它公之于众,成为关于数学的一场革命。

图 9-5　哥德巴赫

哥德巴赫猜想是世界近代三大数学难题之一。1742 年 6 月 7 日哥德巴赫写信给当时的大数学家欧拉,正式提出哥德巴赫猜想。欧拉在回信中说,他相信这个猜想是正确的,但他不能证明。从此,这道数学难题引起了几乎所有数学家的注意。哥德巴赫猜想由此成为数学皇冠上一颗可望而不可即的"明珠"。

哥德巴赫猜想——所有大于 2 的偶数,都可以表示为两个素数[注:素数又称质数(prime number),素数有无限个。除了 1 和它本身以外不再有其他的因数,如 2,3,5,7,11,13……最小的素数是 2,2 也是唯一的偶素数,其他素数都是奇素数。18 世纪时,1 还是被规定为素数,近代,1 规定不是素数。因此,原猜想的现代陈述为:每个不小于 6 的偶数都可表示为两个素数之和]的和。例如,6 = 3 + 3,8 = 3 + 5,10 = 3 + 7 = 5 + 5 。哥德巴赫猜想貌似简单,要证明它却着实不易,它成为数学中一个著名的难题。在猜想提出的前两个世纪,对该猜想的研究和证明都没有取得实质性的进展,直到 20 世纪才有所突破。直接证明哥德巴赫猜想不行,人们采取了"迂回战术",就是先考虑把偶数表示为两数之和,而每一个数又是若干素数之积。如果把命题"每一个不小于 6 的偶数可以表示成一个由 a 个素因子组成的数与另一个由 b 个素因子组成的数之和"记作"a + b",那么哥德巴赫猜想就是要证明"每一个不小于 6 的偶数可以表示成一个由 1 个素因子组成的数与另一个由 1 个素因子组成的数之和",即证明"1 + 1"(注:大家认识哥德巴赫猜想是从文学家徐迟的报告文学《哥德巴赫猜想》开始的,但是大家有个误区,以为哥德巴赫猜想就是证明"1 + 1 = 2",这是不对的。哥德巴赫猜想并不是证明该等式是否成立的问题)成立。

1900 年,20 世纪最伟大的数学家希尔伯特,在国际数学会议上把"哥德巴赫猜想"列为 23 个数学难题之一。此后,数学家们在世界范围内"联手"进攻"哥德巴赫猜想"堡垒,终于取得了辉煌的成果。1920 年,挪威数学家布爵用一种古老的筛选法证明,得出了一个结论:每一个比 6 大的偶数都可以表示为"9 + 9"。这种缩小包围圈的办法很管用,科学家们于是从"9 + 9"开始,逐步减少每个数里所含质数因子的个数,直到最后使每个数里都是一个质数为止,这样就证明了哥德巴赫猜想。1924 年,德国的拉特马赫(Rademacher)证明了"7 + 7"。1932 年,英国的埃斯特曼(Estermann)证明了"6 + 6"。

图 9－6 陈景润雕像

1937 年，意大利的蕾西（Ricei）先后证明了“5＋7”，“4＋9”，“3＋15”和“2＋366”。1938 年，苏联的布赫夕太勃（Byx-wrao）证明了“5＋5”。1940 年，苏联的布赫夕太勃证明了“4＋4”。1948 年，匈牙利的瑞尼（Renyi）证明了“1＋c”，其中 c 是一个很大的自然数。1956 年，中国的王元证明了“3＋4”，1957 年，王元先后证明了“3＋3”和“2＋3”。1962 年，中国的潘承洞和苏联的巴尔巴恩（BapoaH）证明了“1＋5”，中国的王元证明了“1＋4”。1965 年，苏联的布赫夕太勃和小维诺格拉多夫（BHHopappB），及意大利的朋比利（Bombieri）证明了“1＋3”。1966 年，中国的陈景润证明了“1＋2”（通俗讲就是证明了：一个大偶数＝一个素数＋一个素数×一个素数）。

由于陈景润的贡献，人类距离哥德巴赫猜想的最后结果“1＋1”（即一个不小于 6 的偶数＝一个素数＋一个素数）仅有一步之遥了。但为了实现这最后的一步，也许还要历经一个漫长的探索过程。有许多数学家认为，要想证明“1＋1”，必须通过创造新的数学方法，以往的路很可能都是走不通的。

四、孪生素数猜想

素数（也称质数）是只能被 1 和自身整除的数，如 2、3、5、7 等。孪生素数就是指相差 2 的素数对，例如 3 和 5 记为（3，5），5 和 7 记为（5，7），11 和 13 记为（11，13）……

1849 年，法国数学家阿尔方·波利尼亚克提出了“波利尼亚克猜想”：对所有自然数 k，存在无穷多个素数对（p，p＋2k），其中的 p 为素数。特殊情形，当 k 等于 1 时就是孪生素数猜想：对自然数 1，存在无穷多个素数对（p，p＋2×1）即（p，p＋2），其中的 p 为素数。而 k 等于其他自然数时就称为弱孪生素数猜想（即孪生素数猜想的弱化版）。因此，有人把波利尼亚克作为孪生素数猜想的提出者。由于孪生素数猜想与哥德巴赫猜想密切相关（姊妹问题），很多数学家希望通过解决这个猜想，进而攻克哥德巴赫猜想。

要证明孪生素数猜想，就是要证明存在无穷多个素数对（p，p＋2）。该猜想中最重要的两点是：第一，有无穷多个这样的素数对；第二，该素数对中的两个素数相差为 2。对于该猜想，数学家前期只能估计和猜测，后来数学家们动用了解析数论中的大量工具：L 函数、西格尔零点的估计、多种版本的筛法、克鲁斯特曼和的估计、自守形式，如此等等，不一而足。每样工具，都是心血的结晶。但即便如此，我们离孪生素数猜想还很遥远，直到 2012 年华人数学家张益唐取得了重大突破。张益唐证明了，有无穷对素数，它们相差不过一个常数七千万。因此对于孪生素数猜想而言，就是要把常数七千万缩小为2，则孪生素数猜想就成立了。张益唐的结论有人形容为：把大海捞针缩小为在一个池塘中捞针，这是一个颠覆性的工作。

拓展阅读：华裔数学家张益唐

张益唐（1955— ），华人数学家。祖籍浙江省平湖市，出生于上海。1978年考入北京大学数学系，1982年本科毕业；1982—1985年，师从著名数学家、北京大学潘承彪教授攻读硕士学位；1992年毕业于美国普渡大学，获博士学位。

图9-7 张益唐

在他将他的新方法与新结论，用简洁明了的语言，写成了一篇论文《素数间的有界间隔》（*Bounded gaps between primes*）。投稿到数学界的顶级期刊《数学年刊》发表时，张益唐还只是一个美国大学的代课讲师，在数学界默默无闻，名不见经传。张益唐1992年拿到博士学位后，由于在美国找不到学术工作，为了糊口，他只好干起各种杂活儿，如临时会计、餐馆帮手、送外卖等，四处漂泊、生活艰辛，但是不论生活如何艰难，他仍继续探究数学问题。1999年，在美国的北大校友的帮助下，张益唐总算在新罕布什尔大学找到一份非编制的助教工作，几年后又当上了讲师；他既要为本科生上课又要为研究生上课，由于教学认真负责、学术功底扎实，深受学生欢迎。在教学任务重的情况下，张益唐还是挤出时间来研究自己感兴趣的数学难题；对著名的黎曼猜想他也作过研究，并发表了论文。谈到成功经验时，张益唐说，首先，数学研究最重要的是不要盲目崇拜权威，要敢于挑战传统，对那些别人说不可能做到的事要勇于探索；其次，不要怕失败，每次失败都是新的起点，不要因为失败而丧失信心，不要有畏惧心理。如果真正热爱数学，就不要放弃。数学是对人类智力水平的一个衡量，很多数学猜想和难题摆在那里，就像跳高运动员要征服的横杆。看看数学家们谁能跳过去，跳出新高度。

张益唐为解决孪生素数猜想打开了一个突破性的缺口，许多数学家对张益唐的方法进行了研究，把该缺口不断撕大，论文在2013年5月14日面世，两个星期后的5月28日，常数7000万下降到了6000万。仅仅过了两天的5月31日，下降到了4200万。又过了三天的6月2日，则是1300万。次日，500万。6月5日，40万，连原来的百分之一都不到。在这个过程中，菲尔兹奖获得者，澳大利亚华人天才数学家陶哲轩［注：1975年7月17日出生在澳大利亚阿德莱德，是家中的长子，华裔数学家，任教于美国加州大学洛杉矶分校（UCLA）数学系，是澳大利亚唯一荣获数学最高荣誉“菲尔兹奖”的澳籍华人数学教授，也是继丘成桐之后获此殊荣的第二位华人，被誉为“数学界莫扎特”。10岁、11岁、12岁参加国际数学奥林匹克竞赛，分获铜牌、银牌、金牌。他还未满13岁时已赢得国际数学奥林匹克竞赛金牌，这项纪录至今也是由他保持］也加入其中，陶哲轩发起了Polymath项目，吸引了许多数学家合作去取得更小的结果。2013年7月27

日，界限从 7 千万缩小到了 4680。11 月 19 日，数学博士后 James Maynard 在预印本网站发表论文，将界限进一步缩小到了 600。

五、西塔潘猜想

党的二十大报告指出，要深入实施人才强国战略。培养造就大批德才兼备的高素质人才，是国家和民族长远发展大计。

西塔潘猜想并不是一个很有名的猜想，但是本书把该猜想写入是为了激励中国的广大青少年，只要保持对科学的好奇和不断钻研的精神，你也可以攻克世界级的数学难题，正如攻克本猜想的中南大学学生刘嘉忆一样。

西塔潘猜想是由英国数理逻辑学家西塔潘于 20 世纪 90 年代提出的一个反推数学领域关于拉姆齐二染色定理证明强度的猜想。在组合数学上，拉姆齐（Ramsey）定理是要解决以下的问题：要找这样一个最小的数 n，使得 n 个人中必定有 k 个人相识或 l 个人互不相识。2011 年 5 月，由北京大学、南京大学和浙江师范大学联合举办的逻辑学术会议在浙江师范大学举行，中南大学数学科学与计算技术学院酷爱数理逻辑的刘嘉忆的报告给这一悬而未决的公开问题一个否定式的回答，彻底解决了西塔潘的猜想，证明了 R(3,3)=6。也称为拉姆齐二染色定理。

刘嘉忆，本名刘路，1989 年生，祖籍大连。父亲在国有企业后勤部门工作，母亲是一家企业的工程师，良好的家庭环境培养了他对理工科尤其是数学的热爱。自认为"父母并没有给予他数学方面的遗传基因和教育，自己上小学时也没有对数学表现出特别的爱好"，"如果要说我与同龄人有什么不同之处的话，那就是我对数学的特别关注"，"上初中时，一些同学还在为数学教科书上的习题抓耳挠腮时，我就开始自学数论了"。2008 年，刘路考入了中南大学数学科学与计算技术学院。在学校里，他每天出入图书馆，每日在寝室阅读从图书馆借的全英文数学书籍，一直读到深夜。

2010 年 8 月，酷爱数理逻辑的刘路（后改名为刘嘉忆）在自学反推数学的时候，第一次接触到这个问题，并在阅读大量文献时发现，海内外不少学者都在进行反推数学中的拉姆齐二染色定理的证明论强度的研究。2010 年 10 月的一天，刘路突然想到利用之前用到的一个方法稍作修改便可以证明这一结论，连夜将这一证明写出来，投给了数理逻辑国际权威杂志，彻底解决了西塔潘的猜想。

【拓展阅读】

1. 什么是数论

德国著名数学家高斯曾经说过：数学是科学的女王，数论是数学的女王。费马猜想即费马大定理即属于数论问题。数论是纯粹数学的分支之一，主要研究整数的性质。

整数可以是方程式的解(丢番图方程)。有些解析函数(像黎曼ζ函数)中包括了一些整数、质数的性质,透过这些函数也可以了解一些数论的问题。透过数论也可以建立实数和有理数之间的关系,并且用有理数来逼近实数(丢番图逼近)。按研究方法来看,数论大致可分为初等数论和高等数论。初等数论是用初等方法研究的数论,它的研究方法本质上说就是利用整数环的整除性质,主要包括整除理论、同余理论、连分数理论;高等数论则包括了更为深刻的数学研究工具,它大致包括代数数论、解析数论、计算数论等。

数论早期称为算术。到20世纪初,才开始使用数论的名称,而算术一词则表示"基本运算",不过在20世纪的后半叶,有部分数学家仍会用"算术"一词来表示数论。1952年时数学家哈罗德·达文波特(Harold Davenport)仍用"高等算术"一词来表示数论,戈弗雷·哈罗德·哈代和爱德华·梅特兰·赖特在1938年写《数论介绍》简介时曾提到"我们曾考虑过将书名改为《算术介绍》,某方面而言是更合适的书名,但也容易让读者误会其中的内容"。由于近代计算机科学和应用数学的发展,数论得到了广泛的应用,比如在计算方法、代数编码、组合论等方面都广泛使用了初等数论范围内的许多研究成果;有文献报道,有些国家应用"孙子定理"来进行测距,用原根和指数来计算离散傅立叶变换等。此外,数论的许多比较深刻的研究成果也在近似分析、差集合、快速变换等方面得到了应用。特别是由于计算机的发展,用离散量的计算去逼近连续量而达到所要求的精度已成为可能。

2.23个数学难题

1900年巴黎国际数学家代表大会上,德国数学家希尔伯特(David Hilbert,1862—1943)发表了题为《数学问题》的著名讲演。他根据过去特别是19世纪数学研究的成果和发展趋势,提出了23个最重要的数学问题,也被称为希尔伯特问题,这些问题后来都成为许多数学家为之努力奋斗力图攻克的难题,其对现代数学的发展具有重要的意义和深刻的影响,也起到了很好的推动作用。其中的问题有些已经得到了圆满的解决,有的至今仍未解决。

希尔伯特的23个问题分属于数学的四大方向:第1到第6问题是基础数学问题;第7到第12问题是数论问题;第13到第18问题属于代数和几何问题;第19到第23问题属于数学分析问题。

23个问题分别为:(1)康托的连续统基数问题;(2)算术公理系统的无矛盾性;(3)只根据合同公理证明等底等高的两个四面体有相等之体积是不可能的;(4)两点间以直线为距离最短线问题;(5)拓扑学成为李群的条件(拓扑群);(6)对数学起重要作用的物理学的公理化;(7)某些数的超越性的证明;(8)素数分布问题,尤其是黎曼猜想、哥德巴赫猜想和孪生素数问题;(9)一般互反律在任意数域中的证明;(10)能否通过有限步骤来判定不定方程是否存在有理整数解;(11)一般代数数域内的二次型论;(12)类域的构成问题;(13)一般七次代数方程以二变量连续函数之组合求解的不可能性;(14)某些完备函数系的有限的证明;(15)建立代数几何学的基础;(16)代数曲线和曲面的拓扑研究;(17)半正定形式的平方和表示;(18)用全等多面体构造空间;(19)正则变分问题的解是否总是解析函数;(20)研究一般边值问题;(21)具有给定奇点和单值群的Fuchs类的线性微分方程解的存在性证明;(22)用自守函数将解析函数单值化;(23)发展变分学方法的研究。其中23个问题中的(1)—(5)、(9)、(10)、(14)、(15)、(17)、(19)已经解决。

3. 菲尔兹奖和沃尔夫奖

当今,世界上最有名和影响最大的两个数学奖分别是菲尔兹奖和沃尔夫奖。菲尔兹奖(Fields Medal,全名The International Medals for Outstanding Discoveries in Mathematics)是一个在国际数学联盟的国际数学家大会上颁发的奖项。第一次菲尔兹奖颁发于1936年,以后每四年颁奖一次,颁给二至四名有卓越贡献的年轻数学家,得奖者须在该年元旦前未满40岁。菲尔兹奖是据加拿大数学家约翰·查尔斯·菲尔兹的要求设立的,被视为数学界的诺贝尔奖(诺贝尔奖未设数学奖)。第一位获得菲尔兹奖的美籍华人数学家是丘成桐,在1982年因其在卡拉比猜想和正质量猜想中的突出贡献而获奖,当时他年仅33岁。同时,他也于2010年获得沃尔夫奖,是唯一一位同时获得菲尔兹奖和沃尔夫奖的华人。澳大利亚华人数学家陶哲轩,是第二位获得菲尔兹奖的华人数学家。他于2006年年仅31岁时获得该奖,是因为他在偏微分方程、组合数学、调和分析和堆垒数论方面的贡献。

拓展阅读:
著名数学家
丘成桐

图9-8 菲尔兹奖

1976年1月1日,R. 沃尔夫(Ricardo Wolf)及其家族捐献一千万美元成立了沃尔夫基金会,其宗旨主要是为了促进全世界科学、艺术的发展。沃尔夫奖主要是奖励对推动人类科学与艺术文明做出杰出贡献的人士,每年评选一次,分别奖励在农业、化学、数学、医学和物理领域,或者艺术领域中的建筑、音乐、绘画、雕塑四大项目之一取得突出成绩的人士。其中以沃尔夫数学奖影响最大,因为诺贝尔奖中没有数学奖。

拓展阅读:
诺贝尔奖为什
么没有数学奖

4. **邵逸夫奖**

邵逸夫(1907—2014),原名邵仁楞,籍贯浙江宁波镇海,出生于上海,慈善大家。香港电视广播有限公司主席,邵氏兄弟电影公司的创办人之一,香港著名的电影制作者。父亲是上海锦泰昌颜料公司的老板。他在兄弟姐妹中排行第六,故后来人称“六叔”。邵受教于美国,19 岁中学毕业便随兄长邵仁枚到新加坡开拓电影市场,从此对电影制作产生兴趣。1925 年,邵氏兄弟在上海成立“天一影片公司”,曾与粤剧名伶薛觉先合作,拍摄全中国首部有声电影《白金龙》(粤语)。2014 年 1 月 7 日在香港家中辞世,享年 107 岁。

图 9－9　邵逸夫奖

邵逸夫奖为国际性奖项,得奖者应仍从事于有关的学术领域,在学术或科学的研究或应用上有杰出贡献,或在近期取得突破性的成果,或在其他领域有卓越之成就。评选的原则主要考虑候选人之专业贡献能推动社会进步,提高人类生活素质,丰富人类精神文明。近期在科研上有杰出成就且仍活跃于该学术领域的候选人将获优先考虑。邵逸夫奖设有三个奖项,分别为天文学奖、生命科学与医学奖和数学科学奖,每项奖金一百万美元。提名及评审程序于每年 9 月开始,翌年夏季宣布得奖人名单并于同年秋季举行颁奖典礼。邵逸夫奖是按邵逸夫先生的意愿而设,于 2002 年 11 月宣告成立,并由邵逸夫奖基金会有限公司管理及执行,基金会办事处设在香港。

首届邵逸夫数学奖授予了中国数学家陈省身,第二届 2005 年度邵逸夫数学奖获得者是费马猜想证明者、英国数学家怀尔斯。中国数学家吴文俊和美国数学家大卫·曼福德获得了第三届 2006 年度的邵逸夫数学奖。

5. **陈景润**

陈景润,1933 年生于福建省福州市,是我国当代著名的数学家。1953 年被分配到北京市第四中学任教。1955 年回到母校厦门大学数学系任助教。1957 年,由数学家华罗庚推荐,陈景润被调到中国科学院数学研究所工作。1973 年他发表了(1 + 2)的详细证明,被公认为是对哥德巴赫猜想研究的重大贡献。1981 年当选为中国科学院学部委员(院士)。1996 年 3 月 19 日下午 1 点 10 分,陈景润在北京医院去世,年仅 63 岁。他发表的论文《大偶数表示一个素数及一个不超过 2 个素数的乘积之和》是其最杰出的成果,该论文受到世界数学家的高度重视和称赞。英国数学家哈伯斯坦及德国数学家黎希特甚至把陈景润的论文写进数学书中,被称为“陈氏定理”。

【趣味学习】

1. 有 3 个人去投宿,一晚 30 元。三个人每人掏了 10 元凑够 30 元交给了老板。后来老板说今天优惠只要 25 元就够了,拿出 5 元令服务生退还给他们,服务生偷偷藏起了 2 元,然后,把剩下的 3 元钱分给了那三个人,每人分到 1 元。这样,一开始每人掏了 10 元,现在又退回 1 元,也就是 10 - 1 = 9,每人只花了 9 元钱,3 个人每人 9 元,3 × 9 = 27 元 + 服务生藏起的 2 元 = 29 元,还有一元钱去了哪里?

解析:

实际上,顾客出的 30 元 = 住店 25 元 + 每人拿回来的 1 元(共 3 元) + 服务生藏起来的 2 元。而且,每人只花了 9 元钱,3 个人每人 9 元,3 × 9 = 27 元 = 住店 25 元 + 服务员藏起来的 2 元。所以,等式 27 元 + 服务生藏起的 2 元 = 29 元中的 27 元已经包含了服务生藏起的 2 元。

2. 新加坡一道为十五六岁学生设计的奥数推理题:A 刚和 B 与 C 成为朋友,他们想知道她的生日日期,于是 C 给了他们 10 个可能的日期:

5 月 15 日、5 月 16 日、5 月 19 日

6 月 17 日、6 月 18 日

7 月 14 日、7 月 16 日

8 月 14 日、8 月 15 日、8 月 17 日

C 把她的生日月份和日子分别告诉 A 和 B,A 听过后表示:“我不知道 C 的生日,但我肯定 B 也不知道。” B 于是说:“最初我也不知道 C 的生日,但我现在知道了。”然后 A 道:“那我也知道了。”

请问 C 的生日是何时?

解析:

通过观察题目中的十个日期,可以发现,其中的 14 日、15 日、16 日及 17 日都有两个,而 18 日、19 日只有一个。所以,首先,根据 A 的第一句话“我不知道 C 的生日,但我肯定 B 也不知道。”我们可以推断出,C 的生日月份一定是 6 月或者 7 月,不可能是 4 月和 5 月,假设 C 的生日月份是 4 月或 5 月,则 A 不能肯定地说“B 也不知道 C 的生日”,因为如果 C 的生日是 5 月 19 日或 6 月 18 日,B 通过自己知道的生日日子 18 日或 19 日就可以得出 C 的生日日期。接着,根据 B 于是说:“最初我也不知道 C 的生日,但我现

在知道了。”可以得出，C 的生日是 7 月 16 日或者 8 月 15 日、8 月 17 日。最后，根据 A 道：“那我也知道了。”可以得出，C 的生日是 7 月 16 日。

3. 著名美籍华人科学家、诺贝尔物理学奖获得者李政道在一次回国讲学期间，曾给中国科技大学少年班的同学出了这样一道古时的趣题：五只猴子采得一堆桃，由于天色已晚，它们约定次日早上起来分。半夜里，一只猴子偷偷起来，把桃均匀分成五堆后，发现还多一个，于是它吃了这个桃子并拿走了其中一堆。第二只猴子醒来，又把桃子均匀分成五堆后，还是多了一个，它也吃了这个桃子并拿走了其中一堆。第三只，第四只，第五只猴子都依次如此做了。问桃子数最少有多少个？

解析：设原来有 x 个桃子，则

第一只猴子拿完以后剩下的桃子数为：

$$a_1 = \frac{4}{5}(x-1) = \frac{4}{5}(x+4) - 4$$

第二只猴子拿完以后剩下的桃子数为：

$$a_2 = \frac{4}{5}(a_1-1) = \frac{16}{25}(x+4) - 4$$

第三只猴子拿完以后剩下的桃子数为：

$$a_3 = \frac{4}{5}(a_2-1) = \frac{64}{125}(x+4) - 4$$

第四只猴子拿完以后剩下的桃子数为：

$$a_4 = \frac{4}{5}(a_3-1) = \frac{256}{625}(x+4) - 4$$

第五只猴子拿完以后剩下的桃子数为：

$$a_5 = \frac{4}{5}(a_4-1) = \frac{1024}{3125}(x+4) - 4$$

由最后一个式子可知 $x+4$ 应为 3125 的倍数，即一开始桃子至少有 $x=3121$ 个。

（该题还有另一解答方法：一开始借给猴子们 4 个桃子，然后再分。读者有兴趣可以算一算）

第十章　万物皆数

宇宙的和谐在于数。

——毕达哥拉斯

【学习目标】

通过学习本章，增加对事物探究的兴趣。

【教学提示】

通过解读毕达哥拉斯学派万物皆数，试图说明，科学的发展靠的是理性思维，数学是理性思维的最高标志。

一、数的起源与断想

物分阴阳，事有定数。

人们认识事物先从属性开始，再从数量特征去进一步把握。

中国一切分阴阳。如君臣、父子、夫妇、长幼、尊卑，前者是阳，后者是阴。大部分印欧语言中名词有阴阳属性。在法语中，每个名词必有阴阳属性，例如，带柄的玻璃杯(une tasse)是阴性，而不带柄的杯(un verre)却是阳性，平底大口杯(un gobelet)也是阳性，到了烦琐的程度。

把事物的相对立的属性与数量特征代入到事物的发展过程中，便有了古代中国的阴阳学说、易经八卦，以及西方哲学的对立统一规律、量变质变规律。

对于人类来说，把数从实物中抽象出来，是一个了不起的进步。

“二战”后，人类学家对一些原始部落的研究发现，他们只知道一，二，三。超过三用许多表达。我们远古祖先应该也是如此。

分子生物学的研究成果表明，人类有共同的“亚当”和“夏娃”。我们的祖先大约10万年前陆续从非洲南部出发，向其他大陆扩散。

语言学家，人类学家，甚至可以从1、2、3、4、5、6、7、8、9、10这10个基数词的接近程度去判断族群间血缘关系的远近。下面列出四种西欧语言的前10个基数词。

部分西欧语言的前10个基数词(1—5)

序号 语种	1	2	3	4	5
英语	one	two	three	four	five
德语	eins	zwei	drei	vier [vi:ɐ]	funf
法语	un	deux	troi	quatre	cinq
西班牙语	uno	dos	tres	cuatro [ˈkwɑ:trəʊ]	cinco

部分西欧语言的前10个基数词(6—10)

序号 语种	6	7	8	9	10
英语	six	seven	eight	nine	ten
德语	sechs	sieben	acht	neun	zehn
法语	six	sept	huit	neuf	dix
西班牙语	seis	siet	ocho	nueve	diez

由上表看出，同属日耳曼语族的英语与德语的前10个基数词基本相近；而同属罗曼语族的法语与西班牙语的前10个基数词也基本相近。但如果比较两个不同语族，则前三个基数词1、2、3是相近的。

语言学，人类学家可以根据1、2、3、4、5、6、7、8、9、10这10个基数词的接近程度，判断出同一族群的不同分支分离开的时间。这被后来的分子生物学所肯定。

原始先民可能对数量的众寡有一个本能的估略，也知道一只与两只或更多的，比如野羊的差异,但人类智慧上的一个伟大飞跃是从实物的 1、2、3 的观念向抽象的 1、2、3 的跨越并发明表示数的记号。

当人类识数并能用符号记录事物的数量特征的时候,人们就从对大自然的崇拜延伸到对数的崇拜。

我们日常用语里包含了对数的崇拜与敬畏:如气数、命数、定数;在我们人类大家庭中,有一员,那就是古希腊,将对自然的崇拜、对数的崇拜向着理性方向发展,成为人类理性思维、科学精神、形式逻辑、现代哲学等的源头。

二、万物皆数说

1. 毕达哥拉斯(Pythagoras,约前 570—前 500 年)

公元前 500 多年,古希腊的哲学家、数学家、天文学家毕达哥拉斯致力于哲学与数学的研究,促进了数学和理性哲学的发展,并对柏拉图和亚里士多德的思想产生很大影响。

毕达哥拉斯基于对"数"的信念,其执着不亚于狂热的宗教信徒。"哲学",希腊原词为 philosophia,意为智力爱好,以及"数学",希腊原词为 mathematica,意为可学到的知识,据说这两个词就是毕达哥拉斯本人所创的。

图 10－1 毕达哥拉斯

2. 毕达哥拉斯学派在数学上的贡献

毕达哥拉斯学派在数学上的贡献是划时代的。由于他们的执着,数学走上了理性发展的道路。

(1)数学证明的开始

数学证明最早可追溯到毕达哥拉斯学派或更早的泰勒斯,证明是要有假设的:公设、公理及定义。许多人推测,欧几里得《几何原本》前两卷的大部分材料,来源于毕达哥拉斯学派。

(2)抽象的提出

从实物的数与形,抽象到数学上的数与形,本身就把数学推向了科学。

(3)毕达哥拉斯定理

定理 直角三角形两条直角边的平方之和等于斜边的平方。

上述定理,在中国叫商高定理或勾股定理,在西方一般称为毕达哥拉斯定理。

中国数学史上最先完成勾股定理证明:公元 3 世纪三国时期的赵爽注《周髀算经》,作"勾股圆方图",其中的弦图,相当于运用面积的"出入相补"方法,证明了勾股定理。

3. 毕达哥拉斯学派的“万物皆数”学说

毕达哥拉斯学派认为“万物皆数”。这让我们想起道家的“一生二，二生三，三生万物”。“万物皆数”学说表现在以下两个方面：

(1)数是世界的法则。毕达哥拉斯学派确信，“宇宙的和谐在于数”，神是以数的规律创造世界的。毕达哥拉斯学派所说的数，是指自然数，即正整数，以及它们的比，即正分数。

可以用弦乐器来印证“宇宙的和谐在于数”。绷得一样紧的两根弦，若其长度成整数比，就会发出谐音。例如，1∶2 时短弦的音高 8 度，2∶3 时短弦音高 5 度，3∶4 时短弦音高 4 度；当三根弦的长度之比为 3∶4∶6 时，就得到谐音。

毕达哥拉斯学派的“万物皆数”学说，加强了数学中的理论化倾向。

(2)任意两个线段都是可公度的。也就是说，对于任意两个线段 a 及 b，存在第三条线段，即公共度量 c，使得 $a = mc, b = nc$。其中 m 与 n 是正整数或正分数。

现在我们知道，这一论断是不对的，这导致历史上第一次数学危机。

三、第一次数学危机

1. 无理数的发现

拓展阅读：万物皆数第一次数学危机

边长为 1 的正方形，其对角线既不能表示成整数，也不能表示为两个整数的比。它的证明要用反证法。这是数学史上第一次运用反证法。

这种既不能表示成整数，也不能表示为两个整数比的数，叫作无理数。无理数的发现，是毕达哥拉斯学派的重大成就之一，也是数学发展史上巨大的里程碑。

无理数的发现，引起了第一次数学危机。首先，对于全部依靠整数的毕达哥拉斯学派，这是一次致命的打击。其次，无理数看来与常识相矛盾，在几何上更为突出，因为与直观相反，存在不可通约的线段，即没有可用作公度的线段。

由于毕达哥拉斯学派关于比例的定义假定了任何两个同类量是可通约的，所以毕达哥拉斯学派比例理论中的所有命题都局限在可通约的量上，这样，他们的关于相似形的一般理论也就失效了。

逻辑上的矛盾是如此之大，以至于有一段时间，他们费了很大的精力将此事保密，不准外传。希帕索斯(Hippasus)泄露秘密，也被抛进大海。

但是，人们很快发现，不可通约性并不是罕见的现象。随着时间的推移，无理数的存在逐渐成为人们所共知的事实。

诱发第一次数学危机的一个间接因素是之后“芝诺悖论”的出现，它更增加了数学家们的担忧：数学作为一门精确的科学是否还有可能？宇宙的和谐性是否还存在？

2. 危机的解决

约公元前 370 年,希腊数学家欧多克索斯和阿契塔给出两个量的比与另外两个量的比相等的定义,从而将数轴上的点全部接纳为数,可称之为实数。

定义:称四个量的第一个和第二个之比与第三个和第四个之比相等,如果取第一个和第三个量的任何相同的倍数,第二个和第四个量的任何其他的相同倍数后,从第三个量的倍数大于、等于或小于第四个量的倍数,便有第一个量的倍数对第二个量的倍数的相应关系。

这一定义是严格的,使得数轴上的点全部成了实实在在的数,称为实数。这就部分地解决了危机,使几何的基础牢靠了。

《几何原本》中也采用了这一定义,使得在以后的近两千年中,几何几乎成了是全部严密数学的基础。但是彻底解决这一危机是在 19 世纪,依赖于数系的扩充和实数理论的建立。

数系扩张为实数系以后,第一次数学危机就彻底解决了。因为数的范围扩充以后,"万物皆数"的命题就是正确的了;不能表示成整数比的数,即无理数,也是实数系中的数了。

3. 直观与严密

第一次数学危机表明,几何学的某些真理与算术无关,几何量不能完全由整数及其比来表示。反之,数却可以由几何量表示出来。整数的尊崇地位受到挑战,古希腊的数学观点受到极大的冲击。于是,几何学开始在希腊数学中占有特殊地位,同时也反映出直觉和经验不一定靠得住,而推理证明才是可靠的。从此希腊人开始从"自明的"公理出发,经过演绎推理,并由此建立几何学体系。这是数学思想上的一次革命,是第一次数学危机的自然产物。

回顾在此以前的各种数学,无非都是"算",也就是提供算法。即使在古希腊,数学也是从实际出发,应用到实际问题中去的。例如,泰勒斯预测日食、利用影子计算金字塔高度、测量船只离岸距离等,都是属于计算技术范围的。至于埃及、巴比伦、中国、印度等国的数学,并没有经历过这样的危机和革命,也就继续走着以算为主、以用为辅的道路。而由于第一次数学危机的发生和解决,希腊数学则走上完全不同的发展道路,形成了欧几里得《原本》的公理体系与亚里士多德的逻辑体系,为世界数学做出了另一种杰出的贡献。

但是,自此以后希腊人把几何看成了全部数学的基础,把数的研究隶属于形的研究,割裂了它们之间的密切关系。这样做的最大不幸是放弃了对无理数本身的研究,使算术和代数的发展受到很大的限制,基本理论十分薄弱。这种畸形发展的局面在欧洲持续了两千多年。

4. 数系及其扩展

(1)整数环

有加法、乘法运算,有一个特别的数0,每一个数有相反数;另一个特别的数是1,构成一个环。

(2)有理数域

有加法、乘法运算,有一个特别的数0,每一个数有相反数;另一个特别的数是1,每一个非零数,都有倒数,构成一个数域。全体有理数可以和自然数一一对应,也就是说,它的势与整数集相同,均为 $\aleph_0$ (alieff)。在数轴上,不占空间,即其总长度为零。

势的概念是有限集合中元素数目概念的延伸。

(3)实数域

与有理数域一样,有加法、乘法运算,有一个特别的数0,每一个数有相反数;另一个特别的数是1,每一个非零数,都有倒数,构成一个数域。全体实数与数轴一一对应。实数集不能与自然数集一一对应,它的势为 $\aleph$ (alieff)。

单调有界原理 单调有界的实数列必有极限,极限值为实数。

单调有界原理和上确界原理、区间套定理、有限覆盖原理、戴德金分割、柯西准则等是互相等价的命题,它们不能由更简单更原始的公理推出。这些构成全部实数理论的基础。

可以这样说,实数由有理数及有理数列的极限构成。

有理数域不具备这一性质,任意两个实数都有大小关系。

有限集以及势为 $\aleph_0$ 的集合其总长度为零,用数学术语说,就是测度为零。但其反面不成立。

由德国数学家格奥尔格·康托在1883年引入一个实数集,称为康托三分集。它的势为 $\aleph$,但其测度为零。

(4)复数域

纯虚数 i 是代数方程 $x^2 = -1$ 的纯粹形式上的解(另一个形式上的解是 $-i$)。给定一对实数 (x,y) ,引进复数(complex number) $x + yi$,所有这样形式的组合构成复数集合。全体复数与平面上的点一一对应。复数集上的点不能比较大小。

在复数集合上定义

加法:设 $z_1 = x_1 + y_1 i$, $z_2 = x_2 + y_2 i$,则 $z_1 + z_2 = (x_1 + xL_2) + (y_1 + y_2)i$;

乘法:设 $z_1 = x_1 + y_1 i$, $z_2 = x_2 + y_2 i$,则 $z_1 \cdot z_2 = (x_1 x_2 - y_1 y_2) + (x_1 y_2 + x_2 y_1)i$ 。

这样定义运算后,加法与乘法各自满足交换律、结合律。乘法关于加法满足分配律。

每一个复数有相反数;每一个非零复数都有倒数。因此构成一个数域。

在复数域上,每一个一元代数方程都有根。这就是著名的代数学基本定理。

有了复数,就有了复变函数。区域上可微的复变函数有非常好的性质,只要一阶可导，就无穷阶可导，这样的函数叫作解析函数。

解析函数 $f(z)=u(x,y)+iv(x,y)$ 的实数部分 $u(x,y)$ 与虚数部分 $v(x,y)$ 都满足所谓的 Laplace 方程：

$$\Delta u := u_{xx}+u_{yy}=0$$

$$\Delta v := v_{xx}+v_{yy}=0$$

因而 $u(x,y)$ 与 $v(x,y)$ 都是所谓的调和函数。调和函数在偏微分方程理论中占突出的地位。

德国数学家黎曼为了给多值解析函数设想一个单值的定义域而提出一种曲面，叫黎曼曲面。用现代的语言说，黎曼曲面就是连通的一维复流形，当然是二维实流形。由此催生了黎曼几何、微分流形等数学分支。

复数，由纯粹想象的数 i 出发，通过一系列数学的规则与运算，产生如此众多的数学理论，派生出许多富有发展前途的数学分支，并且成为工程、理论物理、电工学等领域的重要工具。这一切，我们不得不惊叹逻辑的强大力量。

（5）四元数

四元数是由威廉·卢云·哈密顿（1805—1865）在 1843 年爱尔兰发现的数学概念。四元数的乘法不符合交换律，故它似乎破坏了科学知识中一个最基本的原则。

明确地说，四元数是复数的不可交换的延伸。

【拓展阅读】

芝诺悖论与罗素悖论

1. 悖论

悖论的特征是：同一命题中表面上隐含着两个对立的结论，而这两个结论都能自圆其说。

悖论的抽象形式是：

假定命题（事件）A 成立（发生），则推出非 A：假定非 A 成立（发生）则推出 A。

这里引述一段学界关于对悖论的认识。

悖论是命题或推理中隐含的思维的不同层次、意义（内容）和表达方式（形式）、主观和客观、主体和客体、事实和价值的混淆，是思维内容与思维形式、思维主体与思维客体、思维层次与思维对象的不对称，是思维结构、逻辑结构的不对称。悖论根源于知性认识、知性逻辑（传统逻辑）、矛盾逻辑的局限性。产生悖论的根本原因是把传统逻辑形式化、把传统逻辑普适性绝对化。

图 10－2 芝诺（约公元前 490 年）

2. 芝诺悖论

拓展阅读：第二次数学危机芝诺悖论

17、18世纪关于微积分发生的激烈的争论，被称为第二次数学危机。从历史或逻辑的观点来看，它的发生也带有必然性。

这次危机的萌芽出现在大约公元前450年，芝诺注意到由于对无限性的理解问题而产生的矛盾，提出了关于时空的有限与无限的四个悖论。

（1）两分法

向着一个目的地运动的物体，首先必须经过路程的中点，然而要经过这点，又必须先经过路程的1/4点……如此类推以至无穷。——结论是，无穷是不可穷尽的过程，运动是不可能的。

（2）阿基里斯追不上乌龟

阿基里斯总是首先必须到达乌龟的出发点，因而乌龟必定总是跑在前头。这个论点同两分法悖论一样，所不同的是不必把所需通过的路程一再平分。

阿基里斯是《荷马史诗》中跑得最快的英雄。

（3）飞矢不动

箭在运动过程中的任一瞬时间必在一确定位置上，因而是静止的，所以箭就不能处于运动状态。

（4）运动场

A、B两件物体以等速向相反方向运动。从静止的C来看，比如说A、B都在1小时内移动了2公里，可是从A看来，则B在1小时内就移动了4公里。运动是矛盾的，所以运动是不可能的。

芝诺的贡献在于首次明确考察了动与静的辩证关系、无限与有限的辩证关系、连续与离散的辩证关系。亚里士多德称芝诺为辩证法的发明人；黑格尔指出芝诺主要是客观地辩证地考察了运动，并称芝诺为“辩证法的创始人”。

芝诺悖论在当时的数学界掀起了一场轩然大被。芝诺悖论一方面说明了希腊人已经看到“无穷小量”与“很小很小的量”之间的矛盾，而另一方面说明他们无法解决这些矛盾。其后果之一是，希腊几何证明中从此就排斥了无穷小的使用。

经过众多数学家的努力，其中以牛顿和莱布尼兹为代表，终于在17世纪末发展起来一种无穷小演算，创立了微积分学。微积分统一将问题的处理归结为微分法和积分法，计算步骤十分简明。

由于运算的完整性（微分法积分法互逆）和应用的广泛性，微积分成为当时解决问题的最重要工具。与此同时，关于微积分基础的问题也越来越暴露了出来。最为关键的问题是：无穷小量究竟是不是零？无穷小及其分析是否合理？由此而引起了数学界甚至波及哲学界长达150年的争论，这就是第二次数学危机的根由。

3. **罗素悖论**

图 10－3　罗素(1872—1970)

伯特兰·罗素(Bertrand Russell)是20世纪英国哲学家、数理逻辑学家、历史学家、无神论或者不可知论者,也是20世纪西方最著名、影响最大的学者和和平主义社会活动家之一。罗素与弗雷格、维特根斯坦和怀特海共同创建了分析哲学。他与怀特海合著的《数学原理》对逻辑学、数学、集合论、语言学和分析哲学有着巨大影响。1950年,罗素获得诺贝尔文学奖,以表彰其多样且重要的作品,持续不断的追求人道主义理想和思想自由。

拓展阅读:
第三次数学危机罗素悖论

罗素悖论是关于集合论的、最通俗的形式由罗素本人1902年提出,说的是某村理发师的困境。

理发师宣布了这样一条原则,他只给不自己刮胡子的人刮胡子。当人们试图答复下列疑问时,就认识到了这种情况的悖论性质,理发师是否可以给自己刮胡子?如果他给自己刮胡子,那么他就不符合他的原则;如果他不给自己刮胡子,那么他按原则就该为自己刮胡子。

罗素悖论的集合论形式是:

罗素悖论　设集合 S 是由一切不属于自身的集合所组成,即

$$S=\{x:\ x\in S\}.$$

那么问题是:S 本身属于 S 是否成立?首先,若本身 S 属于 S,则不符合 $x\in S$ 这一条件,则 S 不属于 S;其次,若 S 不属于 S,则符合 $x\in S$ 这一条件,因而 S 属于 S。

罗素悖论使整个数学大厦动摇了,这就是第三次数学危机。

与罗素悖论相类似的,也有一个宗教尤其是基督教上的悖论:

上帝是万能的,他一定能够造出一个自己搬不动的石头。

这倒没有动摇宗教的根基,曾经动摇基督教根基的是达尔文的进化论。

4. **康托三分集**

图 10－4　格奥尔格·康托

格奥尔格·康托(1845—1918),德国数学家,犹太人,基督徒,集合论创始人。

Cantor,早译为康托,后译为康托尔。

康托三分集

取一条长度为1的直线段,将它三等分,去掉中间一段,留剩下两段,将剩下的两段再分别三等分,各去掉中间一段,剩下更短的四段,如此无限地进行下去。由于在不

断分割舍弃过程中，所形成的线段数目越来越多，长度越来越小，在极限的情况下，得到一个离散的点集，称为康托三分集，记为 K。

下面列出康托三分集的一些奇异特性

（1）测度为零；

（2）与实数集合等势，均为 $\aleph$ (alieff)；

（3）K 是完备集；

（4）K 是疏朗集；

（5）分数维是 0.631。

【趣味学习】

1. 两个有理数之间是否有另一个有理数？两个有理数之间是否存在无理数？

解析：两个有理数之间总有另外的有理数，设这两个有理数是 q_1 与 q_2，则 $q = (q_1 + q_2)/2$ 介于 q_1 与 q_2 之间，且与 q_1 及 q_2 不同。两个有理数 q_1 与 q_2 之间总存在无理数。不妨设 $q_1 < q_2$，则 $q_1 + \frac{\sqrt{2}}{2}(q_2 - q_1)$ 是介于 q_1 与 q_2 之间的无理数。

2. 有 12 个外形相同的乒乓球，其中只有 1 个重量不标准的次品乒乓球。请用一架不带砝码的天平，最多三次使用该天平，找出上述次品乒乓球，并判断它是重于标准球，还是轻于标准球。

解析：设这 12 个乒乓球的标号分别是 1，2，……，12。将这 12 个乒乓球分成三组。第一组的标号是 1，2，3，4；第二组的标号是 5，6，7，8；第三组的标号是 9，10，11，12。将第一组与第二组分别置于天平的左右两端。

情形 1：左右两端平衡。这说明次品球在第三组。取两个标准球与标号为 9，10 的乒乓球相称，如果平衡，则说明非标准球是标号为 11 与 12 的乒乓球之一，否则是标号为 9 与 10 的乒乓球之一。显然再称一次便可确定次品乒乓球。

情形 2：左右两端不平衡。不妨设第一次称重结果是：

第一次：$(1,2,3,4) \overset{1st}{>} (5,6,7,8)$。这表明，第三组是标准球。如果非标准球在第一组，则非准球偏重；反之，如果非标准球在第二组，则非标准球偏轻。

第二次：将 $(1,2,5,6)$ 与 $(3,4,7,8)$ 各放天平一端。结果只有两个，$(1,2,5,6) > (3,4,7,8)$ 或 $(1,2,5,6) < (3,4,7,8)$。不妨设 $(1,2,5,6) \overset{2nd}{>} (3,4,7,8)$，则 3，4，5，6 是标准球，1，2，7，8 是可能的非标准球。

第三次，将 1，7 与 2，12 置于天平两端，如果 $(1,7) \overset{3rd}{=} (2,12)$，则 8 号球是次品球，偏轻。如果 $(1,7) \overset{3rd}{>} (2,12)$，则 1 号球是次品球；反之，若 $(1,7) \overset{3rd}{<} (2,12)$，则 7

号球是次品球。

3. 有个英语老师出了这样一道难题，是个填空题，要求在三个空白处填上同一个单词：

__________ is better than the God.

__________ is worse than the devil.

If you eat __________, you will die.

数学老师用数学方法解出了这个英语难题。

解析：设上帝之善为 $+\infty$，恶魔之恶为 $-\infty$，令所求为 x，则 $x > +\infty$ 且 $x < -\infty$，所以 x 属于空集，空集的英文是 nothing，所以 x = nothing。答案就是：

Nothing is better than the God.（没有什么比上帝更好。）

Nothing is worse than the devil.（也没有什么比魔鬼更坏。）

If you eat nothing, you will die.（如果你什么也不吃，你将会死。）

这个题目的启示：空集也是个集合。

第十一章　最美数学公式

当数学家导出方程式和公式，如同看到雕像、美丽的风景，听到优美的曲调等一样而得到充分的快乐。

——柯普宁

【学习目标】

了解数学中的最美公式，感受数学之美。

【教学提示】

最美数学公式不仅只有这四个，课堂教学时还可以进行相应拓展，例如广义和狭义相对论公式、薛定谔方程、万有引力公式、质能方程等。

数学公式是人们在研究自然界中的事物和现象时发现的一些关系，并利用数学的语言表达和描述出来。它能够表征自然界中不同事物之间数量或者性质之间的联系，反映了一个量到达另一个量、一种事物到达另一种事物、一个性质到达另一个性质的路径和依据，能够让我们更好地理解事物的本质和内涵以及事物间的联系。以下将介绍四个最美数学公式：勾股定理、欧拉恒等式、微积分基本公式和麦克斯韦方程组。

一、勾股定理

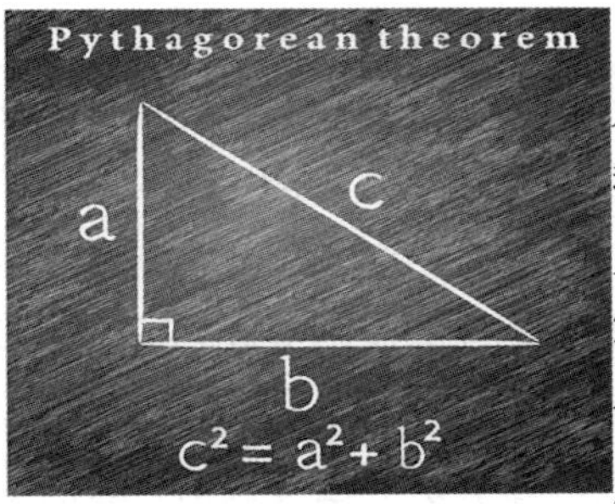

"勾三股四弦五"是一句我们中国人耳熟能详的句子。公元前 11 世纪，我国周朝数学家商高就已经提出"勾三、股四、弦五"，而《周髀算经》这部编写于公元前 1 世纪的中国数学名著里也曾经记录着商高与周公的一段对话，周公问："我听说您精通数学，那么请问，天没有梯子可以上去，地也没法用尺子去丈量，我们怎样才能知道天的高度和地的宽度呢？"商高回答说："数的产生来源于对图形方和圆的认识。其中有一条大禹在治水的时候就总结出来的原理——当直角三角形的一条直角边'勾'等于三，另一条直角边'股'等于四时，那么该直角三角形的斜边'弦'就必定是五。"因此，以后人们就简单地把这个事实说成"勾三股四弦五"，后人也根据该典故称勾股定理为商高定理。

拓展阅读：有 500 多种证明方法的勾股定理

图 11－1 弦图

公元 3 世纪，我国三国时代的数学家赵爽对《周髀算经》中的勾股定理进行了详细注释，该注释被记录在数学名著《九章算术》中，其中写道："勾股各自乘，并而开方除之，即弦"，也就是说斜边会等于两条直角边平方和再开方。在注释中，赵爽自创了一幅图，称为"弦图"，利用数形结合的思想，给出了勾股定理详细的注释和证明，赵爽这种数形结合的方法和思想，也为后世数学家所借鉴。

拓展阅读：中国古老数理天文学著作周髀算经

同时，由于弦图意义重大，并且极具美感，它也被选为 2002 年第 24 届国际数学家大会（ICM）的会标。

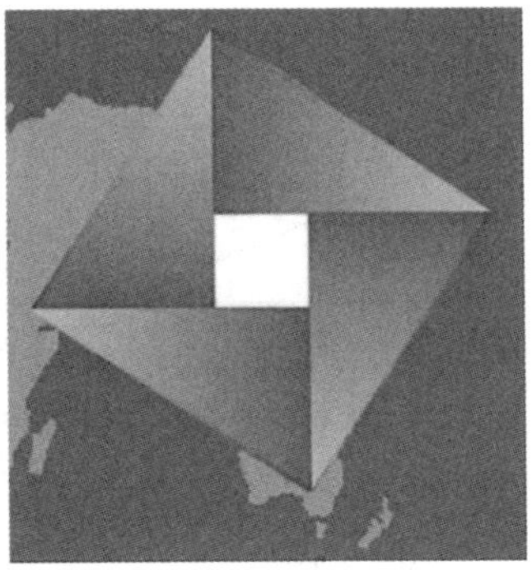

图 11－2 第 24 届国际数学家大会会标

魏晋时期著名数学家刘徽在对我国数学名著《九章算术》做注时，也给出了勾股定理的详细证明，他运用"割补术"，使用青朱出入图来证明勾股定理，这种数形结合来证明勾股定理的几何证明法，特色鲜明、通俗易懂。

刘徽描述此图为："勾自乘为朱方，股自乘为青方，令出入相补，各从其类，因就其余不动也，合成弦方之幂。开方除之，即弦也。"其大意为，一个任意直角三角形，以勾宽

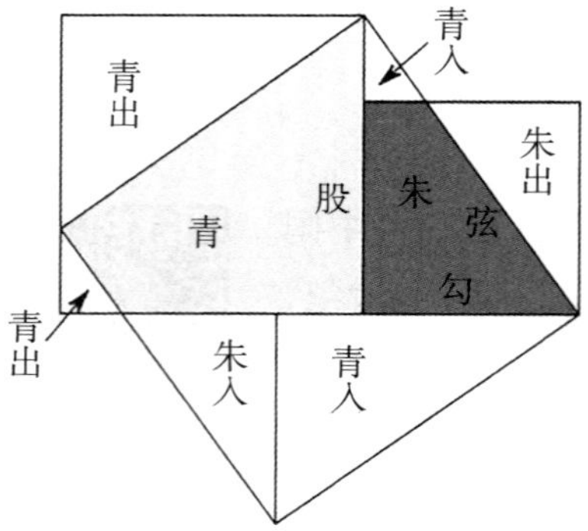

图 11－3　青朱出入图

作红色正方形即朱方，以股长作青色正方形即青方。将朱方、青方两个正方形对齐底边排列，再以盈补虚，分割线内不动，线外则“各从其类”，以合成弦的正方形即弦方，弦方开方即为弦长。在证明勾股定理的过程中，刘徽发展出了有中国特色的相似理论，同时建立了相似勾股形理论及勾股测量术。

勾股定理的证明方法，至今约有近 500 种，是数学定理中证明方法最多的定理之一。它是人类早期发现并证明的重要数学定理之一。国外研究人员认为世界上第一个证明勾股定理的人是古希腊著名数学家、哲学家毕达哥拉斯，他用演绎法证明了在直角三角形中，斜边平方会等于两直角边平方之和，因此勾股定理也叫毕达哥拉斯定理。毕达哥拉斯也是历史上第一个将数学系统化的数学家，一生崇拜数字，认为“数字主宰宇宙”，并提出“万物皆数”的口号。

对于毕达哥拉斯如何发现勾股定理，有一个这样的有趣传说。相传，毕达哥拉斯有一次应邀参加一个豪华宴会，宴会大厅铺着美丽的正方形大理石瓷砖。毕达哥拉斯提前到达，正在无所事事时，被脚下规则排列、美丽的正方形瓷砖吸引，于是这位善于观察和思考的数学家蹲在地板上研究起来，他以一块瓷砖的对角线为边，画出一个正方形，毕达哥拉斯神奇地发现这个大正方形的面积刚好等于两个小正方形面积之和。于是，他又以两块并排正方形瓷砖所组成的长方形对角线为边，作出一个正方形，他发现该正方形面积会等于五个小正方形面积之和。至此，毕达哥拉斯大胆猜测：任何直角三角形斜边的平方会等于两直角边平方之和。

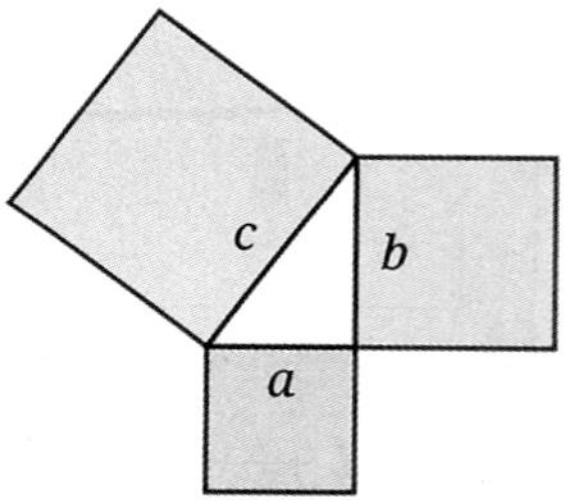

图 11－4　瓷砖面积和

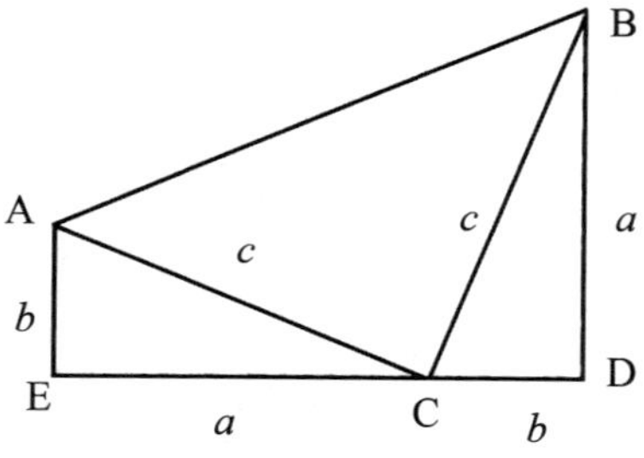

图 11－5　加菲尔德法

在证明了该猜想以后，毕达哥拉斯欣喜若狂，马上宰了一百头牛以示庆祝，因此，毕达哥拉斯定理也被称为“百牛定理”。

在勾股定理的证明中，有一位美国总统也参与其中，他就是美国第 20 任总统加菲尔德。以下我们来欣赏一下这位美国总统的证明方法——加菲尔德法。

在直角梯形 ABDE 中，$\angle AEC = \angle CDB = 90^\circ$，$\triangle AEC \cong \triangle CDB$，$AE = CD = b$，$CE = BD = a$，

$$AC = BC = c, S_{\triangle AEC} = S_{\triangle CDB} = \frac{ab}{2}, \; S_{\triangle ACB} = \frac{c^2}{2}, \; S_{AEDB} = \frac{(a+b)\times(a+b)}{2}$$

$$\because S_{\triangle AEC} + S_{\triangle CDB} + S_{\triangle ACB} = S_{AEDB}$$

$$\therefore \frac{ab}{2}+\frac{ab}{2}+\frac{c^2}{2}=\frac{(a+b)^2}{2}$$

$$\therefore ab+\frac{c^2}{2}=ab+\frac{a^2+b^2}{2}$$

$$\therefore c^2=a^2+b^2$$

证毕。

二、欧拉恒等式

$$e^{i\pi}+1=0$$

莱昂哈德·欧拉，瑞士数学家，1707 年 4 月 15 日生于瑞士巴塞尔，1783 年 9 月 18 日卒于俄国圣彼得堡。他生于牧师家庭，15 岁在巴塞尔大学获学士学位，第二年获得硕士学位。1727 年，欧拉来到俄国圣彼得堡科学院。1731 年接替丹尼尔·伯努利成为物理教授。他以旺盛的精力投入研究，在俄国的 14 年中，他在分析学、数论和力学方面做了大量出色的工作。1741 年受普鲁士腓特烈大帝的邀请到柏林科学院工作，达 25 年之久。在柏林期间他的研究内容更加广泛，涉及行星运动、刚体运动、热力学、弹道学、人口学，这些工作和他的数学研究相互推动。欧拉这个时期在微分方程、曲面微分几何以及其他数学领域的研究都是开创性的。1766 年他又回到了俄国圣彼得堡。

拓展阅读：最美数学公式之欧拉恒等式

图 11－6　瑞士法郎上的欧拉像

欧拉是 18 世纪数学界最杰出的人物之一，也是科学史上最多产的一位杰出的数学家，据统计欧拉一生共写下了 886 种书籍和论文，其中分析、代数、数论占 40%，几何占 18%，物理和力学占 28%，天文学占 11%，弹道学、航海学、建筑学等占 3%。俄国圣彼得堡科学院为了整理他的著作，足足忙碌了四十七年。他不但在数学上做出伟大贡献，而且把数学用到了几乎整个物理领域。他又是一个多产作者，写了大量的力学、分析学、几何学、变分法的课本，《无穷小分析引论》《微分学原理》《积分学原理》都成为数学中的经典著作。60 岁时，欧拉不幸双目失明，但是依靠其强大的记忆力和心算能力，欧拉通过口述的形式还是完成了四百多篇论文。

数学上有很多以欧拉命名的定理和公式，而欧拉恒等式是其中的一颗明珠。这个公式以一种极其简单的方式将数学上不同的分支联系起来，其中涵盖了数学中最重要的几个常数 e、i、π、1 和 0，这个公式堪称是最美的数学公式。数学家高斯曾说过："欣赏不了它的人，一辈子都成不了一流的数学家。"

欧拉恒等式中的"e"是自然常数，也叫欧拉数，这是在微积分中广泛运用的自然对数的底数。e 是一个无理数，也是一个超越数，它的值为 2.7182818…。发现欧拉数 e 的第一人就是著名数学家雅各布·伯努利。

图 11－7　数学家雅各布·伯努利

雅各布·伯努利在研究复利问题时，发现了一个非常有趣的现象：假如顾客在银行存入 1 元钱，而银行的年利率为百分之百，那么一年以后，顾客连本带息可以获得 2 元钱。如果半年计算一次利息，半年的利率为一年利率的一半即百分之五十，那么这种方案最后所得的本利和会不会比前一种要更多呢？雅各布·伯努利经过计算，得出该方案的本利和为 2.25，看起来比前一种计息方式要好。那么如果我们计息周期再短一点，例如按月计息，则月利率为十二分之一，最后顾客得到的本利和为 2.613 元，这个方案比前两个又好一些。所以，我们得到，计息周期越短，顾客获利越多。如果我们继续计算，按周计息，则周利率为五十二分之一，一年后顾客的本利和为 2.6926。当我们一年计息次数越来越多时，即趋近于无穷大时，雅各布·伯努利发现本利和会存在一个极限，即趋近于一个常数。雅各布·伯努利得出该常数在 2 和 3 之间，但是最终结果是多少，他并没有计算出来。直到五十年后，由欧拉计算出 e 的值，并证明 e 是一个无理数。

欧拉恒等式中的"i"是一个复数或者是虚数单位，也是 －1 的平方根或者方程"$x^2+1=0$"的一个解。希腊数学家和工程师海伦是第一个提出涉及负数平方根的计算的人。但是当时对虚数和负数知之甚少，有些人认为虚数和负数是虚构的或无用的，就像曾经的零一样。许多数学家在采用虚数方面进展缓慢，包括勒内·笛卡尔，他在著作中使用了虚数这个词，但是是贬义的。直到欧拉和高斯的工作，虚数的使用才被广泛接受。虚数在电子工程中极为重要，并且也在量子力学中得到应用。

欧拉恒等式中的"π"是圆周率，这个常数不需要任何进一步的介绍，因为这是世人皆知的数学常数，在欧氏几何学和广义相对论中无处不在。欧拉恒等式中的自然数"1"，任何数与之相乘都是本身。自然数"0"，任何数与之相加都是本身。

三、微积分基本公式

$$\int_a^b f(x)dx = F(b) - F(a).$$

艾萨克·牛顿(1643 年 1 月 4 日—1727 年 3 月 31 日),爵士,英国皇家学会会长,英国著名的物理学家、数学家,被称为百科全书式的“全才”,著有《自然哲学的数学原理》《光学》等。他在 1687 年发表的论文《自然定律》里,对万有引力和三大运动定律进行了描述。这些描述奠定了此后三个世纪里物理世界的科学观点,并成为了现代工程学的基础。他通过论证开普勒行星运动定律与他的引力理论间的一致性,展示了地面物体与天体的运动都遵循着相同的自然定律;为太阳中心说提供了强有力的理论支持,并推动了科学革命。

拓展阅读:
最美数学公式
之七微积分
基本公式

图 11－8　牛顿

戈特弗里德·威廉·莱布尼兹(1646 年 7 月 1 日—1716 年 11 月 14 日),牛顿同时期德国著名的哲学家、数学家,是历史上少见的通才,被誉为 17 世纪的亚里士多德。他本人是一名律师,经常往返于各大城镇,许多的公式都是他在颠簸的马车上完成的,他也自称具有男爵的贵族身份。莱布尼兹在数学史和哲学史上都占有重要地位。在数学上,他和艾萨克·牛顿先后独立发现了微积分,莱布尼兹所发明的符号被普遍认为更综合,适用范围更加广泛,因此被更广泛地使用。莱布尼兹还有一个重大贡献就是发现并完善了二进制。

图 11－9　莱布尼兹

微积分思想在古代已经有所萌芽。公元前 7 世纪,古希腊科学家、哲学家泰勒斯就对球的面积、体积等问题进行了研究,其中就蕴含了微积分思想。公元前 3 世纪,古希腊的数学家、力学家阿基米德的著作《圆的测量》和《论球与圆柱》中也已含有积分学的萌芽,他在研究解决抛物线下的弓形面积、球和球冠面积、螺线下的面积和旋转双曲线所得的体积的问题中就隐含着近代积分的思想。中国古代数学也产生过积分学的萌芽思想,例如三国时期的刘徽,他提出的割圆术及求体积问题的设想都是积分思想的充分体现。

人类进入 17 世纪开始,随着科学的进步和生产力的发展,以及如航海、天文等许多复杂问题需要解决,数学也开始研究变化着的量即变量,数学进入了“变量数学”时代。

而以下四类问题直接催生了微积分的发明。

（1）运动中的变速运动问题

如果已知物体的距离函数 s(t)，如何求物体的速度函数 v(t) 和加速度函数 a(t)？反之，已知物体的加速度函数 a(t)，如何求出物体的速度函数 v(t) 和距离函数 s(t)？这两类问题在匀速运动时，可以轻易解决，但是，当物体是变速运动即速度时刻都在变化时，那么以上两类问题我们就束手无策了。

（2）求曲线的切线问题

求曲线的切线问题看似一个数学问题，但是，它对科学应用却有巨大的作用。例如，在研究天体运动时，我们需要天文望远镜，需要研究光学。光学在 17 世纪是一门非常重要的科学，我们在制作天文望远镜时，需要研究光透过望远镜镜片的通道，因此必须知道光线射入透镜时的入射角，这样我们才可以应用反射定律。光线的入射角即为光线与曲线的法线间的夹角，而法线垂直于切线，因此研究切线问题非常重要。

（3）求不规则图形长度、面积、体积问题等

因为行星运动为曲线运动，因此在研究行星运动的距离时，就需要求曲线的长度，但是如何求却一直困扰着数学家们。同时，在求曲线所围成的面积如圆的面积时，古希腊数学家和中国数学家们使用分割穷竭的方法，把曲面分割为一些规则的图形，当分割得越细即份数越多时，这些规则图形的面积和就会越接近曲线围成的面积。但是，利用分割求和的方法缺乏一般性，并不能得到具体的数值解。

（4）求最值和极值问题

17 世纪初期，很多生产和科学问题都涉及求最值问题。例如在军事上，如何计算炮弹从炮筒射出时，它运行的最大水平距离，即最远射程。在天文研究中，如何计算行星和太阳的最远和最近距离。

为了解决以上四类问题，大量数学家投入其中，整个 17 世纪有数十位科学家为微积分的创立做了开创性的研究，但使微积分成为数学的一个重要分支的还是牛顿和莱布尼兹。事实上，牛顿和莱布尼兹两人相互独立地完成了微积分的发明，就发明时间而言，牛顿早于莱布尼兹；就发表时间而言，莱布尼兹先于牛顿。因此“微积分基本公式”也称为“牛顿－莱布尼兹公式”。但是，牛顿的支持者们认为，莱布尼兹的微积分工作是从牛顿那里借鉴而来的，指责莱布尼兹为剽窃者。因此造成了支持莱布尼兹的欧洲大陆数学家和支持牛顿的英国数学家两派互相对立，甚至互相尖锐地攻击对方。由于这件事，两派数学家停止了互相之间思想的交流，在数学的发展上也分道扬镳。关于发明优先权的争论延续了一百多年，这也让英国数学失去了一百年。

微积分基本公式是微积分中最重要的公式，微积分的基本内容包括微分学和积分学，微分和积分互为逆运算。微分学的主要内容包括：极限理论、导数、微分等。积分学的主要内容包括：定积分、不定积分等。该公式在微分和积分之间建立了桥梁，把它们联系起来。

微积分学的创立，极大地推动了数学的发展，过去很多用初等数学无法解决的问题，运用微积分都能轻而易举地解决，显示出了微积分的极大威力。恩格斯曾经说过："在一切理论成就中，未必再有什么像微积分的发现那样被看作人类精神的最高胜利了，如果在某个地方我们看到人类精神的纯粹的和唯一的功绩，那正是在这里。"

但是，和历史上任何一项重大理论的完成一样，牛顿和莱布尼兹一开始创立的微积分学并不完善，特别是在无穷小量这个问题上，十分含糊，该漏洞被基督教大主教乔治·贝克莱给发现，他把"微小增量"嘲讽地称为"无穷小精灵"，并质问，"无穷小量有时候是零，有时候又不是零而是有限的小量，那么无穷小究竟是不是零?"但是，牛顿和莱布尼兹无法解释，并且不能自圆其说，这也导致了第二次数学危机的产生。最终，直到 19 世纪初，法国数学家柯西对微积分的理论进行了认真研究，并建立了极限理论，后来经德国数学家维尔斯特拉斯进一步的严格化，才使极限理论成为了微积分的坚实基础，才使微积分进一步地发展开来。

四、麦克斯韦方程组

$$\nabla \cdot \vec{D} = \rho_0$$
$$\nabla \times \vec{E} = -\frac{\partial \vec{B}}{\partial t}$$
$$\nabla \cdot \vec{B} = 0$$
$$\nabla \times \vec{H} = \vec{J}_0 + \frac{\partial \vec{D}}{\partial t}$$

拓展阅读：最美数学公式之六麦克斯韦方程组

詹姆斯·克拉克·麦克斯韦（1831 年 6 月 13 日—1879 年 11 月 5 日），出生于苏格兰爱丁堡，英国物理学家、数学家。经典电动力学的创始人，统计物理学的奠基人之一。他 16 岁进入爱丁堡大学学习数学和物理，毕业于剑桥大学。他成年时期的大部分时光是在大学里当教授，最后是在剑桥大学任教。1873 年出版的《论电和磁》，也被尊为继牛顿《自然哲学的数学原理》之后的最重要的一部物理学经典。麦克斯韦被普遍认为是对物理学最有影响力的物理学家之一。

麦克斯韦提出的麦克斯韦方程组以一种近乎完美的方式统一了电和磁，并预言光就是一种电磁波，这是物理学家在统一之路上的巨大进步。2004 年，英国的科学期刊《物理世界》举办了一个活动：让读者选出科学史上最伟大的公式。结果，麦克斯韦方程组力压质能方程、欧拉公式、牛顿第二定律、薛定谔方程等"方程界"的巨擘，高居榜首。很多人都知道麦克斯韦方程组，知道它极尽优美，并且描述了经典电磁学的一切。但是，真正能看懂这个方程组的人却不多，因为它不像勾股定理那样简单直观，等式两边的含义一眼便知。毕竟，它是用积分和微分

图 11－10　麦克斯韦

的形式写的，而大部分人要到大学才正式学习微积分。麦克斯韦方程组虽然在形式上略微复杂，但是它的物理内涵却是非常简单的。

麦克斯韦出生前的半个多世纪，人类对电磁现象的认识取得了很大的进展。1785年，法国科学家库仑由实验得出库仑定律，真空中两个静止的点电荷之间的相互作用力同它们的电荷量的乘积成正比，与它们的距离的二次方成反比，作用力的方向在它们的连线上，同名电荷相斥，异名电荷相吸。1820年，丹麦物理学家奥斯特在课堂无意中发现，当导线通电时，下方小磁针会发生偏转，从而把电与磁联系起来。其后，安培研究了电流之间的相互作用力，提出了许多重要概念和安培环路定律。法拉第在很多方面有杰出贡献，特别是1831年发表的电磁感应定律，是电机、变压器等设备的重要理论基础。1845年，关于电磁现象的三个最基本的实验定律：库仑定律、毕奥－萨伐尔定律、法拉第电磁感应定律已被总结出来，法拉第的“电力线”和“磁力线”（现在也叫做“电场线”与“磁感线”）概念已发展成“电磁场概念”。1855年至1865年，麦克斯韦在全面审视库仑定律、毕奥－萨伐尔定律和法拉第定律的基础上，把数学分析方法带进了电磁学的研究领域，由此促成麦克斯韦电磁理论的诞生。1873年，麦克斯韦出版了他的电磁学著作《电磁学通论》，在著作中，麦克斯韦应用严谨的数学形式总结了前人的工作，提出了位移电流的假说，推广了电流的涵义，将电磁场基本定律归结为四个微分方程，这就是著名的麦克斯韦方程组。

1. $\oint \mathbf{E}\cdot d\mathbf{A} = \frac{q_{enc}}{\varepsilon_0}$

2. $\oint \mathbf{B}\cdot d\mathbf{A} = 0$

3. $\oint \mathbf{E}\cdot d\mathbf{s} = -\frac{d\Phi_B}{dt}$

4. $\oint \mathbf{B}\cdot d\mathbf{s} = \mu_0\varepsilon_0\frac{d\Phi_E}{dt} + \mu_0 i_{enc}$

图11－11　麦克斯韦方程组积分形式

麦克斯韦方程组有积分和微分两种形式，以上是积分形式，它由四个方程共同组成：

（1）描述电场的高斯定律

该定律描述电场与空间中电荷分布的关系。电场线开始于正电荷，终止于负电荷（或无穷远）。计算穿过某给定闭曲面的电场线数量，即其电通量，可以得知包含在这闭曲面内的总电荷。更详细地说，此定律描述穿过任意闭曲面的电通量与这闭曲面内的电荷之间的关系。

（2）描述磁场的高斯磁定律

由于磁力线总是闭合曲线，因此任何一条进入一个闭合曲面的磁力线必定会从曲面内部出来，否则这条磁力线就不会闭合起来了，换句话说，就是进入任何区域的磁场线，必须从那区域离开。该定律指出，如果对于一个闭合曲面，定义向外为正法线的指向，则进入曲面的磁通量为负，出来的磁通量为正，那么就可以得到，通过一个闭合曲面的总磁通量为0。这个规律类似于电场中的高斯定律，因此称为高斯磁定律。

（3）法拉第电磁感应定律

法拉第电磁感应定律也叫电磁感应定律,描述了磁如何生电。电磁感应现象是指因磁通量变化产生感应电动势的现象,例如,闭合电路的一部分导体在磁场里做切割磁感线的运动时,导体中就会产生电流,产生的电流称为感应电流,产生的电动势(电压)称为感应电动势。该定律描述了时变磁场怎样感应出电场。电磁感应是制造许多发电机的理论基础。

(4)麦克斯韦-安培定律

该定律反映了电场是如何产生磁场的,即描述了变化的电场激发磁场的规律。该定律指出,磁场可以用两种方法生成:一种是靠传导电流(原本的安培定律),另一种是靠时变电场,或称位移电流(麦克斯韦修正项)。

在《论电与磁》这篇论文中,麦克斯韦对方程组进一步分析,预见到电磁波的存在,并断定电磁波的传播速度接近光速,且光也是某种频率的电磁波。1887年,德国物理学家海因里希·鲁道夫·赫兹用实验方法产生了电磁波并被检测到,证实了麦克斯韦的预见即电磁波的存在。

图11-12 赫兹

麦克斯韦方程组在电磁学与经典电动力学中的地位,如同牛顿运动定律在牛顿力学中的地位一样。以麦克斯韦方程组为核心的电磁理论,是经典物理学最引以为豪的成就之一。它所揭示出的电磁相互作用的完美统一,为物理学家树立了这样一种信念:物质的各种相互作用在更高层次上应该是统一的。这个理论被广泛地应用到技术领域。

【拓展阅读】

刘徽(约225年—约295年),汉族,山东滨州邹平市人,魏晋期间伟大的数学家,中国古典数学理论的奠基人之一。在中国数学史上做出了极大的贡献,他的数学著作《九章算术注》和《海岛算经》,是中国最宝贵的数学财产。

拓展阅读:中国古代数学著作海岛算经

《九章算术》是中国古代张苍、耿寿昌所撰写的一部数学专著,是《算经十书》中最重要的一部,成于公元1世纪左右,该书共有246个问题及其解法。该书记录的许多问题在当时都处于世界前列,如解联立方程、分数四则运算、正负数运算、几何图形的体积面积计算,等等。刘徽在曹魏景元四年注《九章算术》时,发现该书解法比较原始,缺乏必要的证明,因此刘徽对此做了补充,这些证明也显示了他在众多方面的创造性贡献。他是世界上最早提出十进小数概念的人,并用十进小数来表示无理数的立方根。在代数方面,他正确地提出了正负数的概念及其加减运算

的法则，改进了线性方程组的解法。在几何方面，提出了“割圆术”，即一种将圆周用内接或外切正多边形穷竭的求圆面积和圆周长的方法。他用割圆术，从直径为 2 的圆内接正 6 边形开始割圆，依次得正 12 边形、正 24 边形……割得越细，正多边形面积和圆面积越接近，用他的原话说就是“割之弥细，所失弥少，割之又割，以至于不可割，则与圆周合体而无所失矣。”他计算了正 3072 边形面积并求出了圆周率 $\pi = 3.1416$ 的结果。刘徽提出的计算圆周率的科学方法，奠定了此后千余年来中国圆周率计算在世界上的领先地位。

刘徽在数学上做出极多贡献：针对开方不尽提出“求徽数”的思想，与后来求无理根的近似值的方法一致，它不仅是圆周率精确计算的必要条件，而且促进了十进小数的产生；在线性方程组解法中，创造了互乘相消法，它比直除法更简洁并与现今解法基本一致；在中国数学史上第一次提出了“不定方程问题”；建立了等差级数前 n 项和公式；提出并定义了许多数学概念，如幂、方程、正负数，等等。刘徽还提出了许多公认为正确的判断作为证明的前提，他的大多数推理、证明都合乎逻辑，十分严谨。虽然刘徽没有写出自成体系的著作，但他注《九章算术》所运用的数学知识，实际上已经形成了一个独具特色、包括概念和判断、以数学证明为联系纽带的理论体系。

刘徽在割圆术中提出的“割之弥细，所失弥少，割之又割以至于不可割，则与圆合体而无所失矣”可视为中国古代极限观念的佳作，微积分的起始。

【趣味学习】

拓展阅读：汽车和山羊三门问题

1. 有趣的三门问题。美国有一档电视游戏节目叫 Let’s Make a Deal。参加节目的观众会看见三扇关闭了的门，其中一扇门后面有一辆汽车，另外两扇门后面则各藏有一只山羊，观众可以选择打开其中一扇门并带走门后的奖品。当观众选定了一扇门但未开启时，节目主持人会开启剩下两扇门中的一扇，露出其中的一只山羊，然后主持人会问观众要不要换成另一扇仍然关上的门。你觉得要换吗？

解析：

要换。因为不换的话，观众获得车的概率是 1/3，换了以后是 2/3，为什么呢？因为三扇门后面两只羊一辆车，观众选择第一次时，有 2/3 的概率选到羊，此时，主持人一定会帮你把另外一只羊排除掉，最后一扇门后面一定是汽车，所以，改变主意以后，你就一定能拿到车，所以改变主意以后获得车的概率是 2/3，而不改变主意获得车的概率就是 1/3。

2. 有趣的平均速度问题。小明驾车从甲地到乙地一个来回，计划平均速度是60千米/小时。去的时候由于堵车，平均速度为30千米/小时，请问，为了使得来回的平均速度为60千米/小时，那么小明回来时平均速度要是多少？

解析：

答案是不论小明回来时平均速度为多少，来回的平均速度都不可能为60千米/小时。假设甲地到乙地的路程为s，来回平均速度为V，小明去的平均速度为$v_1=30$，小明回来时的平均速度为v_2，则$V=\dfrac{2s}{\dfrac{s}{v_1}+\dfrac{s}{v_2}}=\dfrac{2s}{\dfrac{s}{30}+\dfrac{s}{v_2}}=\dfrac{2}{\dfrac{1}{30}+\dfrac{1}{v_2}}=\dfrac{60}{1+\dfrac{30}{v_2}}<60$（千米/小时）。

第十二章 数学与大国重器

图片来源：视觉中国(ID:VCG41N1329003353)

宇宙之大，粒子之微，火箭之速，化工之巧，地球之变，生物之谜，日用之繁，无处不用数学。

——华罗庚

【学习目标】

1. 了解数学在科技中的重要应用。
2. 了解我国取得的重大科技成果。

【教学提示】

党的十八大以来，我国在各方面都取得了重大成就，特别是装备制造业取得了举世瞩目的成绩，涌现了一批国际国内都领先的大国重器。本文选择了其中的几种，课后可以让学生去了解其他的大国重器，了解我国取得的重大科技成果，增强学生的民族自豪感和自信心。

“农业是立国之基，工业乃强国之本。”在人类进化的漫长历史中，250万年的工具制造史，推动了人类文明的进步。从蛮荒时代的生存需求，到战争年代的称雄争霸，再到和平时期的繁荣发展，工具制造对于人类生活的重要意义从未改变。今天，国家之间的竞争，从来就是实体经济的竞争，强大的装备制造业是实体经济的根基。党的二十大报告在新时代十年伟大变革中指出，过去十年，我们加快推进科技自立自强，全社会研发经费位居世界第二，研发人员总量居世界首位。基础研究和原始创新不断加强，一些关键核心技术实现突破，战略性新兴产业发展壮大，载人航天、探月探火、深海深地探测、超级计算机、卫星导航、量子信息、核电技术、新能源技术、大飞机制造、生物医药等取得重大成果，进入创新型国家行列。下面我们挑选了六个大国重器来介绍我国取得的辉煌成绩，同时展现数学在科技中的重要应用。

一、蛟龙号

一百多年前，科幻小说家凡尔纳在《海底两万里》的扉页上写下“比天空更深的是海洋”，主角团随着鹦鹉螺号一步一步走进光怪陆离的海底世界。而在那个年代，载人深潜还是“科幻”，直到1928年，美国人奥蒂斯·巴顿才建造了第一艘球形深海探测装置。

人类对于海洋的探索从未停止。随着人类进入21世纪，人口膨胀与资源短缺问题日益严峻。全球已超过70亿的人口，需要消耗的能源无疑是巨大的，而海洋资源可解决人类生存问题，因为海洋是人类资源的宝库。

地球本身就是个蓝色水球，海洋面积占70.8%。海洋基本上是一片尚未开发的处女地，拥有丰富的矿产资源。首先在大陆边缘1000米水深范围以内可找到可燃冰，其主要成分是甲烷和水，火柴点就能燃烧。深海盆四五千米深处，存在多金属结核，其各种金属含量极高，主要是铁、汞、铜、镍这些金属元素。天然气水合物是新替代性能源。多金属结核估计总储量有1.5万亿吨至3万亿吨，比陆地上探明的金属资源储量要高很多。

按照国际惯例，深海勘探奉行“平行开发”原则，就是说，勘探发现者要返还矿区面积的一半，交给国际海底管理局托管，剩下的一半是发现者的专属领域，有着有限商业开发权。也就是说，无论本国领土距离多远，率先勘探开发深海大洋区域的国家，对于海底资源拥有一半的权益。

向海洋拓展活动空间以及发掘各种资源是人类的出路，加快对海洋的探索与开发是各个国家积极研究的重要课题，而蛟龙号就是我们国家探索过程中的重要成果。

蛟龙号载人潜水器，是由中国自行设计、自主集成研制的载人潜水器，是863计划中的一个重大研究专项。2010年5月至7月，蛟龙号载人潜水器在中国南海进行了多次下潜任务，2012年6月，在马里亚纳海沟创造了下潜7062米的中国载人深潜纪录，也是世界同类作业型潜水器最大下潜深度纪录。这一探索深度可以覆盖世界上99.8%的海域，且拥有水声通信、海底探测等方面的能力，蛟龙号达到了世界先进水平。

图 12－1　蛟龙号出水

图片来源：新华网（高悦 摄）

那么蛟龙号研制的难点在哪里呢？其实，下潜到海底的难度一点都不亚于上天宇。深海由于巨厚的水体和海水对光线的物理吸收作用，所以探索难度非常大。假设在海底打开一个手电筒，只能看到周围大约几平方米空间。加上海洋的平均深度大约有3800多米，最深处有万米之深，因此，任何高科技探测设备下潜到海底探测，必须做到非常精密的密封，否则一旦海水渗漏进来，许多用电的电子元器件将会瞬间报废。此外，由于深海存在巨大的压强，在万米的水下，潜水器要承受的压力相当于在指甲盖上放一辆汽车，其舱壳必须用钛合金制造，形状、圆度、壁厚都必须精心设计。

蛟龙号长什么样子呢？从外部形状看，蛟龙号长得是个十足的“小胖子”，它体型不是很大，长8.2米，宽3.0米，高3.4米，空气中重量不超过22吨，有效负载220公斤；最大速度为每小时25海里，巡航每小时1海里。

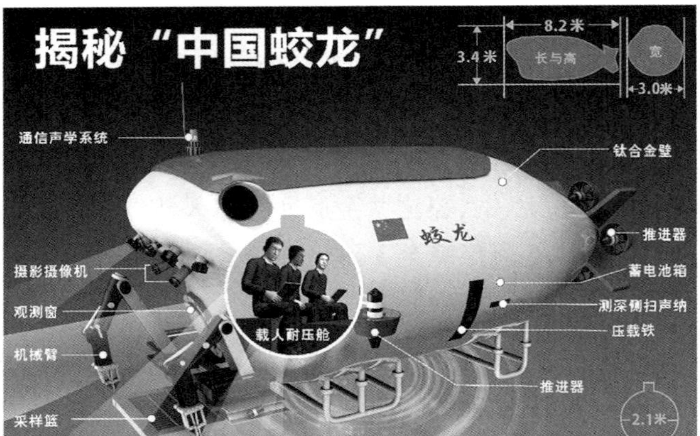

图 12－2　揭秘中国蛟龙号

图片来源：新华网（新华社记者 高微 罗沙 编制）

蛟龙号能载3个人，在水中正常工作12个小时。它具备深海探矿、海底高精度地形测量、深海可疑物探测和捕获、深海生物考察等功能。科学家能从“蛟龙”号的舱室中透过观察窗，直接观察深海和深海海底。在对海底做三维精确测绘时，可通过各种声学元器件传送声波信号给海面的母船，母船接收解码，进而处理成文字和图片等。

图 12－3　蛟龙号的内部结构

图片来源：钱江晚报（梁津铭 制图）

深潜员说，7000 米的海底就像到达月球一样，那是一个非常非常遥远的、无人踏足的地方。在这里蛟龙号获取到了海水样品和沉积物样品，同时还探测到了小型的生物。

有了蛟龙号，中国算是挤进了世界载人深潜“高技术俱乐部”，成功实现了主要设备的国产化。未来载人深潜器的目标是 11000 米级的载人潜水器，在海洋最深处的海底自由航行、作业。而蛟龙号的研制单位——中船重工集团公司七〇二所历经多年时间，万米级的载人潜水器也研制成功了！目前万米级载人潜水器正在进行出海前最后阶段的试验，完成后就将远赴马里亚纳海沟，挑战全球海洋最深渊处，那里最大深度为海平面以下 11034 米。

二、天宫空间站

图 12－4　礼炮 1 号

图片来源：视觉中国

（ID：VCG41519379798）

空间站，一直是人类在宇宙探索过程中必不可少的存在。空间站之所以被称为“站”，是因为其在航天工程里担任了“太空驿站”的角色。它能够长时间运行在近地轨道之中，是宇航员们在太空中进行长期作业和维持生活起居的重要据点，能帮助航天工程开展更多的科研项目，在航天事业之中有着举足轻重的科研地位。

20 世纪 70 年代，美苏太空竞赛进入白热化阶段，在美国阿波罗 11 号抢先登月之后，苏联也不甘示弱，发射了人类历史上首个空间站——礼炮 1 号，从此正式开辟了空间站这一太空赛道。

由于建造与维护空间站的成本资金过于高昂，冷战时期过后，美国牵头联合俄罗斯、加拿大、日本与欧洲航天局等国共计花费了 1300 亿美元建造了国际空间站，而当时，中国被美国明令排斥在外。

图 12－5　国际空间站

图片来源：视觉中国（ID：VCG41103017798）

国际空间站迄今为止是世界上规模最大的航天工程，并于 2010 年正式投入使用阶段，进行了人体研究、空间 DNA 测序、太空蔬菜种植等多个航天科研工程。然而，国际空间站在轨工作已经超过了 20 年，因为设备严重老化，各种设备故障和事故意外频出，空间站体内部不时漏气，船体外也布满陨石不断撞击后留下的细小疮孔，每年都要花费数十亿美元去维持运行，国际空间站航天员越来越多的工作时间，都被用来维护设备和排除故障，而非展开科研项目，专家预计，国际空间站最迟会在 2028 年退役。

2021 年 4 月 29 日，天河核心舱成功发射，标志着中国天宫空间站即将成为空间站赛道上的一颗新星，也意味着中国航天事业迈上了新的台阶。

天宫空间站，由中国独立建造的空间实验舱系统，总重量仅达 180 吨，相比国际空间站轻了 300 吨。天宫空间站装载着空间生命和生物科学、材料科学、燃烧和微重力流体科学、基础物理等领域的大量先进实验装置。如果国际空间站停止运行，天宫空间站将成为太空站唯一运行的空间站，人类的载人航天史也将正式进入天宫时代。

建成后的中国空间站由 3 个舱段、1 艘载人飞船、1 艘货运飞船构成，每个舱段的名字以及功能如下：

- 核心舱名为“天和”，是空间站的管理和控制中心，负责空间站组合体的统一管理和控制，它由节点舱（具有气闸舱功能）、生活控制舱和资源舱组成。主要任务包括为航天员提供居住环境，支持航天员的长期在轨驻留，支持飞船和扩展模块对接停靠并开展少量的航天医学和空间生命科学实验。核心舱有五个对接口，可以对接一艘货运飞船、两艘载人飞船和两个实验舱，另有一个供航天员出舱活动的出舱口。
- 实验舱Ⅰ名为“问天”。主要任务是支持工作舱内应用和舱外试验，备份核心舱部分平台功能，存放航天员消耗品、空间站备品备件和补给货物。配置主份气闸舱，支持航天员出舱活动，配置小机械臂。

● 实验舱Ⅱ名为“梦天”。实验舱Ⅱ是空间站组合体的主要组成部分，发射升空后，完成与核心舱－实验舱Ⅰ组合体的交会对接，参与组合体的在轨运行。作为以服务载荷任务为中心的载人航天器，实验舱Ⅱ主要完成三项基本任务：装载以多功能光学设施（“巡天”号光学舱）为主的舱内、舱外载荷；与其他舱段共同支持航天员生活、工作，保证航天员安全；作为独立飞行器，发射后自主完成与核心舱交会对接、转位和停泊。

● 货运飞船名为“天舟”。主要任务包括：（1）补给空间站的推进剂消耗，空气泄漏，运送空间站维修和更换设备，延长空间货运飞船站的在轨飞行寿命；（2）运送航天员工作和生活用品，保障空间站航天员在轨中长期驻留和工作；（3）运送空间科学实验设备和用品，支持和保障空间站具备开展较大规模空间科学实验与应用的条件。

那么建造天宫空间站有什么意义呢？

图 12－6 中国天宫空间站

图片来源：视觉中国（ID：VCG211405652135）

其实，我们日常生活中穿的气垫运动鞋、使用的微波炉、收付款使用的二维码，甚至医院治病救人的 ICU 等，最开始就是航天领域的技术转化。而太空中特殊的真空、辐射和微重力环境为材料提纯、金属冶炼、制药育种等科学研究提供了极其难得的实验条件。正如美国在阿波罗计划实施的 11 年间，用大约 250 亿美元的投入带动了医药、能源、通信、材料、计算机、消费品等各个领域高达几千亿美元的民用市场。根据 2016 年的数据，中国平均每向航天领域投入 1 元钱，就能在广大的市场中获得相当于 7 元的产出。

飞天这一梦想，中华民族奋斗了三十年，布局了五十年，想象了数千年。今天，我们拥有了自己的航天员、载人飞船、运载火箭，建成了自己的发射场和着陆场。在其背后努力的科学家与工程师大多已经白发苍苍，但正是由于一代又一代人的努力，才让我们在这条漫长而又艰辛的道路上离梦想越来越近。

三、北斗系统

北斗卫星导航系统（BDS）（以下简称北斗系统）是中国自主研制的全球卫星导航系统，也是继 GPS、GLONASS 之后，第三个成熟的卫星导航系统。北斗系统可以全天候、全天时为全球用户提供高精度的定位、导航和授时服务，是我国重要的时空基础设施。

自古以来,人类就非常崇拜日月星辰,华夏祖先对于北斗星更是爱得深沉,有着高山仰止般的敬畏。将指极星(天璇星与天枢星)的连接线向外延伸约5倍距离,就可以在群星灿烂的夜空中找到永远在正北方向的北极星,也就实现了定向导航。在中华数千年的发展历程中,已然形成了一种北斗文化。所以,将我国的卫星导航系统取名"北斗",既有鲜明的中国特色,彰显了华夏悠久的历史文化和渊源,又完美运用了北斗的导航功能,为"北斗"赋予了新的时代内涵。

图12-7 北斗七星与北极星
图片来源:视觉中国
(ID:VCG21dc157a2ea)

从无到有,北斗系统的研发过程并不是一帆风顺的。北斗系统最初的设想源于1983年"两弹一星"元勋、中科院陈芳允院士提出的"双星定位",然而由于当时中国国力有限,并未能立即实施。但是20世纪90年代的两个事件,促使了北斗系统的诞生。

第一个事件是大家熟知的海湾战争。彼时,美国GPS系统刚刚完成8颗卫星组网,并彰显了在战争中的巨大潜力。它极大地提高了飞行员与地面部队的战斗能力,帮助联军在沙漠战场上取得了不俗的战果。这场战争改变了传统的作战方式,让我国看到了卫星导航的重要作用。

第二个事件是震惊中外的"银河"号事件。1993年,中国货轮银河号,遭美方质疑运有化学武器。为了拦截船只并登船进行搜查,美方关闭了所在地区的GPS信号。最终,货轮无奈在印度洋上漂流了33天,直至美方完成调查。这一荒诞的事件给我国敲响了警钟,为了保障国家安全和中国人民的海外利益,就必须发展国产导航系统,摆脱GPS的垄断。

我国在探索适合国情的卫星导航系统的过程中,逐步形成了三步走发展战略:

第一步:2000年年底,建成北斗一号系统,向中国提供服务;

第二步:2012年年底,建成北斗二号系统,向亚太地区提供服务;

第三步:2020年,建成北斗三号系统,向全球提供服务。

从北斗一号到到北斗三号,从中国到全球,中国正是这样一步一步地实现了卫星导航的自主权。2020年6月23日,北斗三号最后一颗全球组网收官之星发射成功。至此,北斗三号全球卫星导航系统星座部署比原计划提前半年全面完成,具备向全球开通导航服务的能力。

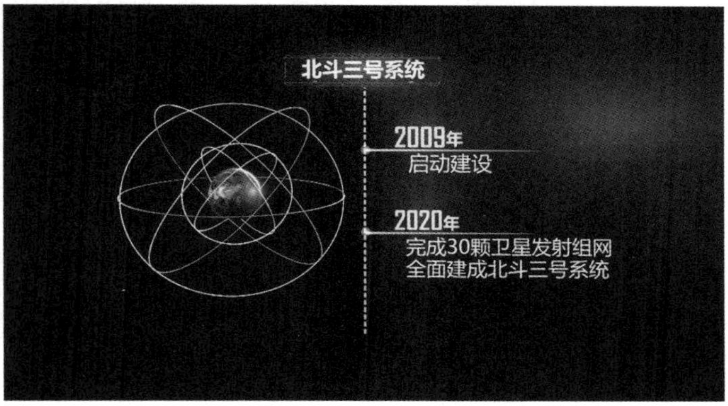

图 12-8 北斗三号系统

图片来源:http://news.cnr.cn/native/gd/20200614/t20200614_525128180.shtml

北斗系统分为空间段、地面段以及用户段三个部分。其中:

- 空间段由 35 颗卫星组成,包括 5 颗静止轨道卫星、27 颗中地球轨道卫星、3 颗倾斜同步轨道卫星。5 颗静止轨道卫星定点位置为东经 58.75°、80°、110.5°、140°、160°,中地球轨道卫星运行在 3 个轨道面上,轨道面之间相隔 120°均匀分布。
- 地面段:由中心控制系统和标校系统组成。中心控制系统主要用于卫星轨道的确定、电离层校正、用户位置确定、用户短报文信息交换等。标校系统可提供距离观测量和校正参数。
- 用户段:用户的终端,即北斗系统的使用者。

那么北斗系统是如何定位的呢?其实,导航定位系统的本质就是利用距离求解位置。(1)首先,空间段的北斗卫星以电磁波的方式向地面传送卫星信号。(2)地面段接收到信号后,进行卫星轨道、时钟参数等数据的处理,确定卫星在太空中的位置然后传送给太空中的北斗卫星。(3)此时,北斗卫星就获得了自己的位置和时间信息,于是,向用户段接收机输出信息。(4)接收机收到后,计算自己和每颗卫星的距离,并且计算出接收机自己在地球上的经度、维度以及高度。

接收机是如何工作的呢?

根据距离公式:

$$距离 = 速度 \times 时间$$

卫星信号以光速传播,光速是 30 万公里/秒,而卫星信号在空间中传播的时间就是卫星发射信号与接收机收到信号的时间之差,因此,可以计算出卫星与接收机之间的距离。

根据数学知识,以北斗二代三颗卫星(卫星坐标已知)为球心,三颗卫星到用户机的距离为半径分别作三个球,三个球必定相交于两个点。

设三颗卫星到用户机的距离为半径,分别为 R_1 、R_2 、R_3 ,三颗卫星发射信号的时

刻分别为 t_1 、t_2 、t_3 ，接收机接收到信号的时间为 t_r ，三颗卫星的坐标分别为（X_1,Y_1,Z_1），（X_2,Y_2,Z_2），（X_3,Y_3,Z_3），接收机的坐标为（X,Y,Z），光速为 c 。那么就可以通过以下方程组进行求解：

$$\begin{cases} R_1 = c(t_r - t_1) = \sqrt{(X_1 - X)^2 + (Y_1 - Y)^2 + (Z_1 - Z)^2} \\ R_2 = c(t_r - t_2) = \sqrt{(X_2 - X)^2 + (Y_2 - Y)^2 + (Z_2 - Z)^2} \\ R_2 = c(t_r - t_3) = \sqrt{(X_3 - X)^2 + (Y_3 - Y)^2 + (Z_3 - Z)^2} \end{cases}$$

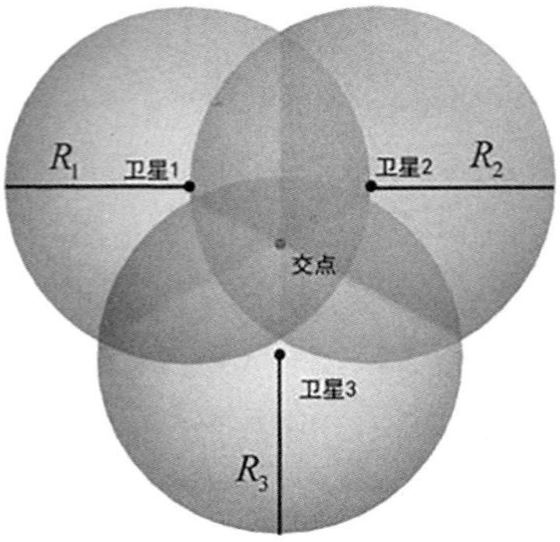

图 12－9　北斗二代三颗卫星示意图

理论上来说，三颗卫星就可以实现定位，但是由于接收使用的时钟与卫星星载时钟不可能总是同步，由此产生的误差会导致最终测量得出的距离（伪距）不那么精确，也就不是真实距离。为了消除这个误差，除了使用用户的三维坐标（X,Y,Z）之外，还要将钟差也作为未知量来进行求解。根据解方程原则，有四个未知数的情况下需要四个已知方程式求解。因此，为了计算出准确位置信息，用户至少要能同时收到四颗北斗卫星的导航电文。

四、东数西算

2022 年 2 月 17 日，国家发改委、中央网信办、工业和信息化部、国家能源局联合印发通知，同意启动建设国家 8 个算力枢纽节点，正式布局完成“东数西算”总体设计。这 8 个算力枢纽节点包括京津冀、长三角、粤港澳大湾区、成渝、内蒙古、贵州、甘肃、宁夏。

那么东数西算是什么呢？“东数西算”中“数”指数据，“算”指算力，东数西算就是把东部的数据传输到西部进行计算和处理。

为什么要这么做呢？主要在于我国数据与资源的地区矛盾。人口密集的东部地区在市场、技术、人才等方面有更多优势，西部在资源、电力、自然条件等方面有更多优势，“东数西算”就是将两者的优势进行结合。目前，我国的数据中心大多分布在东部地区，土地、能源等资源日趋紧张，东数西算能够在一定程度上破解东部捉襟见肘的资源困境和成本压力，也能够将“西部计算的结果赋能给包括东部在内的全国用户”，此时西部提供的是智能化决策数据。

图 12－10　我国的跨区域资源调配工程

图片来源：国家发展改革委高技术司（《中国战略新兴产业》杂志社 制图）

哪些数据将会送往西部去算？西部数据中心处理后台加工、离线分析、存储备份等对网络要求不高的业务；东部枢纽处理工业互联网、金融证券、灾害预警、远程医疗、视频通话、人工智能推理等对网络要求较高的业务。

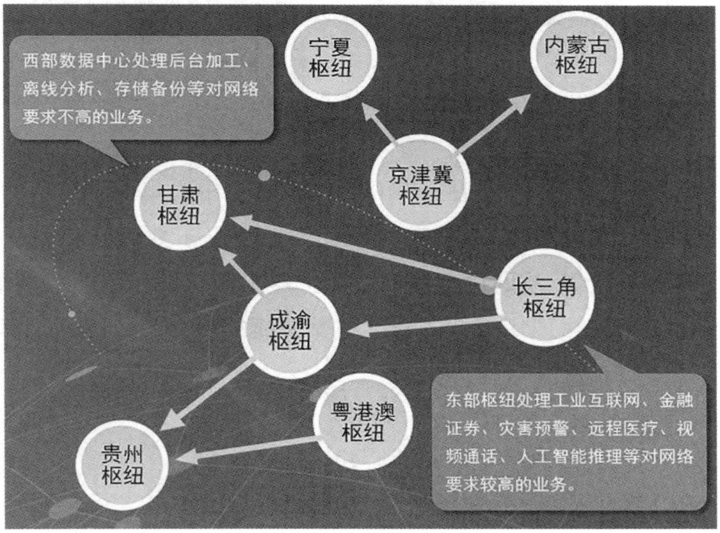

图 12－11　哪些数据需要被送去西部计算？

图片来源：国家发展改革委高技术司（《中国战略新兴产业》杂志社 制图）

"东数西算"将如何布局？"东数西算"工程在全国布局了 8 个算力枢纽，引导大型、超大型数据中心向枢纽内集聚，形成数据中心集群。同时，为坚决避免数据中心盲目发展，在当前起步阶段，8 个算力枢纽内规划设立了 10 个数据中心集群，划定了物理边界，并明确了绿色节能、上架率等发展目标。

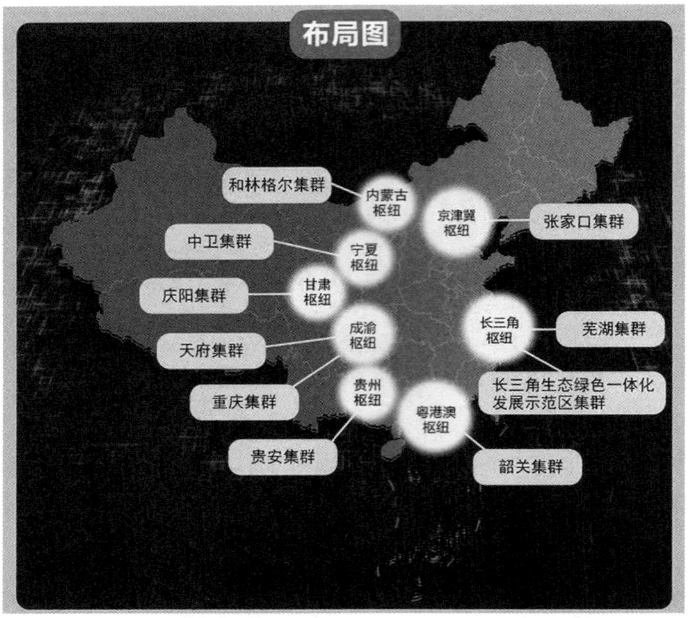

图 12－12　东数西算布局图

图片来源：国家发展改革委高技术司（《中国战略新兴产业》杂志社 制图）

通过合理地规划8个算力枢纽内的10个国家数据中心集群，可以有效地减少数据绕转的时间延迟，加快传输效率，从而节省能耗与成本。东数西算工程完成后，将会有效带动包括IT设备制造、信息通信、基础软件、土建工程以及绿色能源供给等产业链的发展。对于企业来说，也可以用更低的成本享受便捷的算力服务，从而推动我国各大企业的数字化转型。

五、天眼

2016年9月，拥有500米口径球面的射电望远镜——中国天眼FAST建成启用。这是继阿雷西博天文台射电望远镜之后世界上最大的单口径射电望远镜。它坐落于贵州平塘县的群山中，巧妙借势了贵州喀斯特山区的地形，依山间洼地而建。

什么是射电望远镜呢？区别于光学望远镜，射电望远镜类似于雷达，指观测和研究来自天体的射电波的基本设备，通俗来讲，就是主要接收天体射电波段辐射的望远镜。它可以测量天体射电的强度、频谱及偏振等量。而射电波实际是无线电波的一部分，地球大气层吸收了来自宇宙的大部分电磁波，只有可见光和部分无线电波可以穿透大气层，天文学把这部分来自于地球以外天体的电波称为射电波。

我国的天眼是世界上口径最大的望远镜，镜面直径达500米，镜面的总面积达25

万平方米，相当于 30 多个足球场。如此大规模的射电望远镜建造起来也是十分困难的。

图 12 – 13　中国天眼

图片来源：视觉中国（ID：VCG211331493036）

首先在工程技术方面，我国的建设者们做出了原创性的突破。在天眼之前，世界上最大的射电望远镜是美国的阿雷西博望远镜，口径为 305 米。由于望远镜的观测效果往往与口径大小呈正相关，当时为了尽可能做大阿雷西博望远镜的口径，在工程方面不得不做出许多妥协，比如阿雷西博的镜面是完全固定的，因此观测时无法将信号聚集在一个点上，降低了观测的精度与灵敏度。

而我国的天眼口径比阿雷西博望远镜更大，建造也会更加困难，因此只能更多地依托地形而建。这个地形也要满足许多标准。首先，依托的地形必须是一个盆地并且尽可能是标准的圆形；其次，盆底要尽可能地接近球形，下方的泥土要有迅速把水排干的能力，下雨时不能积水；然后，地质结构必须稳固不能发生地震；最后，最好能够远离城市，减少人类活动的干扰。为了找到这样的地方，大量的科学家花费了数年的时间分析了几万个喀斯特地貌形成的盆地，结合卫星地图与实地考察，最终才确定了贵州省平塘县。

此外，为了能够更加精确地观测，天眼的镜面被设计成了能够按照需求主动变形的结构。天眼的整个镜面中，偏北的 300 米左右的区域会自动变形，变成一个局部的抛物面，让星光可以完美聚焦到一个点，如果天上的恒星会慢慢移动，随着这颗恒星的移动，照到它的镜面也在随时改变，望远镜通过随时调整形状，始终能够保持对这颗恒星的准确观测。

图 12 – 14　天眼镜面随恒星移动而变化

FAST作为世界上最灵敏的射电望远镜，其科学潜力已经显现，与它相关的研究成果当中，最引人注目的是快速射电暴（Fast Radio Bursts）和探测脉冲星（Pulsar）这两个方面。

快速射电暴就是诞生于宇宙中的一股非常快速的无线电脉冲。通常来说，快速射电暴的爆发过程持续仅有几毫秒的时间，而爆发的程度也是非常惊人的，在短短的几毫秒当中，就能释放出太阳一整天释放的能量。快速射电暴这一现象十分神秘，由于持续时间短，与之相关的资料也十分少，而天眼的效率与灵敏度可能就是研究快速射电暴的关键。目前，天眼是世界上观测到快速射电暴最多的望远镜。

FAST探测脉冲星的成果更为丰厚。脉冲星，是一种带有强磁场快速旋转的中子星，它名称的来源是因为它具有不断地发出电磁脉冲信号的特征，就像人的脉搏一样。研究脉冲星很大的价值。首先，脉冲星的最显著的特征就是不断地、周期性地发出电磁脉冲信号，这一信号用来计时，可以将误差缩小至微秒甚至纳秒级；同时，如果把足够数量的脉冲星连接到一起，组成一个脉冲星计时阵，就相当于组成了一个天然的深空定位系统，如果有一天，人类要进行太空旅行，那么脉冲星计时阵就可以充当宇宙飞船的定位导航系统。目前，FAST已经发现脉冲星超过500颗。

2021年3月31日0时，“中国天眼”正式向全球开放共享，向全球天文学家征集观测申请。据“中国天眼”运行和发展中心常务副主任、总工程师姜鹏介绍，此次征集共收到来自不同国家共7216小时的观测申请，最终14个国家（不含中国）的27个国际项目获得批准，并于2021年8月启动科学观测。中国科学院院士、国家天文台研究员武向平透露，“中国天眼”正在考虑拿出1%的观测时间对全国的中小学生开放：“中小学生可以提出好的科学想法，由专业天文学家帮助他们来实现。”

六、量子计算机

在千百年前，我国的《九章算术》“勾股，衰分，盈不足”，令世界震撼来自东方的神奇算法；千百年后，我国的量子技术经过了多年的发展，在光量子信息处理方面一直处于世界领先的地位。

2020年12月4日，我国量子计算机的原型机“九章”问世。这台计算机开创了用76个光子量子纠缠的先河，在处理“高斯玻色采样”问题时，比目前世界上排名第一的“富岳”还要快100万亿倍，也就是说九章量子计算机只要花200秒就能处理好的事情，“富岳”要计算6亿年。谷歌新推出的53比特量子计算机“悬铃木”也被“九章”远远地甩在了身后。

由于量子计算机对比传统计算机的性能呈碾压状态，因此谷歌的学者们也很形象地提出了一个概念——“量子霸权”。也就是说，如果量子计算原型机，在某个问题上的计算能力超过了最强的传统计算机，就证明量子计算在未来有多方超越的可能。目前的量子计算机,都是解决某一类数学问题的原型机,比如“九章”是用来解决“高斯玻色采样”问题的,“悬铃木”则是针对“随机线路采样”的。这些数学难题,用经典计算机去计算,动辄上亿年也算不出结果,只要用量子计算机就可以快速地得出结果,因为二者的性能差距太大,所以量子计算机可以取得对经典计算机的“霸权优势”,也就是绝对的碾压。

那么量子计算机与传统的计算机有什么区别呢?最原始的计算机,是机械传动的,理论上我们的算盘应该算是最古老的计算机。在硅谷的计算机博物馆里写着“计算机2000年的历史”,其中源头就是算盘。

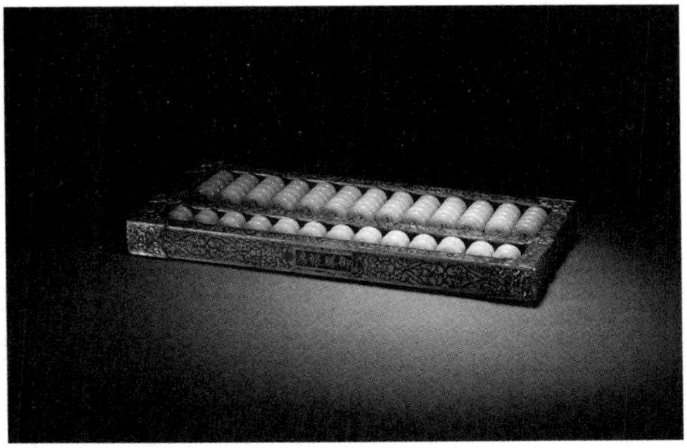

图12-15 算盘

图片来源:视觉中国(ID:VCG21ac48b50da)

进入20世纪后,随着量子力学这样全新理论的出现,让整个微观世界出现理论爆炸式发展。最原始的电子计算机是“继电器”计算机,然后是电子管计算机,最后就是现在的晶体管计算机。计算机最核心的是CPU,而CPU最核心的就是逻辑运算。现代电子计算机,不管是“继电器”计算机,还是电子管、晶体管,都采用“逻辑门”运算,因此本质上都是同一类计算机。现代经典计算机,都是采用“冯·诺依曼”结构,并且使用逻辑门进行逻辑运算的计算机。

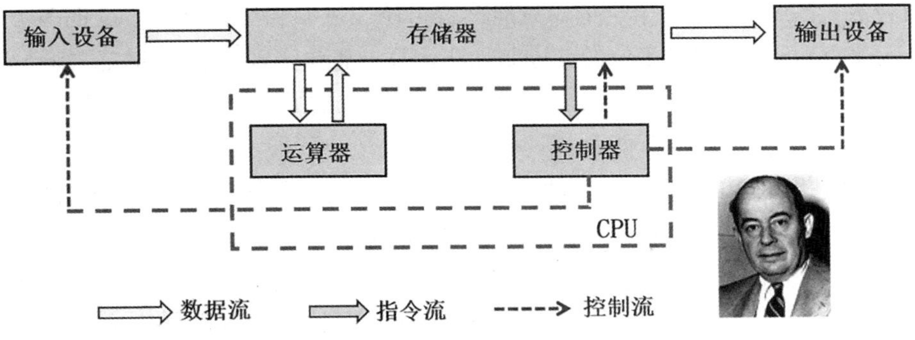

图12-16 冯·诺依曼结构

“冯·诺依曼”结构包含五大部件:运算器和逻辑控制器构成了CPU主体;存储器就是内存和硬盘;输入设备就是键盘和鼠标;输出设备就是屏幕。在这五大部件里,最核心的就是CPU,而CPU就是通过逻辑门进行逻辑运算的。电子计算机和量子计算机的最主要的差别就在于逻辑运算这一部分。

传统计算机的运算过程是这样的:用户在手机输入一串数字相加,计算机会将这串数字转化成二进制数据，然后通过对二进制数据进行逻辑运算，再把逻辑运算的结果输出转化为十进制数据，然后呈现在大家屏幕里。二进制中只有0和1两个数字。假设1代表真，0代表假，那么二进制逻辑运算的三大核心逻辑见下表：

表12－1 “与、或、非”

“与”	只有二者皆为真，结果才为真，只要有一个是假的，就都是假的。
“或”	只要有一个是真，就都为真。
“非”	把假的变成真的，真的变成假的。

这三大逻辑，实际上就是CPU逻辑运算的核心，不管再复杂的计算，都是通过这三大逻辑去实现的。那么这是如何实现的呢？这就涉及“逻辑门电路”。电子计算机之所以被称为电子计算机，是因为他的逻辑门是由电路构建的。初中物理中，我们学过串联电路与并联电路，下图就是一个简单的串联电路。

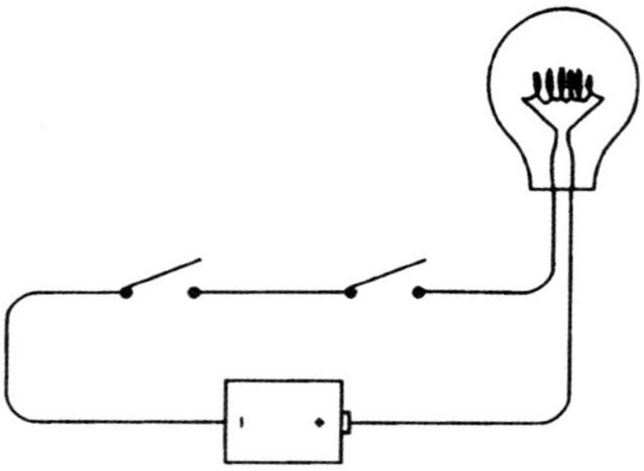

图12－17 串联电路实现“与”逻辑

如果把开关跟0和1做一个映射关联，比如说，闭合开关为1，断开开关为0，那么上图的电路中，只有两个开关都闭合，灯泡才会亮，这实际上就是“与逻辑”。同样的道理，下图中的并联电路，只需要闭合一个开关，灯泡就会亮，只有两个开关都断开，灯泡才会不亮，这就是“或逻辑”。

至于非门实现起来会比较复杂一些，但仍然可以通过电路来实现非门的逻辑。通过逻辑门电路，可以组合成“全加器”，但一个全加器只能进行1位二进制加法运算。不过把多个全加器组合起来，就可以实现对多位的二进制加法运算。想要实现8位数的二进制计算，就一共需要搭建8个全加器，144个逻辑门电路。计算机的CPU，就是这样不断堆叠出量的门电路，来实现强大的计算能力。

量子计算机之所以跟传统计算机不一样，是因为它们的运算原理是不一样的。量子计算机的基本计算单元，叫做“量子比特”。经典计算机是用电路开关的闭合状态来区分0和1，而量子比特则是利用粒子的不同状态来区分。比如说用光子的两个正交的偏振方向，磁场中电子的自旋方向，或核自旋的两个方向，来区分0和1。这也是为什么，量子比特通常是由光子、电子这样的基本粒子构成。比如九章量子计算机，就是用76个光子，构建了76个量子比特。

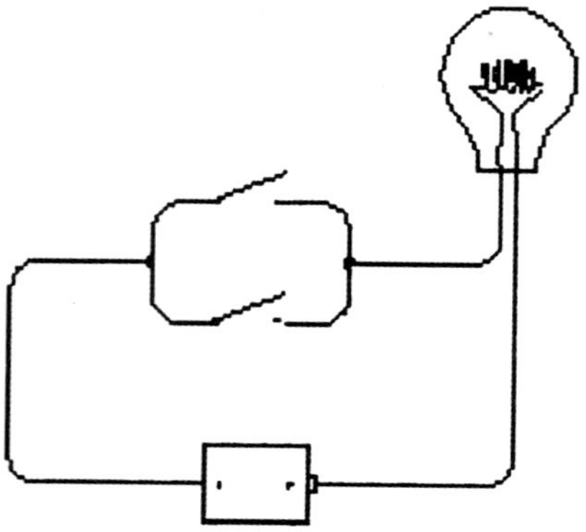

图12－18 并联电路实现“或”逻辑

由于一个量子比特里，0和1处于量子叠加态，所以单单一个量子比特就可以对应“可能是1，也可能是0”。1个量子比特可以存储2个基本状态，2个量子比特可以存储4个基本状态，3个量子比特可以存储8个基本状态，4个量子比特可以存储16个基本状态……随着量子比特的增加，可以存储的基本状态数量呈现指数级别的增加。

同时，量子计算机还应用到量子纠缠这个神奇的效应。量子纠缠的意思是，两个量子叠加态粒子，会通过一些相互作用进入到“纠缠状态”。如果我们对其中一个粒子进行测量，不管另外一个粒子距离有多远，哪怕距离几亿光年，我们也可以瞬间知道另外一个粒子会处于什么状态。这就是量子纠缠的超距效应。

【拓展阅读】

二十大报告指出要全面建设社会主义现代化国家，必须坚持中国特色社会主义文化发展道路，增强文化自信，围绕举旗帜、聚民心、育新人、兴文化、展形象建设社会主义文化强国，发展面向现代化、面向世界、面向未来的，民族的、科学的、大众的社会主义文化，激发全民族文化创新创造活力，增强实现中华民族伟大复兴的精神力量。而我国现代数学家华罗庚和苏步青是中华民族伟大的数学家，他们的数学成就增强了我们的文化自信和民族自豪。以下分别介绍这两位中国伟大数学家。

图12－19 华罗庚

人民数学家华罗庚(1910年11月12日—1985年6月12日)，原全国政协副主席。出生于江苏常州金坛区，祖籍江苏丹阳，数学家，中国科学院院士，美国国家科学院外籍院士，第三世界科学院院士，联邦德国巴伐利亚科学院院士，中国科学院数学研究所研究员、原所长。1924年华罗庚从金坛县立初级中学毕业，1931年被调入清华大学数学系工作，1936年赴英国剑桥大学访问，1938年被聘为清华大学教授，1946年任美国普林斯顿数学研究所研究员、普林斯顿大学和伊利诺大学教授，1948年当选为中央研究院院士。1950年春从美国经香港抵达北京，在归国途中写下了《致中国全体留美学生的公开信》。信中，他饱含深情地写道：“‘梁园虽好，非久居之乡’，归去来兮！”“为了抉择真理，我们应当回去；为了国家和民族，我们应当回去；为了为人民服务，我们也应当回去；就是为了个人出路，也应当早日回去，建立我们工作的基础，为我们伟大祖国的建设和发展而奋斗！”之后回到了清华园，担任清华大学数学系主任。华罗庚主要从事解析数论、矩阵几何学、自守函数论等领域的研究，解决了高斯完整三角和的估计难题，推动了华林和塔里问题改进、一维射影几何基本定理证明、近代数论方法应用研究等，被列为芝加哥科学技术博物馆中当今世界88位数学伟人之一。

1965年开始，华罗庚把工作重点放到数学方法在工农业生产的应用、推广和研究上，选择了普及以及改进生产工艺为主的“优选法”和以改善组织管理、提高效率为主的“统筹法”。

“优选法”，即最优化方法。它是以数学原理为指导，合理安排试验，以尽可能少的试验次数尽快找到生产和科学实验中最优方案的科学方法。“统筹法”，又称网络计划法。它是以网络图反映、表达计划安排，据以选择最优工作方案，组织协调和控制生产（项目）的进度（时间）和费用（成本），使其达到预定目标，获得更佳经济效益的一种优化决策方法。为将“双法”送到工农群众中去，华罗庚连续近20年深入全国27个省、市、自治区，奔赴工厂、矿山和工地，与工人、农民同吃同住。他曾写诗言志：“藏拙保身我所憎，愿将涓滴献人民。生产如能长一寸，何惜老病对黄昏。”

同时，华罗庚也非常重视对青年数学家的培养，培养了王元、陈景润、万哲先、陆启铿、龚升等多名优秀的数学研究人才。他还倡导和组织举办中学生数学竞赛活动，为中国数学事业储蓄后备力量。同时，他还亲自给学生们做报告，并撰写科普读物如《从杨辉三角谈起》《从祖冲之的圆周率谈起》《从孙子的“神奇妙算”开始》《数学归纳法》等，培养广大中学生对数学的兴趣。

1985年6月，华罗庚在赴日学术交流期间，突发急性心肌梗塞，不幸逝世，享年75岁。为更好地纪念华罗庚，铭记他在数学研究、教育领域及生产生活中做出的杰出贡献。2021年9月28日，中科院紫金山天文台把发现的一颗小行星命名为“华罗庚星”，国际编号为364875号。

图12-20　苏步青

苏步青（1902年9月23日—2003年3月17日），浙江温州平阳人，祖籍福建省泉州市，中国科学院院士，中国著名的数学家、教育家，中国微分几何学派创始人，被誉为“东方国度上灿烂的数学明星”“东方第一几何学家”“数学之王”。1927年毕业于日本东北帝国大学数学系，1931年获该校理学博士学位，1948年当选为中央研究院院士，1955年被选聘为中国科学院学部委员，1959年加入中国共产党。

苏步青是蜚声海内外的杰出数学家和具有崇高师德的教育家，他坚持科研与教学相结合，十分注重教书育人。他将自己的毕生精力无私地奉献给了人民的教育事业，为祖国培养了一大批优秀的数学人才，如谷超豪、胡和生、李大潜、洪家兴、陈恕行、李骏等，其中包括多名中国科学院院士。

苏步青曾在诗中写自己“毕生事业一教鞭”。他还将人才培养的目光投向基础教育，打通基础教育和高等教育人才培养之间的隔阂，为基础教育人才培养提供更多支持。1959年底，复旦大学数学系从上海各区县中学挑选出100名优秀高中生组成“数训班”，为数学研究扩充力量，而每年接到中小学生、社会人士来信求解数学题、诉说苦恼，苏步青也总是抽空回信答疑，勉励年轻人。

同时，苏步青还编过代数、几何等中学教材，他说："把中学教师的水平提高一些，这是中学教育的关键所在。"1982 年，耄耋之年的苏步青为中学教师举办讲习班，用高等数学的思想指导他们，提高论证能力和数学素养。其后，他还设立了"苏步青数学教育奖"，奖励在数学基础教育领域做出突出贡献的集体与个人，并将晚年所获 100 万港币奖金的一半捐给了这一奖项。为了挖掘和培养数学人才，苏步青在担任上海市数学会理事长时，在全国发起中学生数学竞赛。著名数学家李骏就是 1978 年首届全国八省市中学生数学竞赛的冠军。

【趣味学习】

猜帽子游戏：桌子上有两顶黑帽和三顶白帽，甲乙丙三人都知道，而且三人一样聪明，然后让他们闭上眼睛，给他们头上分别带上一顶帽子，剩下的两顶帽子藏起来，然后让他们同时睁开眼睛，他们可以看到对方的帽子但是看不到自己头上的帽子，一开始大家都没有反应，过了一会，三人同时说，我知道我头上帽子是什么颜色了，请问三人头上帽子是什么颜色？

解答：三人头上都是白帽子。因为三人头上帽子的情况有以下三种，分别是：两黑一白、一黑两白和三白。

(1)如果是两黑一白，那么戴白帽子的人会先叫起来说自己头上是黑帽子。

(2)如果是一黑两白，那么带白帽子的两个人会同时叫出来说头上戴的是白帽子。因为第三人(假设为丙)带的是黑帽子，那么另外两人通过观察对方的反应可以知道自己头上是什么帽子，例如甲知道丙头上是黑帽，而观察乙的时候发现乙没有反应，则可以确定自己头上不是黑帽而是白帽子，同理乙也知道自己头上是白帽子。

所以，由题意可以知道，甲、乙、丙三人帽子颜色是第三种情况，即都是白帽子。

参考书目

[1]邓东皋等.数学与文化[M].北京:北京大学出版社,1990.

[2]龚升.微积分五讲[M].北京:科学出版社,2005.

[3]王树禾.数学思想史[M].北京:国防工业出版社,2003.

[4]吴文俊.世界著名数学家传记(上、下)[M].北京:科学出版社,1995.

[5]张顺燕.数学的源与流[M].北京:高等教育出版社,2004.

[6]张文俊.数学欣赏[M].北京:科学出版社,2010.

[7]顾沛.数学文化[M].北京:高等教育出版社,2008.

[8]李文林,任辛喜.数学的力量[M].北京:科学出版社,2007.

[9]王树禾.数学思想史[M].北京:国防工业出版社,2003.

[10]张景中.数学与哲学[M].大连:大连理工大学出版社,2008.

[11]马忠林.数学辞典[M].长春:吉林教育出版社,1996.

[12]易南轩.数学美拾趣[M].北京:科学出版社,2004.

[13]潘健辉,李玲.数学文化与鉴赏[M].北京:北京理工大学出版社,2012.

[14]汪晓勤.数学文化透视[M].上海:上海科学技术出版社,2013.

[15]王善平,张奠宙.二战时期密码决战中的数学故事[M].北京:高等教育出版社,2008.

[16]彭长根.现代密码学趣味之旅[M].北京:金城出版社,2015.

[17]王善平.古今密码学趣谈[M].北京:电子工业出版社,2012.

[18]葛斌华等.数学文化漫谈(第一版)[M].北京:经济科学出版社,2009.

[19]董毅.数学思想与数学文化(第一版)[M].合肥:安徽大学出版社,2012.

[20]潘承洞,潘承彪.哥德巴赫猜想(第二版)[M].北京:科学出版社,2011.

[21]卢昌海.计算机与数学证明[J].科学画报(上海科学技术出版社出版),2013(12).

[22]刘彦佩.平面图的理论与四色问题(Ⅱ)——五色定理与四色问题的形式[J].数学研究与评论,1984(01):122-135

[23]颜宪邦.四色定理论证的关键[J].航空计算技术,2004(3):38-41.

[24]董德周.关于最大平面图着色的探讨[N].科学日报,2003－02－27.
[25]M.克莱因.古今数学思想(第一册)[M].上海:上海科学技术出版社,1979.
[26]L.戈丁.数学概观[M].北京:科学出版社,1984.
[27]顾沛.数学文化课程建设的探索与实践[M].北京:高等教育出版社,2009.

“十四五”职业教育国家规划教材

图书在版编目(CIP)数据

数学文化 / 刘志勇主编. — 2版. — 北京 : 商务印书馆, 2022

ISBN 978-7-100-20979-3

Ⅰ. ①数… Ⅱ. ①刘… Ⅲ. ①数学—文化—高等职业教育—教材 Ⅳ. ①O1-05

中国版本图书馆CIP数据核字(2022)第055702号

数学文化

(第二版)

刘志勇 主编

王新华 梁兵 罗葵 副主编

商 务 印 书 馆 出 版

(北京王府井大街36号 邮政编码100710)

商 务 印 书 馆 发 行

艺堂印刷(天津)有限公司印刷

ISBN 978-7-100-20979-3

2022年4月第2版 开本 787×1092 1/16

2022年12月第3次印刷 印张 14½

定价：38.00元